高等学校土木工程专业系列教材

建筑工程计量与计价

杨　静　曲秀姝　主编
王作虎　主审

中国建筑工业出版社

图书在版编目（CIP）数据

建筑工程计量与计价 / 杨静，曲秀姝主编. — 北京：中国建筑工业出版社，2023.7

高等学校土木工程专业系列教材

ISBN 978-7-112-28488-7

Ⅰ. ①建… Ⅱ. ①杨… ②曲… Ⅲ. ①建筑工程－计量－高等学校－教材②建筑造价－高等学校－教材 Ⅳ. ①TU723.3

中国国家版本馆 CIP 数据核字（2023）第 041434 号

本书为高等学校土木工程专业系列教材，全书分为5章，内容为：建筑工程定额体系，建筑工程预算消耗量标准，装饰工程预算消耗量标准，措施项目预算消耗量标准和费用指标，建筑工程计价等。

本书既可作为土木工程专业师生使用，也可作为相关专业技术人员的参考书。

为便于教学和提高学习效果，本书作者制作了教学课件，索取方式为：1. 邮箱 jckj@cabp.com.cn；2. 电话（010）58337285；3. 建工书院 http：//edu.cabplink.com。

*　　*　　*

责任编辑：刘平平　李　阳
责任校对：芦欣甜

高等学校土木工程专业系列教材
建筑工程计量与计价
杨　静　曲秀姝　主编
王作虎　主审
*
中国建筑工业出版社出版、发行（北京海淀三里河路9号）
各地新华书店、建筑书店经销
北京红光制版公司制版
北京圣夫亚美印刷有限公司印刷
*
开本：787毫米×1092毫米　1/16　印张：13　字数：315千字
2023年4月第一版　2023年4月第一次印刷
定价：**39.00**元（赠教师课件）
ISBN 978-7-112-28488-7
（40785）

前　言

“建筑工程计量与计价”是土木工程专业的主要专业课程之一，在系列课程中占有重要地位。课程的教学内容涉及建筑识图、建筑材料、土木工程施工、建筑施工、房屋建筑学、建筑结构等多个学科，是一门实践性和综合性较强、涉及面广的学科。其目的是培养学生掌握建筑工程施工图预算的编制方法和步骤，熟悉建筑工程工程量清单计价规范，并具有运用所学知识编制企业定额，从事企业经营管理的能力，为日后胜任工作岗位和进一步学习相关知识奠定基础。“建筑工程造价管理”是北京建筑大学的校级精品课程，本书是该课程的指定教材。

本书是在2020年出版的《建筑工程概预算与工程量清单计价（第三版）》的基础上，根据新世纪土木工程人才培养目标、专业指导委员会对课程设置的意见以及课程教学大纲的要求组织编写的。编写时，结合高等学校教育特点，以及《建设工程工程量清单计价规范》GB 50500—2013、《中华人民共和国招标投标法实施条例》、《房屋建筑与装饰工程工程量计算规范》GB 50854—2013、建安工程费用组成（建标2013［44］号文）、施工合同示范文本GF－2017－0201，2021年《北京市建筑工程计价依据——预算消耗量标准》《北京工程造价信息（建设工程）》《关于印发〈北京市建设工程安全文明施工费管理办法（试行）〉的通知》（京建法〔2019〕9号）和《关于印发配套2021年〈预算消耗量标准〉计价的安全文明施工费等费用标准的通知》（京建发〔2021〕404号）、《关于建筑垃圾运输处置费用单独列项计价的通知》（京建法〔2017〕27号）等大量资料，并综合编者多年的教学经验和建筑施工经验编写而成的。

本书在内容上注意先进性和实用性，力求理论与实践紧密结合，图文并茂、语言简练，信息丰富，便于教学和自学。理论知识简洁、明了，例题与理论结合紧密，文字与图表结合，通俗易懂，使学生对定额计价和清单计价有一个全面的认识。

本书内容包括建筑工程定额的基本知识、建筑和装饰工程预算消耗量标准、措施项目预算消耗量标准、建筑安装工程费用组成、建筑面积的计算、单位工程施工图预算的编制、最高投标限价和投标报价的编制、变更、索赔、调价及价款结算等内容。每章前提示学习重点、学习要求，每章后附有复习题，还有施工图预算书和清单编制实例。

本书由北京建筑大学杨静和曲秀姝老师主编。其中，第一、五章由杨静和王消雾编写，第二章由秦贝贝编写，第三、四章由曲秀姝编写，全书由杨静和王消雾统稿。王作虎老师主审。

本书在编写过程中得到许多专家的指导，参考了同行的有关书籍和资料，谨此表示诚挚的谢意。

本书由于时间和作者水平有限，仍难免存在不妥之处，敬请广大学者和同行提出宝贵意见。

目　录

第一章　建筑工程定额体系…… 1
　第一节　建筑工程定额概述…… 1
　第二节　施工定额…… 3
　第三节　预算定额和预算消耗量标准…… 13
　第四节　概算定额和概算指标…… 19
　复习题…… 22
第二章　建筑工程预算消耗量标准…… 24
　第一节　土石方工程…… 24
　第二节　地基处理与边坡支护工程…… 32
　第三节　桩基工程…… 38
　第四节　砌筑工程…… 39
　第五节　混凝土及钢筋混凝土工程…… 46
　第六节　金属结构工程…… 60
　第七节　木结构工程…… 69
　第八节　门窗工程…… 72
　第九节　屋面及防水工程…… 78
　第十节　保温、隔热、防腐工程…… 85
　复习题…… 88
第三章　装饰工程预算消耗量标准…… 93
　第一节　楼地面装饰工程…… 93
　第二节　墙、柱面装饰与隔断、幕墙工程…… 100
　第三节　天棚工程…… 106
　第四节　油漆、涂料、裱糊工程…… 109
　第五节　其他装饰工程…… 112
　复习题…… 114
第四章　措施项目预算消耗量标准和费用指标…… 116
　第一节　现浇混凝土模板及支架…… 116
　第二节　施工排水、降水工程…… 120
　第三节　费用指标…… 122
　复习题…… 128
第五章　建筑工程计价…… 130
　第一节　建筑安装工程费用的组成…… 130
　第二节　建筑安装工程费用的计算方法和计价程序…… 135

第三节　建筑面积计算规则……………………………………………………………… 141
第四节　单位工程施工图预算的编制…………………………………………………… 149
第五节　建筑工程最高投标限价和投标报价的编制…………………………………… 156
第六节　工程变更和索赔的管理………………………………………………………… 163
第七节　合同价款调整…………………………………………………………………… 179
第八节　竣工结算………………………………………………………………………… 186
复习题……………………………………………………………………………………… 199
参考文献…………………………………………………………………………………………… 202

第一章　建筑工程定额体系

本章学习重点：建筑工程定额的概念、作用、特点和分类；施工定额的组成和编制；劳动定额的编制；材料消耗定额的编制；机械台班消耗定额的编制。预算定额和预算消耗量标准的编制；概算定额和概算指标的作用和编制依据。

本章学习要求：熟悉建筑工程定额的概念、作用、特点；了解建筑工程定额的分类；了解施工定额的内容；熟悉施工定额的编制；掌握劳动定额、材料消耗定额和机械台班消耗定额的编制；熟悉预算定额和预算消耗量标准、概算定额和概算指标的作用和编制依据。

第一节　建筑工程定额概述

一、建筑工程定额的概念

建筑安装工程定额，习惯上称为建筑工程定额，是指在一定的社会生产力发展水平条件下，在正常的施工条件和合理的劳动组织、合理地使用材料及机械的条件下，完成单位合格建筑产品所规定的资源消耗标准。

“一定的社会生产力发展水平”说明了定额所处的时代背景，定额应是这一时期技术和管理的反映，是这一时期的社会生产力水平的反映。

“正常的施工条件”用来说明该单位产品生产的前提条件，如浇筑混凝土是在常温下进行的，挖土深度或安装高度是在正常的范围以内等；否则，定额往往规定在特殊情况下需作相应的调整。

“合理的劳动组织，合理地使用材料及机械”是指定额规定的劳动组织、生产施工应符合国家现行的施工及验收规范、规程、标准，材料应符合质量验收标准，施工机械应运行正常。

“单位合格建筑产品”中的单位是指定额子目中的单位，由于定额类型和研究对象的不同，这个“单位”可以指某一单位的分项工程、分部工程或单位工程。如：$10m^3$ 砖基础，$100m^2$ 场地平整，1 座烟囱等。在定额概念中规定了单位产品必须是合格的，即符合国家施工及验收规范和质量评定标准的要求。

“资源消耗标准”是指施工生产中所必须消耗的人工、材料、机械、资金等生产要素的数量标准。

定额中数量标准的多少称为定额水平。确定定额水平是编制定额的核心，定额水平是一定时期生产力的反映，它与劳动生产率的高低成正比，与资源消耗量的多少成反比。不同的定额，定额水平也不相同，一般有平均先进水平、社会平均水平和企业自身水平等。

二、建筑工程定额的作用

1. 建筑工程定额是编制计划的基础；

2. 建筑工程定额是确定建筑工程造价的依据；

3. 建筑工程定额是贯彻按劳分配原则的尺度；

4. 建筑工程定额是加强企业管理的重要工具；

5. 建筑工程定额是总结先进生产方法的手段。

三、建筑工程定额的特点

建筑工程定额具有科学性、指导性、群众性、针对性、相对稳定性和时效性的特点。

四、建筑工程定额的分类

建筑工程定额的种类很多，按照定额的构成要素、编制程序和用途、专业和主编单位及使用范围的不同，建设工程定额通常分类如下：

1. 按生产要素，分为劳动定额、材料消耗定额、机械台班使用定额。

2. 按编制程序和用途，分为施工定额、预算定额、概算定额、概算指标和估算指标五种。

3. 按编制单位和执行范围划分为全国统一定额、地区统一定额、企业定额和临时定额四种。

4. 按专业不同可分为建筑工程定额、给水排水工程定额、电气照明工程定额、公路工程定额、铁路工程定额和井巷工程定额等。

另外，还有按国家有关规定制定的计取间接费等费用定额（图 1-1)。

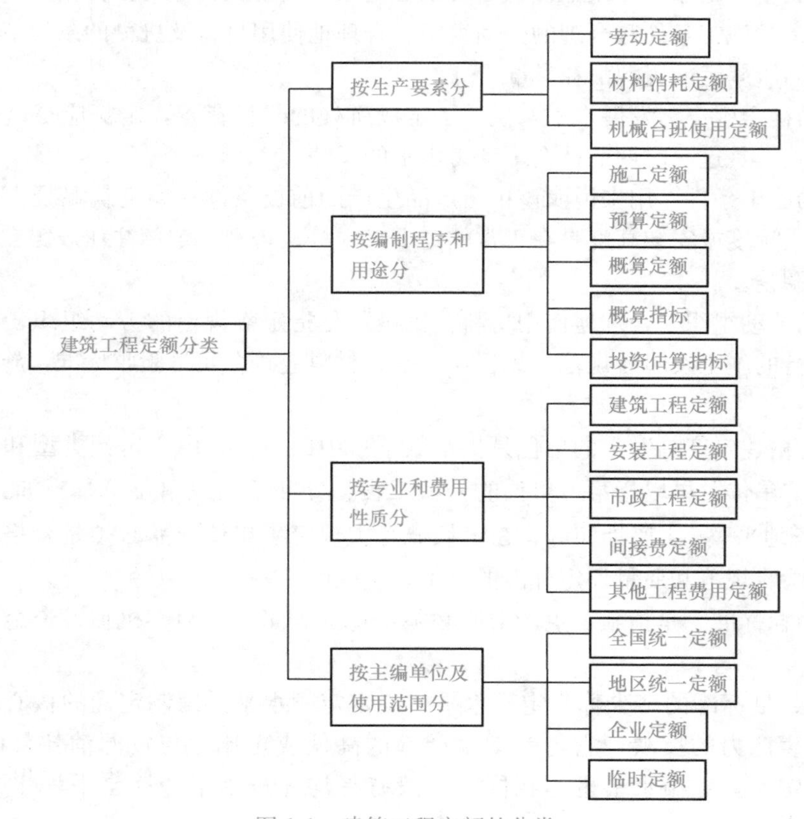

图 1-1 建筑工程定额的分类

第二节　施　工　定　额

一、施工定额的概念

施工定额是指在正常的施工条件下，以施工过程或工序为标定对象而规定的完成单位合格产品所需消耗的人工、材料和机械台班消耗的数量标准。施工定额是施工企业直接用于建筑工程施工管理的一种定额，是建筑安装企业的生产定额，也是施工企业组织生产和加强管理，在企业内部使用的一种定额。

二、施工定额的作用

1. 施工定额是企业计划管理的依据；
2. 施工定额是编制施工预算、加强企业成本管理的基础；
3. 施工定额是下达施工任务书和限额领料单的依据；
4. 施工定额是计算工人劳动报酬的依据；
5. 施工定额是编制预算定额的基础。

三、施工定额的组成

施工定额的项目划分很细，是工程建设定额中分项最细、定额子目最多的一种定额，也是工程建设定额中的基础性定额。施工定额由劳动定额、材料消耗定额和机械台班消耗定额三个部分组成。

（一）劳动定额

劳动定额也称人工定额，是指在正常的施工技术组织条件下，生产单位合格产品所需要的劳动消耗量的标准。

劳动定额的作用有：

1. 劳动定额是编制施工定额、预算定额和概算定额的基础；
2. 劳动定额是计算定额用工、编制施工进度计划、劳动工资计划等的依据；
3. 劳动定额是衡量工人劳动生产率、考核工效的主要尺度；
4. 劳动定额是确定定员标准和合理组织生产的依据；
5. 劳动定额是贯彻按劳分配原则和推行经济责任制的依据。

劳动定额的表示形式有时间定额和产量定额两种。

1. 时间定额

时间定额也称人工定额，是指在一定的施工技术和组织条件下，某工种、某种技术等级的工人班组或个人，完成单位合格产品所必须消耗的工作时间。定额时间包括基本工作时间、辅助工作时间、准备与结束时间、必须休息时间以及不可避免的中断时间。

时间定额以“工日”为单位，如：工日/m、工日/m^2、工日/m^3、工日/t 等。每个工日现行规定时间为 8 个小时，其计算公式表示如下：

$$\text{单位产品时间定额(工日)} = \frac{1}{\text{每工产量}} \tag{1-1}$$

或

$$\text{单位产品时间定额(工日)} = \frac{\text{小组成员工日数总和}}{\text{机械台班产量}} \tag{1-2}$$

2. 产量定额

产量定额是指在一定的施工技术和组织条件下，某工种、某种技术等级的工人班组或个人，在单位时间内所应完成合格产品的数量。

产量定额的计量单位是以产品的单位计算，如：m/工日、m^2/工日、m^3/工日、t/工日等，其计算公式表示如下：

$$小组产量=\frac{1}{单位产品时间定额(工日)} \tag{1-3}$$

或

$$小组台班产量=\frac{小组成员工日数总和}{单位产品时间定额(工日)} \tag{1-4}$$

3. 时间定额和产量定额的关系

时间定额和产量定额之间的关系是互为倒数关系，即

$$时间定额\times产量定额=1 \tag{1-5}$$

4. 综合时间定额和综合产量定额

表 1-1 摘自 2009 年《建设工程劳动定额—建筑工程 砌筑工程》LD/T 72.4—2008。

由表 1-1 可看出，劳动定额按标定的对象不同又可分为单项工序定额和综合定额。综合定额表示完成同一产品中的各单项（工序）定额的综合。计算方法如下：

$$综合时间定额(工日)=各单项(工序)时间定额的总和 \tag{1-6}$$

$$综合产量定额=\frac{1}{综合时间定额(工日)} \tag{1-7}$$

砖墙时间定额 表 1-1

定额编号	AD0020	AD0021	AD0022	AD0023	AD0024	序号
项目	混水内墙					
	1/2 砖	3/4 砖	1 砖	3/2 砖	≥2 砖	
综合	1.380	1.340	1.020	0.994	0.917	一
砌砖	0.865	0.815	0.482	0.448	0.404	二
运输	0.434	0.437	0.440	0.440	0.395	三
调制砂浆	0.085	0.089	0.101	0.106	0.118	四
定额编号	AD0025	AD0026	AD0027	AD0028	AD0029	序号
项目	混水外墙					
	1/2 砖	3/4 砖	1 砖	3/2 砖	≥2 砖	
综合	1.500	1.440	1.090	1.040	1.010	一
砌砖	0.980	0.951	0.549	0.491	0.458	二
运输	0.434	0.437	0.440	0.440	0.440	三
调制砂浆	0.085	0.089	0.101	0.106	0.107	四

定额编号	AD0030	AD0031	AD0032	AD0033	AD0034	AD0035	序号
项目	多孔砖墙			空心砖墙			
	墙体厚度（mm）						
	≤150	150～250	>250	≤150	150～250	>250	
综合	0.967	0.915	0.860	0.965	0.804	0.712	一
砌砖	0.500	0.450	0.400	0.556	0.463	0.411	二
运输	0.417	0.415	0.410	0.364	0.296	0.256	三
调制砂浆	0.050	0.050	0.050	0.045	0.045	0.045	四

注：多孔砖墙、空心砖墙包括镶砌标准砖。

5. 劳动定额制定

工人工作时间是指工人在工作班内消耗的工作时间，按性质分为定额时间和非定额时间。

有关工作时间的分类如图 1-2 所示。

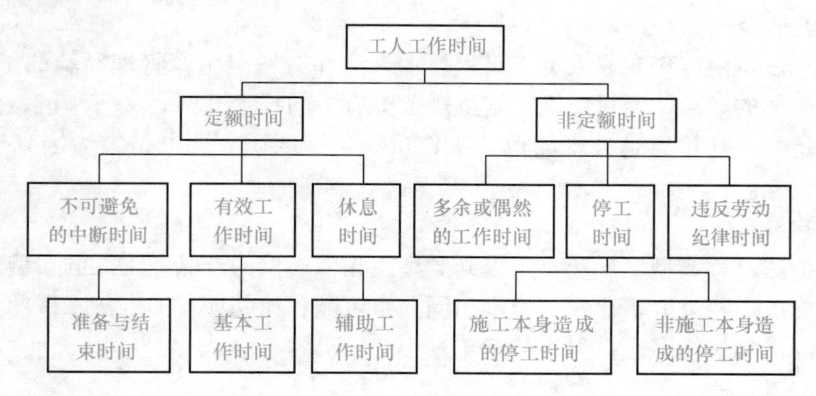

图 1-2 工作时间的分类

定额时间即必须消耗的时间，指工人在正常施工条件下，为完成一定产品所消耗的时间。定额时间由有效工作时间、休息时间及不可避免的中断时间三个部分组成。

（1）有效工作时间。包括准备和结束时间、基本工作时间及辅助工作时间。从生产效果来看，它是与产品生产直接有关的时间消耗。

1）准备和结束工作时间。可分为两部分：一部分为工作班内的准备与结束工作时间，如工作班中的领料、领工具、布置工作地点、检查、清理及交接班等；另一部分为任务内的准备和结束工作时间，如接受任务书、技术交底、熟悉施工图等所消耗的时间。

2）基本工作时间。是人工直接完成一定产品的施工工艺过程所消耗的时间，包括这一施工过程所有工序的工作时间。

3）辅助工作时间。是为了保证基本工作时间的正常进行所必需的辅助性工作的消耗时间。例如：工具校正、机械调整、机器上油、搭设小型脚手架等所消耗的工作时间均属于辅助工作时间。

（2）休息时间。

（3）不可避免的中断时间。是指劳动者在施工活动中，由于工艺上的要求，在施工组织或作业中引起的难以避免的中断操作所消耗的时间。例如：汽车司机在汽车装卸货时的消耗时间，起重机吊预制构件时安装工人等待的时间等。

非定额时间即非生产所必需的工作时间，就是工时损失，也是损失时间，它与产品生产无关，而和施工组织和技术上的缺点有关，与工人在施工过程中的过失或某些偶然因素有关。非定额时间它由多余和偶然的工作时间、停工时间及违反劳动纪律所损失的时间三部分组成。

（1）多余和偶然工作时间。指在正常施工条件下不应发生或因意外因素所造成的时间消耗。例如：对已磨光的水磨石进行多余磨光，不合格产品的返工等。

（2）停工时间。是指在工作班内停止工作所造成的工时损失。停工时间按其性质可分为施工本身造成的停工时间和非施工本身造成的停工时间。

(3) 违反劳动纪律的损失时间。

6. 制定劳动定额的方法

劳动定额的制定方法主要有经验估工法、比较类推法、统计分析法、技术测定法等。其中技术测定法是我国建筑安装工程收集定额基础资料的基本方法。

1) 经验估工法

经验估工法是由定额专业人员、工程技术人员和有一定生产管理经验的工人三结合，根据个人或集体的经验，经过图纸、施工规范等有关的技术资料，进行座谈、分析讨论和综合计算制定的。其特点是技术简单，工作量小，速度快；缺点是人为因素较多，科学性、准确性较差。

2) 比较类推法

比较类推法又称典型定额法，是以同类型或相似类型的产品或工序的典型定额项目的定额水平为标准，经过分析比较，类推出同一组定额各相邻项目的定额水平的方法。这种方法适用于同类型规格多、批量小的施工过程。

3) 统计分析法

统计分析法就是把过去施工中同类工程或同类产品的工时消耗的统计资料，与当前生产技术组织条件的变化因素结合起来进行分析研究以制定劳动定额的方法。其特点为方法简单，有一定的准确度；若过去的统计资料不足会影响定额的水平。

4) 技术测定法

技术测定法是在深入施工现场的条件下，根据施工过程合理先进的技术条件、组织条件和施工方法，对施工过程各工序工作时间的各个组成部分进行实地观测，分别测定每一工序的工时消耗，通过测定的资料进行分析计算，并参考以往数据经过科学整理分析以制定定额的一种方法。

技术测定法有较充分的科学技术依据，制定的定额比较合理先进。但是，这种方法工作量较大，使它的应用受到一定限制。

(二) 材料消耗定额

在建筑工程中，材料费用约占工程造价的 60%～70%，材料的运输、存贮和管理在工程施工中占极重要的地位。

材料消耗定额是指在正常的施工条件下和合理使用材料的情况下，完成单位合格的建筑产品所必需消耗的一定品种、规格的材料，包括原材料、半成品、燃料、配件和水、电等的数量标准。

材料消耗定额的作用有：

1. 材料消耗定额是建筑企业确定材料需要量和储备量的依据；

2. 材料消耗定额是建筑企业编制材料计划，进行单位工程核算的基础；

3. 材料消耗定额是对工人班组签发限额领料单的依据，也是考核、分析班组材料使用情况的依据；

4. 材料消耗定额是推行经济承包制，促进企业合理用料的重要手段。

材料消耗定额（即总消耗量）包括直接消耗在建筑产品实体上的净用量和在施工现场内运输及操作过程的不可避免的损耗量（不包括二次搬运、场外运输等损耗）。

$$材料总消耗量 = 材料净用量 + 材料损耗量 \tag{1-8}$$

$$材料损耗量 = 材料净用量 \times 材料损耗率 \tag{1-9}$$

即：

$$材料总消耗量 = 材料净用量 \times (1 + 材料损耗率) \tag{1-10}$$

材料的损耗率是通过观测和统计，由国家有关部门确定。表 1-2 为部分建筑材料、成品、半成品的损耗率参考表。

部分建筑材料、成品、半成品的损耗率参考表　　表 1-2

材料名称	工程项目	损耗率（%）	材料名称	工程项目	损耗率（%）
标准砖	基础	0.4	石灰砂浆	抹天棚	1.5
标准砖	实砖墙	1	石灰砂浆	抹墙及墙裙	1
标准砖	方砖柱	3	水泥砂浆	天棚、梁、柱、腰线	2.5
多孔砖	墙	1	水泥砂浆	抹墙及墙裙	2
白瓷砖		1.5	水泥砂浆	地面、屋面	1
陶瓷锦砖	（马赛克）	1	混凝土（现浇）	地面	1
铺地砖	（缸砖）	0.8	混凝土（现浇）	其余部分	1.5
水磨石板		1	混凝土（预制）	桩基础、梁、柱	1
小青瓦黏土瓦及水泥瓦	（包括脊瓦）	2.5	混凝土（预制）	其余部分	1.5
天然砂		2	钢筋	现浇及预制混凝土	2
砂	混凝土工程	1.5	铁件	成品	1
砾（碎）石		2	钢材		6
生石灰		1	木材	门窗	6
水泥		1	木材	门心板制作	13.1
砌筑砂浆	砖砌体	1	玻璃	配制	15
混合砂浆	抹天棚	3	玻璃	安装	3
混合砂浆	抹墙及墙裙	2	沥青	操作	1

根据材料使用次数的不同，建筑安装材料分为非周转性材料和周转性材料两类。非周转性材料也称为直接性材料，它是指在建筑工程施工中，一次性消耗并直接构成工程实体的材料，如砖、砂、石、钢筋、水泥等；周转性材料是指在施工中能够多次使用、反复周转但并不构成工程实体的工具性材料，如各种模板、脚手架、支撑等。

直接性材料消耗定额的常用的制定方法有：观测法、试验法、统计法和计算法。

1. 观测法

观测法是在合理使用材料的条件下，对施工过程中有代表性的工程结构的材料消耗数量和形成产品的数量进行观测，并通过分析、研究，区分不可避免的材料损耗量和可以避免的材料损耗量，最后确定确切的材料消耗标准，列入定额。

2. 试验法

试验法是指在材料实验室中进行试验和测定数据的方法。例如：以各种原材料为变量因素，求得不同强度等级混凝土的配合比，从而计算出每立方米混凝土的各种材料消耗用量。

3. 统计法

统计法是以现场积累的分部分项工程拨付材料数量、剩余材料数量以及总共完成产品数量的统计资料为基础，经过分析，计算出单位产品的材料消耗标准的方法。

4. 计算法

计算法是根据施工图直接计算材料消耗用量的方法。但理论计算法只能算出单位产品的材料净用量，材料的损耗量仍要在现场通过实测取得。二者之和构成材料的总消耗量。

计算确定材料消耗定额举例如下：

1. 计算每 $1m^3$ 标准砖不同墙厚的砖和砂浆的材料消耗量。

计算公式如下：

$$砖净用量(块) = \frac{2 \times 墙厚砖数}{墙厚 \times (砖长 + 灰缝) \times (砖厚 + 灰缝)} \tag{1-11}$$

$$砂浆净用量(m^3) = 1 - 砖净用量 \times 每块砖体积 \tag{1-12}$$

$$砖消耗量 = 砖净用量 \times (1 + 砖损耗率) \tag{1-13}$$

$$砂浆消耗量 = 砂浆净用量 \times (1 + 砂浆损耗率) \tag{1-14}$$

每块标准砖体积＝长×宽×厚＝0.24×0.115×0.053＝$0.0014628m^3$

灰缝厚＝10mm。墙厚与砖数的关系见表 1-3。

墙厚与砖数的关系　　表 1-3

墙厚砖数	$\frac{1}{2}$	$\frac{3}{4}$	1	$1\frac{1}{2}$	2
墙厚（m）	0.115	0.18	0.24	0.365	0.49

【例 1-1】计算 $1m^3$ 一砖半厚的标准砖墙的砖和砂浆的消耗量（标准砖和砂浆的损耗率均为 1%）。

【解】$砖净用量 = \frac{2 \times 1.5}{0.365 \times (0.24 + 0.01) \times (0.053 + 0.01)} = 521.8$ 块

砂浆净用量＝1－521.8×0.0014628＝$0.237m^3$

砖消耗量 ＝ 521.8 ×（1 ＋ 1%）＝ 527 块

砂浆消耗量 ＝ 0.237 ×（1 ＋ 1%）＝ $0.239m^3$

2. $100m^2$ 块料面层材料消耗量的计算

块料面层一般指瓷砖、地面砖、墙面砖、大理石、花岗石等。通常以 $100m^2$ 为计量单位，其计算公式为：

$$面层净用量 = \frac{100}{(块料长 + 灰缝) \times (块料宽 + 灰缝)} \tag{1-15}$$

$$面层消耗量 = 面层净用量 \times (1 + 损耗率) \tag{1-16}$$

【例 1-2】某工程有 $300m^2$ 地面砖，规格为 150×150mm，灰缝为 1mm，损耗率为 1.5%，试计算 $300m^2$ 地面砖的消耗量。

【解】

$$100m^2 地面砖净用量 = \frac{100}{(0.15 + 0.001) \times (0.15 + 0.001)} \approx 4386 块$$

$$100m^2 地面砖消耗量 = 4386 \times (1 + 1.5\%) = 4452 块$$

$$300m^2 地面砖消耗量 = 3 \times 4452 = 13356 块$$

周转材料是指在施工过程中不是一次性消耗的，而是可多次周转使用，经过修理、补充才逐渐耗尽的材料。如：模板、脚手架、临时支撑等。周转材料在单位合格产品生产中的损耗量，称为摊销量。

1. 一次使用量

周转材料的一次使用量是根据施工图计算得出的。它与各分部分项工程的名称、部位、施工工艺和施工方法有关。例如：钢筋混凝土模板的一次使用量计算公式为：

$$\begin{aligned}\text{一次使用量} &= \text{每 } 1\text{m}^3 \text{ 构件模板接触面积} \times \text{每 } 1\text{m}^2 \text{ 接触面积模板用量} \\ &\quad \times (1 + \text{制作损耗率})\end{aligned} \tag{1-17}$$

2. 损耗率，又称补损率，是指周转性材料使用一次后，因损坏不能再次使用的数量占一次使用量的百分数。

3. 周转次数，是指周转性材料从第一次使用起可重复使用的次数。

影响周转次数的因素主要有材料的坚固程度、材料的使用寿命、材料服务的工程对象、施工方法及操作技术以及对材料的管理、保养等。一般情况下，金属模板，脚手架的周转次数可达数十次，木模板的周转次数在5次左右。

4. 周转使用量

周转使用量是指周转性材料每完成一次生产时所需材料的平均数量。

$$\begin{aligned}\text{周转使用量} &= \frac{\text{一次使用量} + \text{一次使用量} \times (\text{周转次数} - 1) \times \text{损耗率}}{\text{周转次数}} \\ &= \text{一次使用量} \times \frac{1 + (\text{周转次数} - 1) \times \text{损耗率}}{\text{周转次数}}\end{aligned} \tag{1-18}$$

5. 周转回收量

周转回收量是指周转材料在一定的周转次数下，平均每周转一次可以回收的数量。

$$\begin{aligned}\text{周转回收量} &= \frac{\text{一次使用量} - \text{一次使用量} \times \text{损耗率}}{\text{周转次数}} \\ &= \text{一次使用量} \times \frac{1 - \text{损耗率}}{\text{周转次数}}\end{aligned} \tag{1-19}$$

6. 周转材料摊销量

（1）现浇混凝土结构的模板摊销量的计算

$$\text{摊销量} = \text{周转使用量} - \text{周转回收量} \tag{1-20}$$

（2）预制混凝土结构的模板摊销量的计算

预制钢筋混凝土构件模板虽然也多次使用反复周转，但与现浇构件模板的计算方法不同，预制构件是按多次使用平均摊销的计算方法，不计算每次周转损耗率。摊销量按下式计算：

$$\text{摊销量} = \frac{\text{一次使用量}}{\text{周转次数}} \tag{1-21}$$

（三）机械台班消耗定额

机械台班消耗定额是指在正常施工条件、合理劳动组织和合理使用机械的条件下，完成单位合格产品所必须消耗机械台班数量的标准，简称机械台班定额。

机械台班定额以台班为单位，每一个台班按 8 小时计算。

机械台班定额按其表现形式不同，可分为机械时间定额和机械产量定额。

1. 机械时间定额

机械时间定额是指在正常施工条件下、合理劳动组织和合理使用机械的条件下，完成单位合格产品所必须消耗的台班数量。用公式表示如下：

$$机械时间定额 = \frac{1}{机械台班产量定额} \tag{1-22}$$

2. 机械产量定额

机械产量定额是指在正常施工条件下、合理劳动组织和合理使用机械的条件下，单位时间内完成单位合格产品的数量。用公式表示如下：

$$机械台班产量定额 = \frac{1}{机械台班时间定额} \tag{1-23}$$

3. 机械台班人工配合定额

由于机械必须由工人小组配合，机械台班人工配合定额是指机械台班配合用工部分，即机械台班劳动定额。其表现形式为：机械台班工人小组的人工时间定额和完成合格产品数量，即：

$$单位产品的时间定额(工日) = \frac{小组成员班组总工日数}{台班产量} \tag{1-24}$$

$$机械台班产量定额 = \frac{每台班产量}{班组总工日数} \tag{1-25}$$

在机械化施工过程中，对工作时间消耗的分析和研究，除了要对工人工作时间的消耗进行分类研究之外，还需要分类研究机器工作时间的消耗。

机械工作时间的消耗，按其性质也分为必须消耗的工作时间和损失工作时间两大类。

(1) 在必须消耗的工作时间里，包括有效工作、不可避免的无负荷工作和不可避免的中断三项时间消耗。

1) 有效工作的时间消耗包括正常负荷下、有根据地降低负荷下的工时消耗。

① 正常负荷下的工作时间是机器在与机器说明书规定的额定负荷相符的情况下进行工作的时间。

② 有根据地降低负荷下的工作时间是在个别情况下由于技术上的原因，机器在低于其计算负荷下工作的时间。例如，汽车运输重量轻而体积大的货物时，不能充分利用汽车的载重吨位因而不得不降低其计算负荷。

2) 不可避免的无负荷工作时间是由施工过程的特点和机械结构的特点造成的机械无负荷工作时间。例如，筑路机在工作区末端调头等，就属于此项工作时间的消耗。

3) 不可避免的中断工作时间是与工艺过程的特点、机器的使用和保养、工人休息有关的中断时间。

① 与工艺过程的特点有关的不可避免中断工作时间，有循环的和定期的两种。循环的不可避免中断，是在机械工作的每一个循环中重复一次。如汽车装货和卸货时的停车。定期的不可避免中断，是经过一定时期重复一次。比如，把灰浆泵由一个工作地点转移到

另一工作地点时的工作中断。

有关机械工作时间的分类如图 1-3 所示。

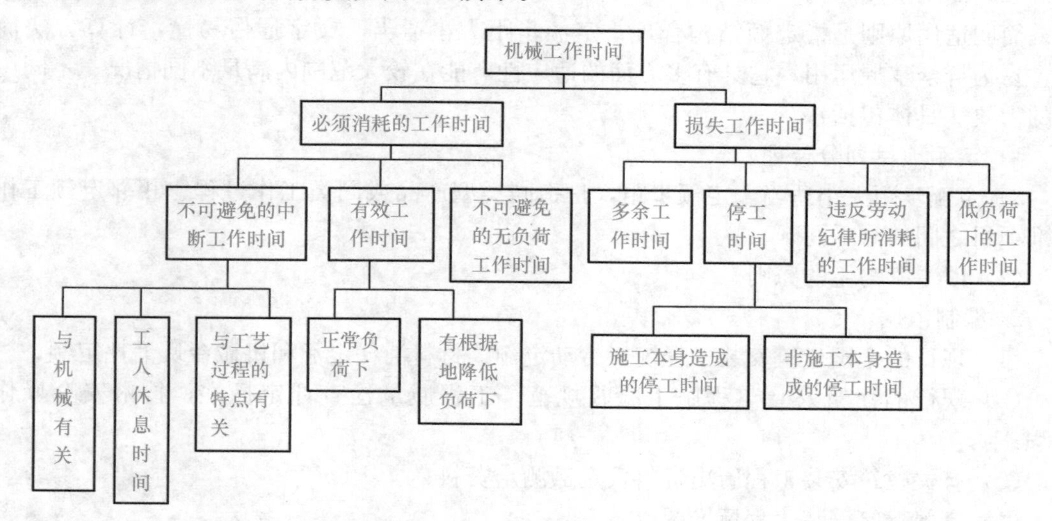

图 1-3　机械工作时间的分类

② 与机械有关的不可避免中断工作时间，是由于工人进行准备与结束工作或辅助工作时，机器停止工作而引起的中断工作时间。它是与机器的使用与保养有关的不可避免中断时间。

③ 工人休息时间前面已经作了说明。这里要注意的是，应尽量利用与工艺过程有关的和与机器有关的不可避免中断时间进行休息，以充分利用工作时间。

（2）损失的工作时间包括多余工作、停工、违背劳动纪律所消耗的工作时间和低负荷下的工作时间。

1）机械的多余工作时间，一是机械进行任务内和工艺过程内未包括的工作而延续的时间。如工人没有及时供料而使机械空运转的时间；二是机械在负荷下所做的多余工作，如混凝土搅拌机搅拌混凝土时超过规定搅拌时间，即属于多余工作时间。

2）机械的停工时间，按其性质也可分为施工本身造成和非施工本身造成的停工。前者是由于施工组织得不好而引起的停工现象，如由于未及时供给机器燃料而引起的停工；后者是由于气候条件所引起的停工现象，如暴雨时压路机的停工。上述停工中延续的时间均为机械的停工时间。

3）违反劳动纪律所消耗的工作时间，是指由于工人迟到早退或擅离岗位等原因引起的机器停工时间。

4）低负荷下的工作时间，是由于工人或技术人员的过错所造成的施工机械在降低负荷的情况下工作的时间。例如，工人装车的砂石数量不足引起的汽车在降低负荷的情况下工作所延续的时间。此项工作时间不能作为计算时间定额的基础。

四、施工定额的编制

1. 编制原则

（1）平均先进原则

所谓平均先进原则，是指在正常的条件下，多数施工班、组或生产者经过努力可以达到，少数班、组或生产者可以接近，个别班、组或生产者可以超过定额的水平。

(2) 简明适用原则

简明适用原则是指定额结构合理，定额步距大小适当，文字通俗易懂，计算方法简便，易为群众掌握运用。它具有多方面的适应性，能在较大范围内满足不同情况、不同用途的需要。具体包括：

1) 定额项目划分合理。

2) 定额步距大小适当。定额步距，是指同类型产品或同类工作过程、相邻定额工作标准项目之间的水平间距。

(3) 以专家为主的原则。

2. 编制依据

(1) 现行的全国建筑安装工程统一劳动定额、材料消耗定额和机械台班消耗定额；

(2) 现行的建筑安装工程施工验收规范，工程质量检查评定标准，技术安全操作规程；

(3) 有关建筑安装工程历史资料及定额测定资料；

(4) 有关建筑安装工程标准图等。

3. 编制方法

施工定额的编制方法一般有两种：一是实物法，即施工定额由劳动消耗定额、材料消耗定额和机械台班消耗定额三部分组成；二是实物单价法，即由劳动消耗定额、材料消耗定额和机械台班消耗定额，分别乘以相应单价并汇总得出单位总价，称为“施工定额单价表”。无论采用何种形式，其编制步骤主要如下：

(1) 确定定额项目；

(2) 选择计量单位；

(3) 确定制表方案；

(4) 确定定额水平；

(5) 写编制说明和附注；

(6) 汇编成册、审定、颁发。

五、施工定额的内容

现以北京地区1993年颁发的《北京市建筑工程施工预算定额》为例，此定额属于施工定额范畴，是施工定额的一种形式。主要内容由三部分组成。

1. 文字说明部分

文字说明部分又分为总说明、分册（章）说明和分节说明三种。

总说明的基本内容包括定额编制依据、编制原则、用途、适用范围等。

分册说明的基本内容包括分册定额项目、工作内容、施工方法、质量要求、工程量计算规则、有关规定及说明等。

分节说明的主要内容有工作内容、质量要求、施工说明等。

2. 分节定额部分

它包括定额的文字说明、定额项目表和附注。文字说明上面已作介绍。

定额项目表是定额中的核心部分。表1-4所示是1993年《北京市建筑工程施工预算定额》中的砖石工程部分。

砖石工程 表 1-4

定额编号	项目		单位	施工预算								劳动定额
				预算价值（元）	其中			预算用工（工日）	主要材料、机械			综合
					人工费（元）	材料费（元）	机械费（元）		红机砖（块）	M2.5 混合砂浆（m³）	1∶3 水泥砂浆（m³）	
									0.23	(97.09)	172.12	
6-1	砌砖	基础	m³	159.03	16.63	142.40		1.183	507	0.26		$\frac{1.088}{0.919}$
6-2		外墙	m³	165.53	22.19	143.34		1.578	510	0.26		$\frac{1.351}{0.74}$
6-3		内墙	m³	163.66	20.32	143.34		1.445	510	0.26		$\frac{1.233}{0.811}$
6-4		圆弧形墙	m³	167.13	23.79	143.34		1.692	510	0.26		$\frac{1.441}{0.694}$
6-5		1/2 砖墙	m³	175.85	30.62	145.23		2.178	535	0.22		$\frac{1.86}{0.538}$
6-6		1/4 砖墙	m³	213.76	59.85	153.91		4.257	602	0.15		$\frac{3.772}{0.265}$
6-7		1/2 保护墙	m³	26.90	2.85	24.05		0.203	63		0.055	$\frac{0.169}{5.926}$

3. 附录

附录一般放在定额分册说明之后，包括有名词解释、图示及有关参考资料。例如，材料消耗计算附表，砂浆、混凝土配合比表等。

第三节 预算定额和预算消耗量标准

一、预算定额

（一）预算定额的概念

预算定额是指在正常的施工条件下，完成一定计量单位的分项工程或结构构件的人工、材料和机械台班消耗的数量标准。在工程预算定额中，除了规定上述各项资源和资金消耗的数量标准外，还规定了它应完成的工程内容和相应的质量标准及安全要求等内容。

预算定额是工程建设中一项重要的技术经济文件，它的各项指标反映了在完成单位分项工程消耗的活劳动和物化劳动的数量限度。这种限度最终决定着单项工程和单位工程成本和造价。

（二）预算定额的作用

1. 预算定额是编制施工图预算，确定和控制建筑安装工程造价基础

施工图预算是施工图设计文件之一，是控制和确定建筑安装工程造价的必要手段。编制施工图预算，除设计文件决定的建设工程功能、规模、尺寸和文字说明是计算分部分项工程量和结构构件数量的依据外，预算定额是确定一定计量单位工程分项人工、材料、机械消耗量的依据；也是计算分项工程单价的基础。所以，预算定额对建筑安装工程直接费影响很大。依据预算定额编制施工图预算，对确定建筑安装工程费用会起到很好的作用。

2. 预算定额是对设计方案进行技术经济比较、技术经济分析的依据

设计方案在设计工作中居于中心地位。设计方案的选择要满足功能、符合设计规范，既要技术先进又要经济合理。根据预算定额对方案进行技术经济分析和比较，是选择经济合理设计方案的重要方法。对设计方案进行比较，主要是通过定额对不同方案所需人工、材料和机械台班消耗量，材料重量、材料资源等进行比较。这种比较可以判明不同方案对工程造价的影响；材料重量对荷载及基础工程量和材料运输量的影响，因此而产生的对工程造价的影响。

3. 预算定额是施工企业进行经济活动分析的依据

实行经济核算的根本目的是用经济的方法促使企业在保证质量和工期的条件下，用较少的劳动消耗取得大量的经济效果。在目前预算定额仍决定着企业的收入，企业必须以预算定额作为评价企业工作的重要标准。企业可根据预算定额，对施工中的劳动、材料、机械的消耗情况进行具体的分析，以便找出低工效、高消耗的薄弱环节及其原因。为实现经济效益的增长由粗放型向集约型转变，提供对比数据，促进企业提高在市场上竞争的能力。

4. 预算定额是编制最高投标限价、投标报价的基础

在深化改革中，在市场经济体制下预算定额作为编制标底的依据和施工企业报价的基础性的作用仍将存在，这是由于它本身的科学性和权威性决定的。

5. 预算定额是编制概算定额和概算指标的基础

概算定额和概算指标是在预算定额基础上经综合扩大编制的，也需要利用预算定额作为编制依据，这样做不但可以节省编制工作中大量的人力、物力和时间，收到事半功倍的效果。还可以使概算定额和概算指标在水平上与预算定额一致，以避免造成执行中的不一致。

（三）预算定额的内容

预算定额手册的内容由定额总说明、建筑面积计算规则、分部工程说明、定额项目表及有关的附录、附件（或附表）组成。

1. 预算定额总说明

预算定额总说明一般综合阐述定额的编制原则、指导思想、编制的依据、适用范围以及定额的作用。同时说明编制定额时已考虑和没有考虑的因素与有关规定和使用方法。因此，在使用定额前应首先了解这部分内容。

2. 建筑面积计算规则

建筑面积计算规则是由国家统一规定制订的，是计算工业建筑与民用建筑面积的依据。

3. 分部工程说明

分部工程定额说明主要说明该分部工程所包括的定额项目内容；执行中的一些规定；特殊情况的处理；各分项工程工程量的计算规则等。它是定额的重要组成部分，也是执行定额和进行工程量计算的基础，因而必须全面掌握。

4. 定额项目表

定额项目表是预算定额的主要组成部分，一般由工作内容（分节说明）定额单位、项目表和附注组成，见表 1-5 和表 1-6。

2012年北京市房屋建筑与装饰工程定额摘录（上册第四章砌筑工程） 表1-5

第一节 砖砌体（010401）

工作内容：清理基层、砂浆拌合、砌砖、刮缝、材料运输等。 单位：m³

定额编号					4-1	4-2	4-3
项目					基础	外墙	内墙
预算单价（元）					573.77	595.49	555.53
其中	人工费（元）				103.33	144.44	126.21
	材料费（元）				465.88	444.76	423.79
	机械费（元）				4.56	6.29	5.53
名称			单位	单价（元）	数量		
人工	87002	综合工日	工日	83.20	1.242	1.736	1.517
材料	040207	烧结标准砖	块	0.58	523.6000	535.5000	510.0000
	400055	砌筑砂浆 DM7.5-HR	m³	658.10	0.2360	—	—
	400054	砌筑砂浆 DM5.0-HR	m³	459.00	—	0.2780	0.2652
	840004	其他材料费	元	—	6.88	6.57	6.26
机械	800138	灰浆搅拌机 200L	台班	11.00	0.0390	0.0460	0.0440
	840023	其他机具费	元	—	4.13	5.78	5.05

2012年北京市房屋建筑与装饰工程定额摘录（中册第十一章） 表1-6

第一节 楼地面整体面层及找平层（011101）

一、整体面层

工作内容：基层清理、面层铺设及磨光等。 单位：m²

定额编号					11-1	11-2	11-3	11-4
项目					DS砂浆		聚合物水泥浆	搅拌砂浆调整费
					厚度20mm	每增减5mm		
预算单价（元）					16.92	4.22	1.65	1.97
其中	人工费（元）				7.18	1.76	0.88	1.87
	材料费（元）				9.41	2.38	0.73	—
	机械费（元）				0.33	0.08	0.04	0.10
名称			单位	单价（元）	数量			
人工	870003	综合工日	工日	87.90	0.082	0.020	0.010	0.021
材料	400034	DS砂浆	m³	459.00	0.0202	0.0051	—	—
	810047	素水泥浆	m³	591.60	—	—	0.0010	—
	110166	建筑胶	kg	2.30	—	—	0.0560	—
	840004	其他材料费	元	—	0.14	0.04	0.01	—
机械	840023	其他机具费	元	—	0.33	0.08	0.04	0.10

在项目表中，人工表现形式是以工种、工日数及合计工日数表示。材料栏中只列主要材料的消耗量，零星材料以“其他材料”表示；凡需机械的分部分项工程应列出施工机械台班数量，即分项工程的人工、材料、机械台班指标。

在定额表中还列有根据上述三项指标和取定的工资标准、材料预算价格和机械台班单价等，分别计算出人工费、材料费、机械费及其汇总的预算单价。其计算方法如下：

$$预算价值 = 人工费 + 材料费 + 机械费 \tag{1-26}$$

其中：

$$人工费 = \Sigma(人工日用量 \times 人工日工资单价) \tag{1-27}$$

$$材料费 = \Sigma(材料消耗量 \times 相应材料预算单价) + 其他材料费 \tag{1-28}$$

$$机械使用费 = \Sigma(机械台班用量 \times 机械台班单价) + 其他机具费 \tag{1-29}$$

5. 附录、附件（或附表）

预算定额组成的最后一部分是附录、附件（或附表）。它包括建筑机械台班费用定额表、砂浆、混凝土的配合比表、建筑材料名称、规格及预算价格表，用以作为定额换算和补充计算预算价值时使用。

（四）预算定额的应用

预算定额的应用方法，一般分为定额的套用、定额的换算和编制补充定额三种情况。

1. 定额的套用

定额的套用分以下三种情况：

(1) 当分项工程的设计要求、做法说明、结构特征、施工方法等条件与定额中相应项目的设置条件（如工作内容、施工方法等）完全一致时，可直接套用相应的定额子目。

在编制单位工程施工图预算的过程中，大多数项目可以直接套用预算定额。

(2) 当设计要求与定额条件基本一致时，可根据定额规定套用相近定额子目，不允许换算。例如，在 2012 年《北京市房屋建筑与装饰工程预算定额》册说明中规定：本定额已综合考虑了各种土质（山区及近山区除外），执行中不得调整。

(3) 当设计要求与定额条件完全不符时，仍要根据定额规定套用相应定额子目，不允许换算。例如，2012 年《北京市房屋建筑与装饰工程预算定额》中第五章规定，梁板式满堂基础的反梁高度在 1.5m 以内时，执行梁的相应子目；反梁高度超过 1.5m 时，单独计算工程量，执行墙的相应定额子目。

2. 定额的换算

当设计要求与定额条件不完全一致时，应根据定额的有关规定先换算、后套用。预算定额规定允许换算的类型一般分为：价差换算和其他换算。

(1) 价差换算

价差换算是指设计采用的材料、机械等品种、规格与定额规定不同时所进行的价格换算。例如由于门窗型号不同应作的价格换算；砂浆、混凝土强度等级不同应作的价格换算等。

如在定额中规定：定额中的混凝土、砂浆强度等级是按常用标准列出的，若设计要求与定额不同时，允许换算。换算公式为：

$$换算后的预算单价=原预算单价+(换入材料单价-换出材料单价)\times定额材料含量 \quad (1-30)$$

【例 1-3】试确定现浇 C35 预拌混凝土基础梁的预算单价。

【解】由于现浇混凝土梁的定额子目 5-12 是按 C30 预拌混凝土编制的，设计为 C35 预拌混凝土基础梁，与定额不符，根据规定，可以进行如下换算：

查定额 5-12 子目，C30 混凝土基础梁的预算单价为 461.83 元，预拌混凝土的定额含量为 1.0150。C30 预拌混凝土的材料单价为 410.00 元/m^3，C35 预拌混凝土的材料单价为 425.00 元/m^3（上册定额 5-57 可查得）。则：

现浇 C35 预拌混凝土基础梁的预算单价 $=461.83+(425.00-410.00)\times1.0150=477.06$ 元

(2) 其他换算

例如在 2012 房屋建筑与装饰工程预算定额中规定：本定额中注明的材质、型号、规格与设计要求不同时，材料价格可以换算。

3. 编制补充定额

根据北京市建设工程造价计价办法规定：在编制建设工程预算、招标标底、投标报价、工程结算时，对于新材料、新技术、新工艺的工程项目，属于定额缺项项目时，应编制补充定额，有关编制补充预算定额管理办法将另行规定。

二、预算消耗量标准

为建立健全北京市工程造价市场化形成机制，引导市场主体合理确定工程造价，保障工程质量安全，提高社会投资效益。北京市住房和城乡建设委员会组织编制了 2021 年《北京市建设工程计价依据——预算消耗量标准》（以下简称《预算消耗量标准》）。该标准从 2022 年 1 月 1 日起执行，是国有资金投资项目编制最高投标限价的依据。现对该标准做以下介绍。

（一）《预算消耗量标准》共分七部分二十八册。包括：

01 房屋建筑与装饰工程预算消耗量标准：房屋建筑与装饰工程共一册；

02 仿古建筑工程预算消耗量标准：仿古建筑工程共一册；

03 通用安装工程预算消耗量标准：机械设备安装工程，热力设备安装工程，静置设备与工艺，金属结构制作安装工程，电气设备安装工程，建筑智能化工程，自动化控制仪表安装工程，通风空调工程，工业管道工程，消防工程，给水排水、采暖、燃气工程，信息通信设备与线缆安装工程，刷油、防腐蚀、绝热工程共十二册；

04 市政工程预算消耗量标准：通用项目，道路工程，桥涵工程，管网工程，水处理工程共五册；

05 园林绿化工程预算消耗量标准：园林绿化工程共一册；

06 构筑物工程预算消耗量标准：构筑物工程共一册；

07 城市轨道交通工程预算消耗量标准：土建工程，轨道工程，通信工程，信号工程，供电工程，智能工程，机电工程共七册。

（二）《预算消耗量标准》是在全国和北京市有关计价依据的基础上，补充新技术、新工艺、新材料、新设备的应用，根据正常的施工条件、施工质量验收规范 质量评定标准、安全技术操作规程、标准图集和通用图集施工现场文明安全施工及环境保护的要求，结合本市施工企业的技术装备状况，施工工艺水平、合理的劳动组织与工期安排等进行编制的。

（三）《预算消耗量标准》适用于北京市行政区域内的工业与民用建筑（含仿古）、市政、园林绿化、轨道交通工程的新建、扩建、市政改建以及行道新辟栽植和旧园林栽植改造等工程。不适用于房屋修缮工程（含整体更新改造）轨道交通运营改造工程、临时性工程、山区工程、平原造林工程、道路及园林养护工程等。

（四）《预算消耗量标准》是完成规定计量单位分项工程所需的人工、材料、施工机械的消耗量标准；是北京市行政区域内国有资金投资工程编制最高投标限价的依据；是编制概算和估算指标的基础。

（五）关于人工。

1. 人工消耗量包括基本用工、超运距用工、辅助用工和人工幅度差，不分列工种和技术等级，以综合工日表示。

（1）基本用工

指完成某一计量单位的分项工程或结构构件所需的主要用工量。按综合取定的工程量和施工劳动定额进行计算。

$$\text{基本用工工日数量} = \Sigma(\text{工序工程量} \times \text{时间定额}) \tag{1-31}$$

（2）超运距用工

指预算定额取定的材料、成品、半成品等运距超过劳动定额规定的运距应增加的用工量。

$$\text{超运距} = \text{预算定额规定的运距} - \text{劳动定额规定的运距} \tag{1-32}$$

$$\text{超运距用工数量} = \Sigma(\text{超运距材料数量} \times \text{时间定额}) \tag{1-33}$$

（3）人工幅度差

人工幅度差是指在劳动定额时间未包括而在预算定额中应考虑的在正常施工条件下所发生的无法计算的各种工时消耗。

人工幅度差的计算方法是：

$$\text{人工幅度差} = (\text{基本用工} + \text{超运距用工}) \times \text{人工幅度差系数} \tag{1-34}$$

国家现行规定的人工幅度差系数为10%～15%。

2.《预算消耗量标准》的人工每工日按8小时工作制计算。

（六）关于材料。

1.《预算消耗量标准》中的材料包括施工中消耗的主要材料、辅助材料和其他材料。

2. 材料消耗量包括净用量和损耗量，其中损耗量包括从工地仓库、现场集中堆放地点或现场加工地点至操作或安装地点的运输损耗、施工操作损耗和施工现场堆放损耗。

（七）关于机械。

1.《预算消耗量标准》中的机械按合理配备的常用机械、本市机械化装备程度，并结合工程实际综合确定。

2.《预算消耗量标准》的机械台班消耗量是按正常机械施工工效并考虑机械幅度差综

合确定。

3.《预算消耗量标准》的机械每台班按8小时工作制计算。

（八）《预算消耗量标准》工作内容除各章节已说明的主要工序外，还包括施工准备、配合质量检验、工种间交叉配合等次要工序。

（九）《预算消耗量标准》中不包括施工发生的水电。

（十）《预算消耗量标准》中对工程量计算规则中的计量单位和工程量计算有效位数统一规定如下：

1.“以体积计算”的工程量以“m^3”为计量单位，工程量保留小数点后两位数字。

2.“以面积计算”的工程量以“m^2”为计量单位，工程量保留小数点后两位数字。

3.“以长度计算”的工程量以“m”为计量单位，工程量保留小数点后两位数字。

4.“以质量计算”的工程量以“t”为计量单位，工程量保留小数点后三位数字。

5.“以数量计算”的工程量以“台、块、个、套、件、根、组、系统等”为计量单位，工程量应取整数。《预算消耗量标准》各章计算规则另有具体规定，以其规定为准。

（十一）《预算消耗量标准》中凡注明“×××以内（下）”者，均包括“×××”本身；注明“×××以外（上）”者，则不包括“×××”本身。

表1-7所示是2021年《北京市建设工程计价依据——预算消耗量标准》中的砌体工程部分。

砌体工程部分　　表1-7

单位：m^3

编号				4-18	4-19	4-20	4-21	4-22
项目				轻集料砌块墙（厚度 mm）				
				90	140	190	240	290
工料机名称			单位	消耗量				
人工	00010301	综合用工一类	工日	1.457	1.431	1.392	1.365	1.325
材料	04150017	轻集料空心砌块	m^3	0.7370	0.7310	0.7130	0.7110	0.6940
	04150018	轻集料空心异形砌块	m^3	0.1730	0.1720	0.1670	0.1670	0.1630
	8001000102-1	普通干混砂浆 砌筑砂浆 DM7.5	m^3	0.1650	0.1720	0.1950	0.1980	0.2190
	34000011	其他材料费 占材料费	%	1.50	1.50	1.50	1.50	1.50
机械	9905000303	干混砂浆搅拌机 200L	台班	0.0264	0.0275	0.0312	0.0317	0.0350
	99460004	其他机具费 占人工费	%	2.00	2.00	2.00	2.00	2.00

第四节　概算定额和概算指标

一、概算定额的概念

概算定额全称是建筑安装工程概算定额，亦称扩大结构定额。它是按一定计量单位规定的，扩大分部分项工程或扩大结构部分的人工、材料和机械台班的消耗量标准和综合价格。

概算定额是在预算定额基础上的综合和扩大，是介于预算定额和概算指标之间的一种定额。它是在预算定额的基础上，根据施工顺序的衔接和互相关联性较大的原则，确定定额的划分。按常用主体结构工程列项，以主要工程内容为主，适当合并相关预算定额的分项内容，进行综合扩大，较之预算定额具有更为综合扩大的性质，所以又称为“扩大结构定额”。

概算定额的编制水平是社会平均水平，与预算定额水平幅度差在5%以内。

例如，在概算定额中的砖基础工程，往往把预算定额中的砌筑基础、敷设防潮层、回填土、余土外运等项目，合并为一项砖基础工程；在概算定额中的预制钢筋混凝土矩形梁，则综合了预制钢筋混凝土矩形梁的制作、钢筋调整、安装、接头、梁粉刷等工作内容。

二、概算定额的作用

概算定额的作用主要有：

1. 概算定额是初步设计阶段编制设计概算和技术设计阶段编制修正概算的依据；
2. 概算定额是设计方案比较的依据；
3. 概算定额是编制主要材料需要量的基础；
4. 概算定额是编制概算指标和投资估算指标的依据。

三、概算定额的编制依据

1. 现行的有关设计标准、设计规范、通用图集、标准定型图集、施工验收规范、典型工程设计图等资料；
2. 现行的预算定额、施工定额；
3. 原有的概算定额；
4. 现行的定额工资标准、材料预算价格和机械台班单价等；
5. 有关的施工图预算或工程结算等资料。

四、概算定额的内容

建筑工程概算定额的主要内容包括总说明、建筑面积计算规则、册章节说明、定额项目表和附录、附件等。

1. 总说明。主要是介绍概算定额的作用、编制依据、编制原则、适用范围、有关规定等内容。

2. 建筑面积计算规则。规定了计算建筑面积的范围、计算方法，不计算建筑面积的范围等。建筑面积是分析建筑工程技术经济指标的重要数据，现行建筑面积的计算规则，是由国家统一规定的。

3. 册章节说明。册章节（又称各章分部说明）主要是对本章定额运用、界限划分、工程量计算规则、调整换算规定等内容进行说明。

4. 概算定额项目表。定额项目表是概算定额的核心，它反映了一定计量单位扩大结构或构件扩大分项工程的概算单价，以及主要材料消耗量的标准。表1-8为2016年《北京市建设工程计价依据——概算定额》房屋建筑与装饰工程分册第四章砌筑工程中有关项目表。表头部分有工程内容，表中有项目计量单位、概算单价、主要工程量及主要材料用量等。

概算定额第四章的砌筑工程　　表 1-8

第一节　砖砌体

工程内容：1. 砖基础包括：砖砌体、圈梁、构造柱、钢筋、模板等。2. 砖墙包括：砖砌体、过梁、圈梁、构造柱、抱框柱、加固带、钢筋、模板等。

单位：见表

定额编号					4-1	4-2
项目					基础	保护墙 115mm 厚
					m^3	m^2
概算基价(元)					609.59	70.06
其中	人工费(元)				165.79	23.14
	材料费(元)				434.55	45.93
	机械费(元)				9.25	0.99
主要工程量	混凝土(m^3)				0.1436	—
	砌体(m^3)				0.8365	0.1156
名称			单位	单价(元)	数量	
人工	870001	综合工日	工日	—	0.186	—
	870002	综合工日	工日	—	1.541	0.241
材料	010001	钢筋 ϕ10 以内	kg	2.62	3.1232	—
	010002	钢筋 ϕ10 以外	kg	2.48	12.6157	—
	030001	板方材	m^3	2077.00	0.0074	—
	040207	烧结标准砖	块	0.50	437.9743	65.0673
	400009	C30 预拌混凝土	m^3	349.51	0.1456	—
	400054	砌筑砂浆 DM5.0－*HR*	m^3	388.89	—	0.0327
	400055	砌筑砂浆 DM7.5－*HR*	m^3	405.98	0.1974	—
	810238	同混凝土等级砂浆(综合)	m^3	438.97	0.0001	—
	830075	复合木模板	m^2	27.10	0.2100	—
	840027	摊销材料费	元	—	6.42	—
	840028	租赁材料费	元	—	9.90	—
	100321	柴油	kg	5.41	0.1545	—
	840004	其他材料费	元	—	6.80	0.68
机械	800102	汽车起重机 16t	台班	811.97	0.0019	—
	840023	其他机具费	元	—	7.71	0.99

5. 附录、附件。附录一般列在概算定额手册的后面，包括砂浆、混凝土配合比表，各种材料、机械台班单价表等有关资料，供定额换算、编制施工作业计划等使用。

五、概算指标的概念

概算指标是比概算定额更综合、扩大性更强的一种定额指标。它是以每 $100m^2$ 建筑面积或 $1000m^3$ 建筑体积、构筑物以座为计算单位规定出人工、材料、机械消耗数量标准或定出每万元投资所需人工、材料、机械消耗数量及造价的数量标准。

六、建筑工程概算指标的作用

1. 概算指标是编制初步设计概算的主要依据；
2. 概算指标是基本建设计划工作的参考；
3. 概算指标是设计机构和建设单位选厂和进行设计方案比较的参考；

4. 概算指标是投资估算指标的编制依据。

七、建筑工程概算指标的内容及表现形式

概算指标的内容包括总说明、经济指标、结构特征和建筑物结构示意图等。总说明包括概算定额的编制依据、适用范围、指标的作用、工程量计算规则及其他有关规定；经济指标包括工程造价指标、人工、材料消耗指标；结构特征及适用范围可作为不同结构之间换算的依据。

概算定额在表现方法上，分综合指标与单项指标两种形式。综合指标是按照工业与民用建筑或按结构类型分类的一种概括性较大的指标，而单项指标是一种以典型的建筑物或构筑物为分析对象的概算指标。单项概算指标附有工程结构内容介绍，使用时，若在建项目与结构内容基本相符，还是比较准确的。

复 习 题

1. 制定劳动定额常用的方法有（　　）。

A. 理论计算法　　B. 技术测定法

C. 统计分析法　　D. 经验估计法

E. 比较类推法

2. 拟定定额时间的前提是对工人工作时间按其（　　）进行分类研究。

A. 消耗性质　　B. 消耗内容

C. 消耗时间　　D. 消耗标准

3. 人工挖土方，土壤是潮湿的黏性土，按土壤分类属普通土，测验资料表明，挖 $1m^3$ 需消耗基本工作时间 60min，辅助工作时间，准备与结束工作时间，不可避免中断时间，休息时间分别占工作延续时间 2%、2%、1%、20%，则产量定额为（　　）m^3/工日。

A. 3　　B. 4　　C. 6.4　　D. 10

4. 编制人工定额时，基本工作结束后的整理劳动工具时间应计入（　　）。

A. 休息时间　　B. 不可避免的中断时间

C. 损失时间　　D. 有效工作时间

5. 汽车运输重量轻而体积大的货物时，不能充分利用载重吨位因而不得不在低于其计算负荷下工作的时间应计入（　　）。

A. 正常负荷下的工作时间　　B. 有根据地降低负荷下的工作时间

C. 不可避免的中断时间　　D. 损失的工作时间

6. 某混凝土构件采用木模板施工，木模板一次净用量为 $200m^2$，现场制作安装不可避免的损耗率为 2%，木模板可周转使用 5 次，每次补损率为 5%，则木模板的周转使用量为（　　）m^2。

A. 48.00　　B. 48.96　　C. 49.44　　D. 51.00

7. 编制压路机台班使用定额时，属于必须消耗的时间的是（　　）。

A. 施工组织不好引起的停工时间

B. 压路机在工作区末端调头时间

C. 压路机操作人员擅离岗位导致的停工时间

D. 暴雨时压路机的停工时间

8. 编制人工定额时，工人定额工作时间中应予以合理考虑的情况是（　　）。

A. 由于工程技术人员和工人差错引起的工时损失

B. 由于劳动组织不合理导致工作中断所占用的时间

C. 由于水源或电源中断引起的停工时间

D. 由于材料供应不及时引起的停工时间

9. 在合理的劳动组织和正常的施工条件下，完成某单位合格分项工程的时间消耗为：所有班组完成时间均不超过 1 个工日，其中个别班组可以在 0.50 工日完成，多数班组经过努力可以在 0.80 工日完成。则编制施工定额时，人工消耗宜为（　　）工日。

A. 0.50　　B. 0.77　　C. 0.80　　D. 1.00

10. 材料消耗定额中不可避免的消耗一般以损耗率表示，（　　）。

A. 损耗率＝损耗量/材料消耗定额×100％

B. 损耗率＝损耗量/净用量×100％

C. 损耗率＝损耗量/（净用量＋损耗量）×100％

D. 损耗率＝损耗量/（净用量－损耗量）×100％

11. 预算定额是以（　　）为对象编制的。

A. 同一性质的施工过程工序　　B. 建筑物或构筑物各个分部分项工程

C. 扩大的部分分项工程　　D. 独立的单项程或完整的工程项目

12. 施工企业成本核算或投标报价时，周转性材料消耗量指标应根据（　　）来确定。

A. 第二次使用时需要的补充量　　B. 摊销量

C. 最终回收量　　D. 一次使用量

13. 以建筑物或构筑物各个分部分项工程为对象编制的定额是（　　）。

A. 施工定额　　B. 材料消耗定额

C. 预算定额　　D. 概算定额

14. 将各类定额的区别，填在表 1-9 中。

表 1-9

区别	施工定额	预算定额	概算定额	概算指标
1. 标定对象（研究对象）				
2. 项目划分				
3. 定额步距				
4. 编制水平				
5. 使用单位				
6. 作用				
7. 使用时间				
8. 编制成果				

第二章　建筑工程预算消耗量标准

本章学习重点：房屋建筑工程各分部工程的工程量计算。

本章学习要求：掌握土石方工程、砌筑工程、混凝土及钢筋混凝土工程、门窗工程、屋面工程及防水工程的工程量计算规则；熟悉地基处理及边坡支护工程、桩基工程、保温隔热防腐工程的工程量计算规则；了解金属结构工程、木结构工程的工程量计算规则。

本章以2021年北京市《房屋建筑与装饰工程预算消耗量标准（上册）》为依据，讲解如何计算房屋建筑工程的预算消耗量。

第一节　土 石 方 工 程

一、说明

（一）本节包括：土方工程、石方工程、回填、运输4节共61个子目。

（二）土及岩石分类

1. 土按一、二类土，三类土，四类土分类，详见表2-1土壤分类表。

土壤分类表　　表2-1

土分类	土名称	开挖方式
一、二类土	粉土、砂土（粉砂、细砂、中砂、粗砂、砾砂）、粉质黏土、弱中盐渍土、软土（淤泥质土、泥炭、泥炭质土）、软塑红黏土、冲填土	用锹、少许用镐、条锄开挖。机械能全部直接铲挖满载者
三类土	黏土、碎石土（圆砾、角砾）混合土、可塑红黏土、硬塑红黏土、强盐渍土、素填土、压实填土	主要用镐、条锄，少许用锹开挖。机械需部分刨松方能铲挖满载者，或可直接铲挖但不能满载者
四类土	碎石土（卵石、碎石、漂石、块石）、坚硬红黏土、超盐渍土、杂填土	全部用镐、条锄挖掘，少许用撬棍挖掘。机械须普遍刨松方能铲挖满载者

注：本表土的名称及其含义按现行国家标准《岩土工程勘察规范》GB 50021—2001（2009年版）定义。

2. 岩石按极软岩、软岩、较软岩、较硬岩、坚硬岩分类，详见表2-2岩石分类表。

岩石分类表　　表2-2

岩石分类		代表性岩石	开挖方法	单轴饱和抗压强度（MPa）
软岩石	极软岩	1. 全风化的各种岩石 2. 各种半岩石	部分用手凿工具、部分用爆破法开挖	＜5
	软岩	1. 强风化的坚硬岩或较硬岩 2. 中等风化—强风化的较软岩 3. 未风化—微风化的页岩、泥岩、泥质砂岩等	用风镐和爆破法开挖	5～15
	较软岩	1. 中等风化—强风化的坚硬岩或较硬岩 2. 未风化—微风化的凝灰岩、千枚岩、泥灰岩、砂质泥岩等	用爆破法开挖	15～30

续表

岩石分类		代表性岩石	开挖方法	单轴饱和抗压强度（MPa）
硬岩石	较硬岩	1. 微风化的坚硬岩 2. 未风化—微风化的大理岩、岩板、石灰岩、白云岩、钙质砂岩等	用爆破法开挖	30～60
	坚硬岩	未风化—微风化的花岗岩、闪长岩、辉绿岩、玄武岩、安山岩、片麻岩、石英岩、石英砂岩、硅质砾岩、硅质石灰岩等		＞60

注：本表依据现行国家标准《工程岩体分级标准》GB/T 50218—2014、《岩土工程勘察规范》GB 50021—2001（2009年版）整理。

3. 人工挖土方按不同土质分别编制。机械挖土方不区分土质。

4. 挖土方子目综合了干土和湿土。

5. 含水率＞40％的土质执行挖淤泥（流砂）子目。

6. 土方工程不区分是否带挡土板。

（三）土方运输的汽车坡道包括在相应子目中。

（四）土石方工程不包括地上、地下障碍物处理及建筑物拆除后的垃圾清运。

（五）土石方的开挖、运输，均按开挖前的天然密实体积计算。

（六）挖沟槽、基坑、一般土方的划分标准

1. 底宽≤7m，底长＞3倍底宽，执行挖沟槽相应子目。

2. 底长≤3倍底宽且底面积≤150m^2，执行挖基坑相应子目。

3. 超出上述范围执行挖一般土方相应子目。

（七）土方工程

1. 平整场地是指室外设计地坪与自然地坪平均厚度≤±300mm的就地挖、填、找平，平均厚度＞±300mm的竖向土方，执行机挖独立土方相应子目。

2. 人工挖土方子目包括打钎拍底，机械挖土方的人工清槽执行人工挖土方相应子目。

3. 挖内支撑土方包括垂直提土。

4. 管沟土方执行沟槽土方相应子目。

（八）石方工程

1. 石方工程不区分岩石种类，相应子目包括超挖量。

2. 竖向布置挖石或山坡凿石的厚度＞±300mm时，执行挖一般石方子目。

（九）回填

土方回填不包括外购土。

（十）运输

1. 土（石）方运输，运距超过1km时执行运距每增1km相应子目。

2. 回填土回运分别执行土方装车，运距1km以内及土方场外运输每增1km子目。

3. 土方即挖即运分别执行机挖土方、土方运输运距1km以内、运距每增1km子目；土方二次倒运时分别执行土方装车、土方运输运距1km以内、运距每增1km子目。

二、工程量计算规则

（一）土方工程

1. 平整场地按设计图示尺寸以建筑物首层建筑面积计算。地下室单层建筑面积大于首层建筑面积时，按地下室最大单层建筑面积计算。

2. 场地碾压、原土打夯按设计图示碾压或打夯面积计算。

3. 基础挖土方按挖土底面积乘以挖土深度以体积计算。放坡土方增量及局部加深部分并入土方工程量中。

（1）挖土底面积

① 一般土方、基坑按图示垫层外皮尺寸加工作面宽度的水平投影面积计算，工作面宽度取值见表 2-3 基础施工所需工作面宽度计算表。

基础施工所需工作面宽度计算表　　表 2-3

基础材料	每边各增加工作面宽度（mm）
砖基础	200
浆砌毛石、条石基础	150
混凝土基础及垫层支模板	300
基础垂直面做防水层	1000（防水面层）
坑底灌注桩	1500

② 沟槽按基础垫层宽度加工作面宽度乘以沟槽长度计算。

③ 设计有垫层时，管沟按图示垫层外皮尺寸加工作面宽度乘以中心线长度计算；设计无垫层时，按管道结构宽加工作面宽度乘以中心线长度计算，工作面长度详见表 2-4 管沟施工每侧所需工作面宽度计算表。窨井增加的土方量并入管沟工程量中。

管沟施工每侧所需工作面宽度计算表　　表 2-4

管道结构宽（mm） 管沟材料	≤500	≤1000	≤2500	＞2500
混凝土及钢筋混凝土管道（mm）	400	500	600	700
其他材质管道（mm）	300	400	500	600

注：1. 按《全国统一建筑工程预算工程量计算规则》GJDGZ—101—95 整理。
2. 管道结构宽：有管座的按基础外缘，无管座的按管道外径。

（2）挖土深度

① 室外设计地坪标高与自然地坪标高≤±300mm 时，挖土深度从基础垫层下表面标高算至室外设计地坪标高。

② 室外设计地坪标高与自然地坪标高＞±300mm 时，挖土深度从基础垫层下表面标高算至自然地坪标高。

③ 交付场地施工标高与设计室外标高不同时，按交付施工场地标高确定。

（3）放坡增量

土方放坡的起点深度和放坡坡度，按设计要求计算；设计无规定时，详见表 2-5 放坡系数表。

放坡系数表　表 2-5

土壤类别	起点深度（m）	人工挖土	机械挖土		
			基坑内作业	基坑上作业	沟槽上作业
一、二类土	1.20	1∶0.50	1∶0.33	1∶0.75	1∶0.50
三类土	1.50	1∶0.33	1∶0.25	1∶0.67	1∶0.33
四类土	2.00	1∶0.25	1∶0.10	1∶0.33	1∶0.25

注：1. 沟槽、基坑中土类别不同时，分别按放坡起点、放坡系数，依不同土类别厚度加权平均计算。
2. 计算放坡时，在交接处的重复工程量不予扣除，原槽、坑作基础垫层时，放坡自垫层上表面开始计算。

（4）混合结构的住宅工程和柱距 6m 以内的框架结构工程，设计为带形基础或独立柱基础，且基础槽深＞3m 时，按外墙基础垫层外边线内包水平投影面积乘以槽深以体积计算，不再计算工作面及放坡土方增量。

（5）桩间挖土按各类桩（抗浮锚杆）、桩承台外边线向外 1.2m 范围内，或相邻桩（抗浮锚杆）、桩承台外边线间距离≤4m 范围内，桩顶设计标高另加加灌长度至设计基础垫层（含褥垫层）底标高之间的全部土方以体积计算。扣除桩体和空孔所占体积。

（6）挖淤泥、流砂按设计图示的位置、界限以体积计算。

（二）石方工程

1. 挖一般石方按设计图示尺寸以体积计算。

2. 挖基坑石方按设计图示尺寸基坑底面积乘以挖石深度以体积计算。

3. 挖沟槽石方按设计图示尺寸沟槽底面积乘以挖石深度以体积计算。挖管沟石方按设计图示尺寸沟槽底面积乘以挖石深度以体积计算。

（三）回填

1. 基础回填土按挖土体积减去室外设计地坪以下埋设的基础体积、建筑物、构筑物、垫层所占的体积计算。

2. 房心回填土按主墙间的面积（扣除暖气沟及设备基础所占面积）乘以室外设计地坪至首层地面垫层下表面的高度以体积计算。

3. 地下室内回填土按设计图示尺寸以体积计算。

4. 场地回填按设计图示回填面积乘以回填厚度以体积计算。

（四）运输

1. 土（石）方运输按挖方总体积减去回填土体积计算。

2. 淤泥、流砂运输按挖方工程量以体积计算。

3. 泥浆运输：搅拌桩、注浆桩、锚杆（锚索）和土钉的外运泥浆按成桩（孔）体积 10%计算，地下连续墙、渠式切割水泥土连续墙和旋挖成孔灌注桩的外运泥浆按成桩体积 50%计算。

三、预算消耗量标准执行中应注意的问题

（一）平整场地

2021 年北京市预算消耗量标准为了与 2013 版清单计算规范在计算规则上保持一致，平整场地工程量计算规则取消了 1.4 的系数，直接按设计图示尺寸以建筑物首层建筑面积计算（地下室单层建筑面积大于首层建筑面积时，按地下室最大单层面积计算）。

（二）挖土工程量计算

1. 基础施工时需增加的工作面，即：根据基础施工的需要，向周边放出一定范围的操作面，作为工人施工时的操作空间，可参照基础施工所需工作面宽度计算表（表 2-3）计算。如图 2-1 所示，其中 c 为工作面宽度。

2. 挖土方、沟槽、基坑需放坡（当土方开挖深度超过 1.2m 时，将土壁做成具有一定坡度的边坡，防止土壁坍塌）时，应根据施工验收规范规定参照施工组织设计按表 2-5 计算放坡土方增量，如图 2-2 所示。

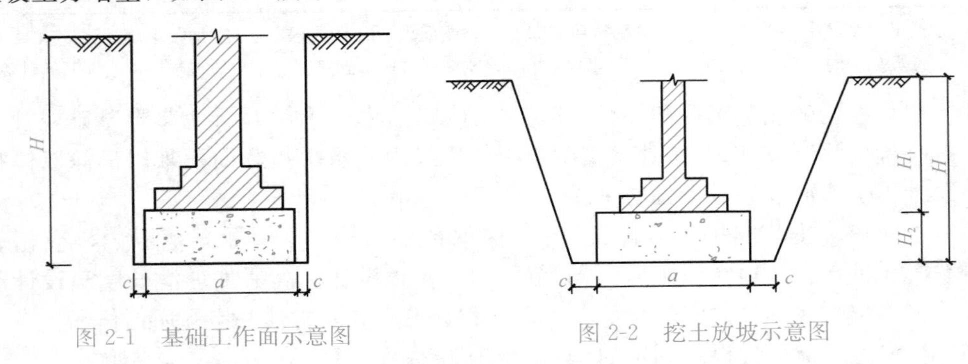

图 2-1　基础工作面示意图

图 2-2　挖土放坡示意图

（1）土方、基坑放坡的水平长度按挖土起点深度乘以放坡系数计算。

（2）沟槽（管沟）放坡土方增量按挖土深度乘以放坡系数得放坡的水平长度，再乘以沟槽（管沟）的长度和挖土深度以立方米计算。

3. 挖土方或挖基坑工程量计算公式：

① 不放坡

$$V = (L + 2c) \times (W + 2c) \times H \tag{2-1}$$

式中：V——挖土体积；

L——垫层长；

W——垫层宽；

c——工作面宽度；

H——挖土深度。

② 放坡

$$V = (L + 2c + H \times k) \times (W + 2c + H \times k) \times H + \frac{1}{3} k^2 H^3 \tag{2-2}$$

式中：V——挖土体积；

L——垫层长；

W——垫层宽；

c——工作面宽度；

H——挖土深度；

k——放坡系数。

4. 挖沟槽工程量计算公式：

① 不放坡

$$V = (a + 2c) \times L \times H \tag{2-3}$$

式中：V——挖土体积；

L——沟槽长度，外墙基础挖土按中心线长度、内墙基础挖土按净长线长度计算；

a——垫层宽；

c——工作面宽度；

H——挖土深度。

② 放坡

$$V=(a+2c+H\times k)\times L\times H \tag{2-4}$$

式中：V——挖土体积；

L——沟槽长度，外墙基础挖土按中心线长度、内墙基础挖土按净长线长度计算；

a——垫层宽；

c——工作面宽度；

H——挖土深度；

k——放坡系数。

5. 挖管沟工程量计算公式：

① 不放坡

$$V=(a+2c)\times L\times H \tag{2-5}$$

式中：V——挖土体积；

L——管道中心线长度；

a——管沟宽；

c——工作面宽度；

H——挖土深度。

② 放坡

$$V=(a+2c+H\times k)\times L\times H \tag{2-6}$$

式中：V——挖土体积；

L——管道中心线长度；

a——管沟宽；

c——工作面宽度；

H——挖土深度；

k——放坡系数。

（三）回填土

回填土是指基础回填土，即基坑、土方和沟槽的肥槽回填土部分（见图 2-3）。定额是按回填土土质进行划分并设置定额子目，夯填主要以人工操作蛙式打夯机进行夯实。含量按通常打夯两遍为准测算。计算公式为：

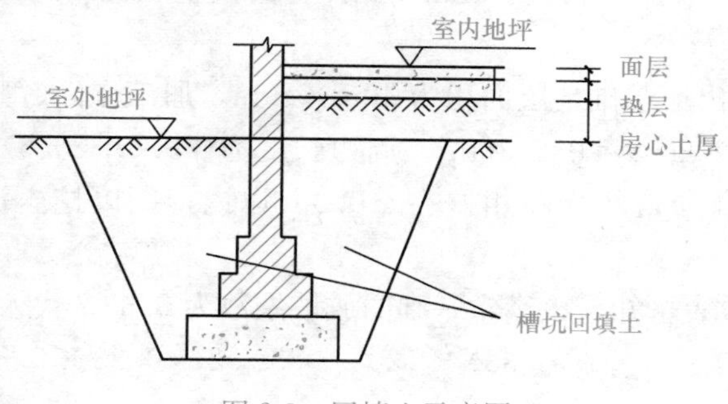

图 2-3 回填土示意图

基础回填土 = 挖土体积 − 室外设计地坪以下被埋设的基础和垫层体积　(2-7)

(四) 房心回填

房心回填土指室外设计地坪标高以上、室内地面垫层标高以下的房心部位回填土，见图 2-4。计算公式为：

房心回填体积 = 室内主墙之间的净面积 × 回填厚度 h　(2-8)

回填厚度 =设计室内地坪标高 − 设计室外地坪标高 − 地面面层厚度 −
地面垫层厚度　(2-9)
=室内外高差 − 地面厚度

(五) 地下室内回填

地下室内回填土按设计图示尺寸以立方米计算。如图 2-5 所示。

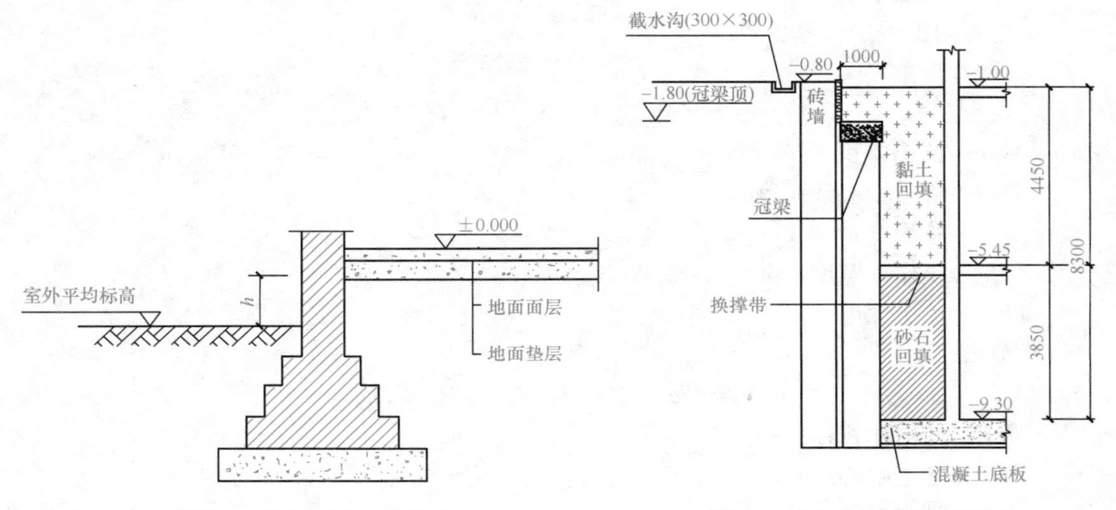

图 2-4　房心回填土示意图　　图 2-5　地下室内回填剖面图

(六) 场地回填

场地回填是指按设计要求进行分层回填，由推土机将土推平，压路机进行碾压，定额已综合考虑了密实度。计算公式为：

场地回填 = 回填面积 × 平均回填厚度　(2-10)

【例 2-1】某满堂基础的垫层尺寸如图 2-6 所示，其室外设计地坪标高为−0.45m，自然地坪为−0.65m，垫层底标高为−5.8m，试计算其挖土工程量（该满堂基础为二类土，机械挖土基坑内作业）。

【解】由图中可看出原基础垫层面积为 40m×20m，加工作面(每边加 300mm)后，其挖土的底面积为 40.6×20.6=836.36m²，周边长度为(40.6+20.6)×2=122.4m，挖土深度由于室外设计标高与自然标高相差在±0.3m 以内，所以挖土深度为：(−0.45)−(−5.8)=5.35m。

查表 2-5 放坡系数表可知，该满堂基础的放坡系数为 0.33，代入公式得：

$$V = (40 + 0.3 \times 2 + 0.33 \times 5.35) \times (20 + 0.3 \times 2 + 0.33 \times 5.35) \times 5.35 + 1/3 \times 0.33^2 \times 5.35^3 = 5074.82\text{m}^3$$

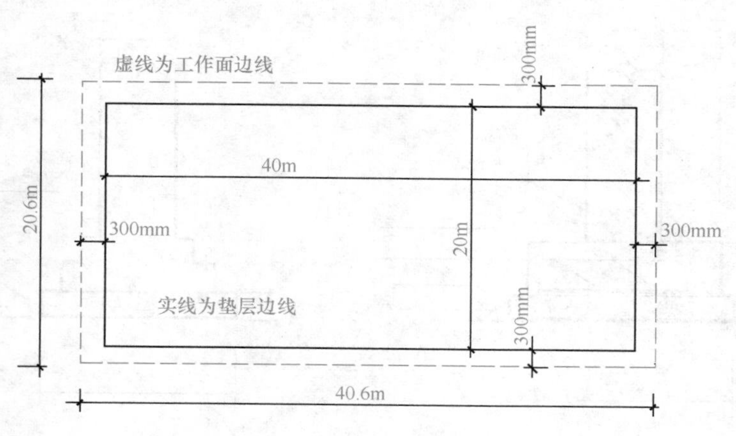

图 2-6　基础垫层平面图

上例如果挖土方采取基坑支护不需要放坡时，则其挖土工程量

$$V = (40 + 0.3 \times 2) \times (20 + 0.3 \times 2) \times 5.35 = 4474.53\text{m}^3$$

【例 2-2】某砖混结构 2 层住宅，基础平面图见图 2-7，基础剖面图见图 2-8，室外地坪标高为−0.2m，自然地坪标高为−0.3m，混凝土垫层与灰土垫层施工均留工作面（三类土）。试求以下工程量：(1) 平整场地；(2) 人工挖沟槽；(3) 混凝土垫层。

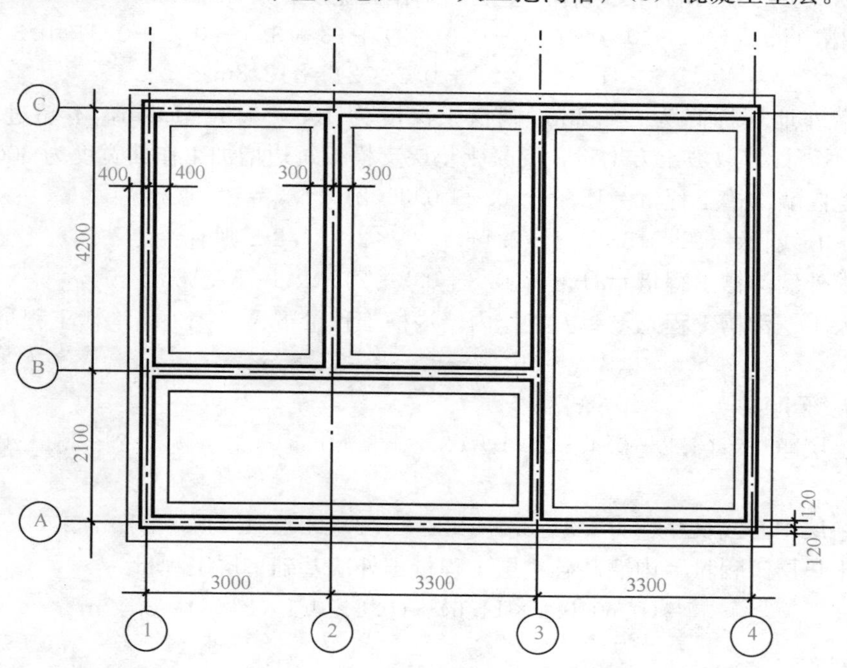

图 2-7　基础平面图

【解】

(1) 平整场地工程量计算。

平整场地工程量＝首层建筑面积

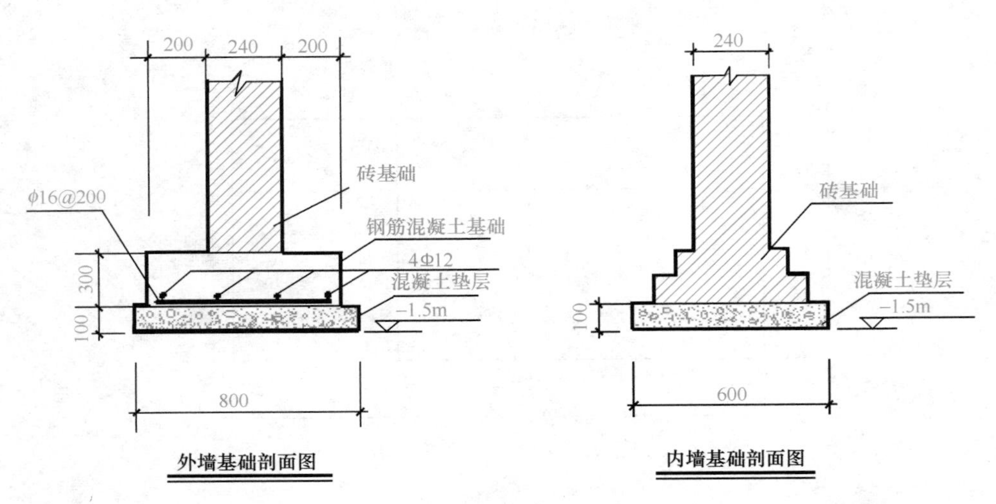

图 2-8 基础剖面图

$$S = (2.1 + 4.2 + 0.12 \times 2) \times (3 + 3.3 + 3.3 + 0.12 \times 2) = 64.35\text{m}^2$$

（2）土挖工程量计算

查表 2-3 可知，混凝土垫层支模板每边增加工作面宽度为 300mm。由于计算内墙沟槽净长时要减去与其两端相交墙体的垫层和工作面宽度，所以

$$\text{内墙沟槽净长} = (4.2 - 0.4 - 0.3 - 0.3 \times 2) + (3 + 3.3 - 0.4 - 0.3 - 0.3 \times 2) + (4.2 + 2.1 - 0.4 \times 2 - 0.3 \times 2) = 12.8\text{m}$$

已知室外地坪标高为－0.2m，则挖土深度为 1.5－0.2＝1.3m，不超过放坡起点（1.5m），不需计算放坡土方增量，混凝土垫层支模板每边增加工作面宽度为 300mm。

人工挖内墙沟槽工程量＝$12.8 \times (0.6 + 0.3 \times 2) \times 1.3 = 19.97\text{m}^3$

外槽中心线长＝$(3 + 3.3 + 3.3 + 2.1 + 4.2) \times 2 = 31.8\text{m}$ 则有：

人工挖外墙沟槽工程量＝$31.8 \times (0.8 + 0.3 \times 2) \times 1.3 = 57.88\text{m}^3$

故：人工挖沟槽工程总量＝人工挖内墙沟槽工程量＋人工挖外墙沟槽工程量

$$V_{总} = 19.97 + 57.88 = 77.85\text{m}^3$$

（3）混凝土垫层

内墙垫层净长＝$(4.2 - 0.4 - 0.3) + (3.3 + 3 - 0.4 - 0.3) + (4.2 + 2.1 - 0.4 - 0.4) = 14.6\text{m}$

外槽垫层中心线长＝$(3 + 3.3 + 3.3 + 2.1 + 4.2) \times 2 = 31.8\text{m}$

混凝土垫层工程量＝内墙基础垫层工程量＋外墙基础垫层工程量

$$= (0.6 \times 0.1 \times 14.6) + (0.8 \times 0.1 \times 31.8) = 3.42\text{m}^3$$

第二节　地基处理与边坡支护工程

一、说明

（一）本节包括：地基处理，基坑与边坡支护 2 节共 54 个子目。

（二）换填地基。

1. 基坑开挖后对软弱土层或不均匀土层地基的加固处理执行换填地基相应子目。

2. 换填地基不包括挖除原土，发生时执行“本章第一节 土石方工程”相应子目。

3. 复合地基褥垫层执行填铺子目。

（三）填料桩复合地基。

1. 填料桩复合地基按充盈系数1.15编制，设计不同时，主材消耗量可调整。

2. 水泥粉煤灰碎石桩按长螺旋钻中心压灌方式编制。设计为素混凝土时，执行“本章第三节 桩基工程”相应子目。

（四）深层水泥搅拌桩。

1. 空桩部分按相应子目的人工、机械乘以系数0.50，扣除材料费。

2. 插型钢子目中型钢材料按摊销编制，设计为一次性使用时，主材另行调整。

（五）注浆桩复合地基。

1. 高压旋喷桩包括接头处的复喷。

2. 注浆桩复合地基所用的浆体材料用量与设计不同时，按设计要求调整。

3. 高压旋喷（摆喷）水泥桩按预钻孔道编制。设计为钻孔、注浆一体化时，执行注浆相应子目，人工、机械乘以系数1.10。

（六）桩间补桩时，相应子目的人工、机械乘以系数1.15。

（七）水泥粉煤灰碎石桩、深层水泥搅拌桩、高压旋喷水泥桩、三轴水泥搅拌桩的桩头，执行凿水泥桩桩头子目。

（八）地下连续墙。

1. 地下连续墙不包括导墙挖土方、泥浆处理及外运、钢筋加工，发生时分别执行相应章节子目。

2. 地下连续墙成槽及混凝土浇筑按单元槽段平面形式为矩形编制，包括单元槽段的搭接。

3. 地下连续墙灌注混凝土按充盈系数1.15编制，设计不同时，主材消耗量可调整换算。

4. 锁口管接头吊拔按圆形锁口管柔性接头摊销编制，设计采用其他形式接头时，材料可调整换算。

（九）锚杆（锚索）、土钉。

1. 锚杆和土钉注浆按水泥浆编制，设计注浆材料不同时，材料可调整换算。

2. 抗浮锚杆执行锚杆（锚索）相应子目。

3. 预应力钢绞线按5束编制，设计不同时，主材另行调整。

4. 入岩指钻入较软岩、较硬岩或坚硬岩，详见表2-2岩石分类表。

（十）喷射混凝土。

1. 喷射混凝土护坡不包括钢筋网、钢板网等，发生时执行“本章第五节 混凝土及钢筋混凝土工程”相应子目。

2. 桩间支护喷射混凝土执行喷射混凝土护坡垂直面子目。

3. 边坡支护喷射混凝土执行喷射混凝土护坡斜面子目，与之相连的坡顶平台（翻边）并入喷射混凝土工程量中。

（十一）冠梁、腰梁模板分别执行“第四章 措施项目预算消耗量标准和费用指标”中基础梁和矩形梁子目。

（十二）混凝土支撑执行“本章第五节 混凝土及钢筋混凝土工程”中柱、梁相应子目。

（十三）钢支撑安装中钢构件按摊销编制，设计为一次性使用时，主材另行调整。

二、工程量计算规则

（一）换填地基按设计图示尺寸以体积计算。

（二）振冲碎石桩、水泥粉煤灰碎石桩均按设计有效桩长（包括桩尖）另加设计加灌长度乘以设计桩径截面积，以体积计算。

（三）深层水泥搅拌桩。

1. 深层水泥搅拌桩按设计有效桩长另加设计加灌长度乘以设计桩径截面积，以体积计算。空桩部分长度按桩顶标高至自然地坪标高扣减加灌长度计算。

（1）扣除三轴搅拌桩单独成桩时重叠部分体积。

（2）不扣除搅拌桩每次成桩时与群桩间的重叠部分体积。

2. 三轴水泥搅拌桩中的插、拔型钢按设计图示尺寸以质量计算。不扣除孔眼质量，焊条、铆钉、螺栓等也不另增加质量。

（四）高压旋喷水泥桩成孔按设计有效桩长另加设计加灌长度，以长度计算。喷浆按截面面积乘以设计桩长另加设计加灌长度，以体积计算。

（五）分层注浆钻孔按设计图示钻孔深度以长度计算。注浆按设计图示注明加固土体的体积计算。

（六）凿桩头按设计加灌长度乘以桩设计图示截面面积以体积计算。

（七）地下连续墙。

1. 现浇混凝土导墙按设计图示尺寸以体积计算。

2. 地下连续墙成槽按设计图示墙中心线长度乘以厚度乘以槽深（设计室外地坪至连续墙底）以体积计算。

3. 锁口管接头吊拔、地下连续墙清底置换按设计图示数量计算。

4. 地下连续墙浇筑混凝土按设计图示墙中心线长乘以厚度乘以墙高（包括设计加灌高度）以体积计算。

5. 凿地下连续墙超灌混凝土按设计加灌混凝土体积计算。

（八）锚杆（锚索）、土钉。

1. 土层锚杆机械钻孔（注浆）、土层套管机械钻孔（注浆）、入岩分别按设计进入土层、岩层深度以长度计算。

2. 重复高压注浆按设计图示尺寸以长度计算。

3. 钢筋锚杆（土钉）和钢管锚杆（土钉）制作、安装按设计图示尺寸以质量计算。

4. 预应力钢绞线按设计图示尺寸以长度计算。

5. 锚头（锚墩、承压板）按设计图示数量计算。

（九）喷射混凝土护坡按设计图示尺寸以面积计算。

（十）腰梁、冠梁

1. 混凝土冠梁、腰梁按设计图示尺寸以体积计算。

2. 钢腰梁按设计图示尺寸以质量计算。不扣除孔眼质量，焊条、铆钉、螺栓等也不另增加质量。

（十一）钢支撑按设计图示尺寸以质量计算。不扣除孔眼质量，焊条、铆钉、螺栓等也不另增加质量。

（十二）渠式切割水泥土连续墙按设计图示尺寸以体积计算。

三、预算消耗量标准执行中应注意的问题

（一）深层水泥搅拌桩、预钻孔道高压旋喷（摆喷）水泥桩（2-8～2-19 子目），预算消耗量标准中水泥强度等级是按 42.5 考虑的，水泥强度等级与标准不同时，可以进行调整。

（二）振冲碎石桩、水泥粉煤灰碎石桩、深层水泥搅拌桩子目中已包括成孔的费用，执行时不得另行计算成孔费用；预钻孔道高压旋喷（摆喷）水泥桩子目不包括成孔的费用，执行时应另行计算成孔费用，分别套用钻孔 2-14、2-18 子目。

（三）水泥粉煤灰碎石桩是由水泥、粉煤灰、碎石、石屑或砂等混合料加水拌合形成高粘结强度桩，并由桩、桩间土和褥垫层一起组成复合地基的地基处理方法。套用标准时，碎石褥垫层执行填铺子目，按设计图示尺寸以体积计算。

（四）凿桩头。

预算消耗量标准第二章凿水泥桩桩头（2-20 子目）配合地基处理的桩使用；预算消耗量标准第三章凿桩头（3-19、3-20 子目）配合基础桩使用，注意区分。

（五）地下连续墙是指形成建筑物或构筑物的永久性地下承重结构或围护结构（如地下室外墙）构件的地下连续墙。施工工艺：导墙施工→槽段开挖→清孔→插入接头管和钢筋笼→水下浇筑混凝土→（初凝后）拔出接头管。地下连续墙施工过程如图 2-9 所示。

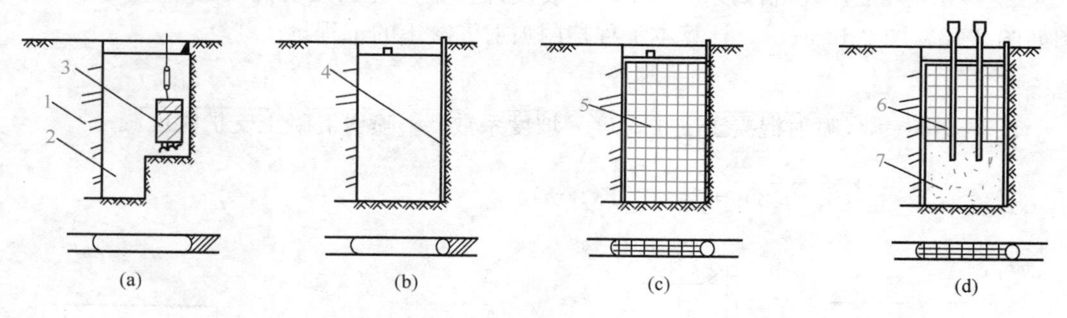

图 2-9 地下连续墙施工过程示意图

（a）成槽；（b）插入接头管；（c）放入钢筋笼；（d）浇筑混凝土

1—已完成的单元槽段；2—泥浆；3—成槽机；4—接头管；5—钢筋笼；6—导管；7—浇筑的混凝土

（六）预应力锚杆由杆体（钢绞线、预应力螺纹钢筋、普通钢筋或钢管）、注浆固结体、锚具、套管所组成的一端与支护结构构件连接，另一端锚固在稳定岩体内的受拉杆件。杆体采用钢绞线时，亦可称为锚索。如图 2-10 所示。

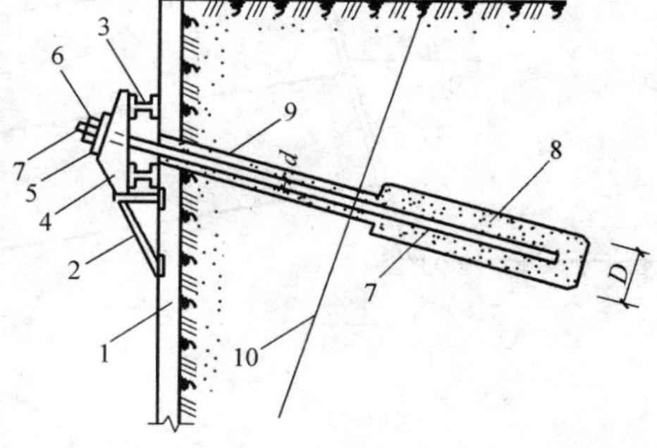

图 2-10 锚杆示意图

1—挡墙；2—承插支架；3—横梁；4—台座；
5—承压垫板；6—锚具；7—钢拉杆；
8—水泥浆或水泥砖浆锚固体；
9—非锚固段；10—滑动面；
D—锚固体直径；d—拉杆直径

（七）土钉是指植入土中并注浆形成的承受拉力与剪力的杆件。土钉支护一般垂直于土体斜面自上至下有三排土钉，其长度为 5m 左右。如图 2-11 所示。

（八）喷射混凝土按设计图示尺寸以面积计算，执行喷射混凝土护坡斜面子目时，与之相连的坡顶平台（翻边）并入喷射混凝土工程量

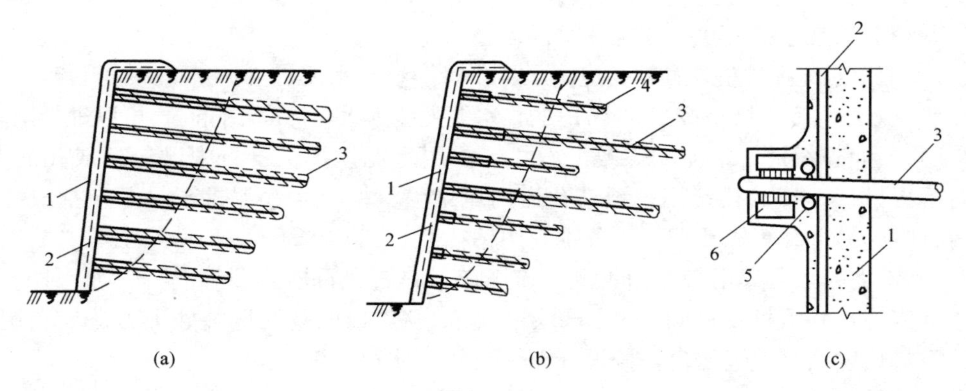

图 2-11 喷锚支护

(a) 喷锚支护结构；(b) 土钉墙与喷锚网复合支护；(c) 锚杆头与钢筋网和加强筋的连接

1—喷射混凝土面层；2—钢筋网层；3—锚杆头；4—锚杆（土钉）；

5—加强筋；6—锁定筋二根与锚杆双面焊接

中，如图 2-12 所示。计算方法如例 2-3。

【例 2-3】某工程基坑深度 3.00m，护坡设计方案为挂网喷射混凝土，平面图、剖面图如图 2-13、图 2-14 所示，计算本工程挂网喷射混凝土的工程量。

【解】

1. 斜面长 $=\sqrt{(\text{喷射混凝土支护深度}\times\text{坡度系数})^2+\text{喷射混凝土支护深度}^2}$

$=\sqrt{(3\times0.3)^2+3^2}=3.132(\text{m})$

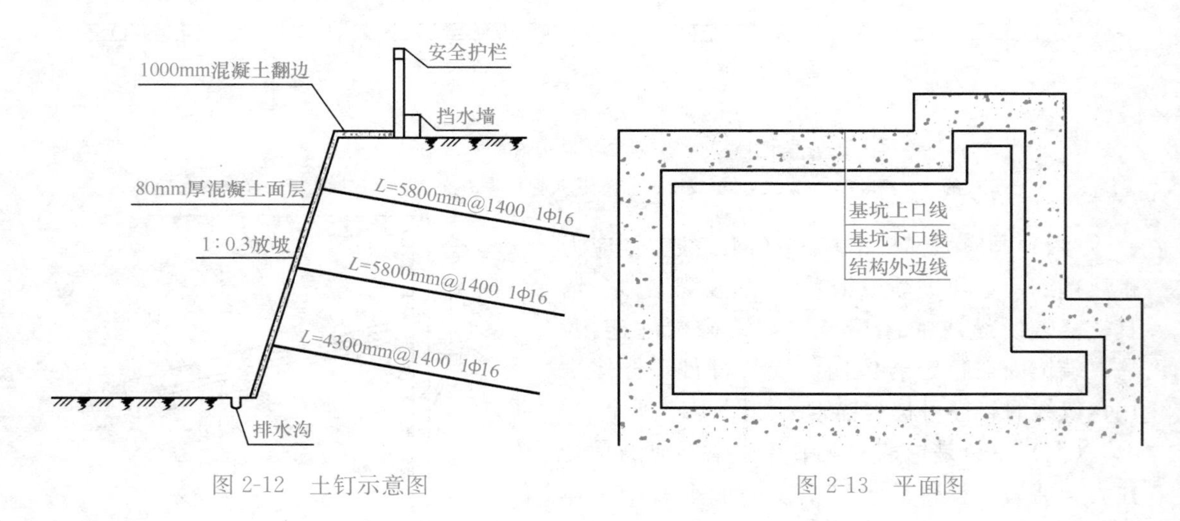

图 2-12 土钉示意图

图 2-13 平面图

2. 支护长度按护坡面中心线长度计算，如图 2-15 所示，经图纸测量计算，护坡面中线长度为 213m。

3. 喷射混凝土工程量＝(支护斜面长度＋翻边长度)×护坡面中线长度

$=(3.132+1)\times213=880.116(\text{m}^2)$

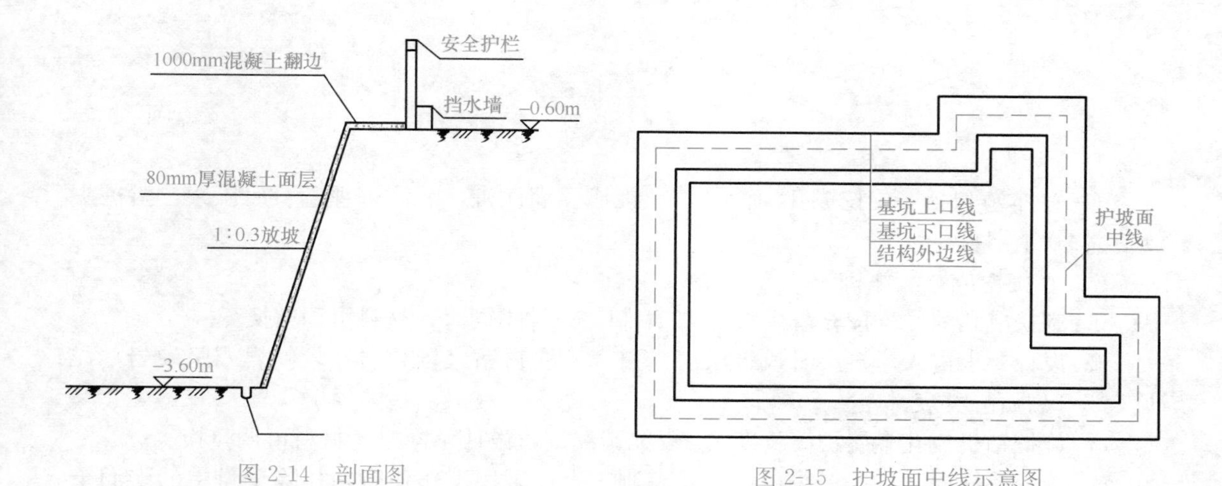

图 2-14 剖面图

图 2-15 护坡面中线示意图

【例 2-4】某水泥搅拌墙（图 2-16），采用三轴搅拌桩施工（图 2-17），桩径为 850mm，桩轴（圆心）矩为 600mm，桩长 10m，水泥掺量 20%，计算该水泥搅拌墙消耗量。

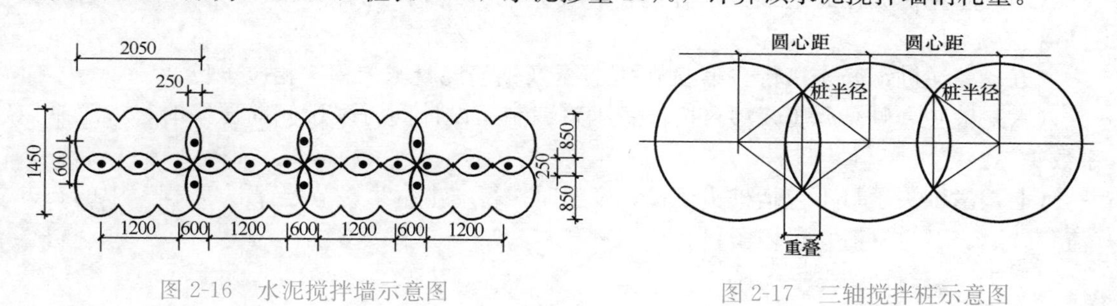

图 2-16 水泥搅拌墙示意图

图 2-17 三轴搅拌桩示意图

【解】(1) 计算三轴搅拌桩单独成桩（单幅）时成桩体积

按照计算规则，三轴搅拌桩单独成桩时重叠部分体积应扣除。

根据图 2-17 可知，单独成桩截面积 S 为三个圆面积扣减 4 个重叠的弓形面积。计算方式为：

圆面积：$S_1=(0.85/2)^2\times3.1416\times3=1.7024\text{m}^2$

圆心角：$\theta=2\times a\cos(0.3/0.425)=90.1983°$

一个扇形面积：$S_2=(0.85/2)^2\times3.1416\times90.1983/360=0.1423\text{m}^2$

三角形面积：$S_3=\sqrt{(0.425^2-0.3^2)}\times2\times0.3/2=0.0903\text{m}^2$

一个弓形面积：$S_4=S_2-S_3=0.1423-0.0903=0.052\text{m}^2$

单独成桩截面积：$S=S_1-4\times S_4=1.7024-0.052\times4=1.4944\text{m}^2$

该单独成桩的三轴搅拌桩工程量：$V_1=1.4944\times10=14.94\text{m}^3$

(2) 计算水泥搅拌墙（搅拌桩群桩）时成桩体积

按照计算规则，不扣除搅拌桩每次成桩时与群桩间的重叠部分体积。

根据图 2-16 可知，该水泥搅拌墙由 8 辐三轴搅拌桩组成。

则：该水泥搅拌墙工程量 $V=V_1\times8=119.52\text{m}^3$

第三节　桩　基　工　程

一、说明

（一）本节包括：旋挖成孔灌注桩，螺旋成孔灌注桩，灌注桩埋管、后压浆，凿桩头4节共20个字目。

（二）旋挖成孔灌注桩。

1. 旋挖成孔灌注桩按充盈系数1.15编制，设计不同时，材料可调整换算。

2. 设计要求进入岩石层时执行入岩子目，入岩指钻入较软岩、较硬岩或坚硬岩，详见表2-2岩石分类表。

3. 旋挖钻机成孔金属护筒长度按2m摊销编制，设计不同时，材料可调整换算。

4. 旋挖成孔灌注桩按泥浆护壁成孔编制，设计采用干作业时，扣除子目中的膨润土和泥浆泵，人工乘以系数0.90。

（三）螺旋成孔灌注桩按充盈系数1.15编制，设计不同时，材料可调整换算。

（四）灌注桩成孔的土（石）方运输、泥浆场外运输，执行“本章第一节 土石方工程”相应子目。

（五）灌注桩钢筋笼执行“第五节 混凝土及钢筋混凝土工程”相应子目。

（六）桩底（侧）后压浆项目按桩底压浆编制，设计同时采用侧向压浆时，人工乘以系数1.10。

（七）凿桩头子目不包括桩头运输，发生时执行“本章第一节 土石方工程”中的石方（渣）装运、石方（渣）运输子目。

二、工程量计算规则

（一）旋挖成孔灌注桩。

1. 成孔按设计桩径截面积分别乘以土层、岩石层成孔长度，以体积计算。

2. 灌注混凝土按设计桩径截面积乘以设计有效桩长（包括桩尖）另加加灌长度，以体积计算。

（二）螺旋成孔灌注桩。

1. 成孔按设计桩径截面积乘以成孔长度，以体积计算。

2. 灌注混凝土按设计桩径截面积乘以设计有效桩长（包括桩尖）另加加灌长度，以体积计算。

（三）旋挖成孔灌注桩、螺旋成孔灌注桩的试验桩并入相应工程量中。

（四）灌注桩埋管、后压浆。

1. 注浆管、声测管埋设按成孔长度计算。

2. 桩底（侧）后压浆按设计图示注入水泥用量，以质量计算。

（五）凿桩头按加灌长度乘以桩设计图示截面面积以体积计算。

三、预算消耗量标准执行中应注意的问题

灌注桩一般专指混凝土灌注桩，是一种直接在现场设计桩位上就地成孔，然后在孔内浇筑混凝土或安放钢筋笼后再浇筑混凝土而成的桩。北京地区常见的两种灌注桩是旋挖成孔灌注桩和螺旋成孔灌注桩。灌注桩具有施工噪声小、振动小、直径大以及在各种地基上

均可使用等优点。

（一）旋挖钻孔成孔、螺旋钻孔成孔按设计图示桩径截面面积乘以成孔长度以体积计算。

（二）灌注桩混凝土浇筑按设计桩径截面积乘以设计有效桩长（包括桩尖）另加加灌长度以体积计算。

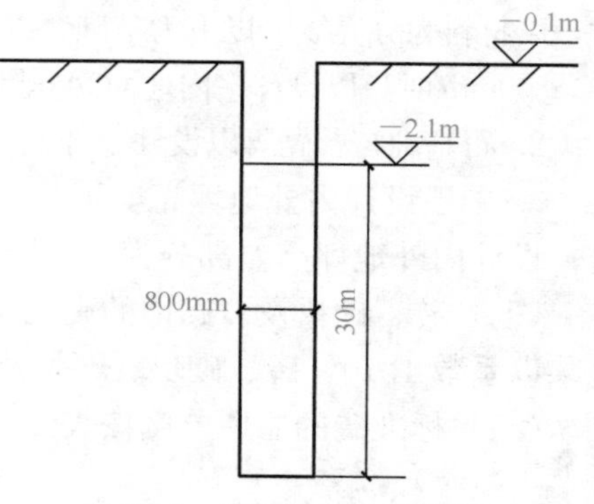

图 2-18　灌注桩桩孔示意图

【例 2-5】如图 2-18 所示，螺旋钻孔灌注桩，直径 800mm，设计桩长 30m，桩顶标高 −2.1m，自然地平标高 −0.1m。求灌注桩成孔和混凝土浇筑工程量。

【解】

$$V_{成孔}=\pi\left(\frac{D}{2}\right)^2 H=3.14\times0.8^2/4\times[(2.1-0.1)+30]=16.08\mathrm{m}^2$$

$$V_{灌注}=\pi\left(\frac{D}{2}\right)^2 L=3.14\times0.8^2/4\times30=15.07\mathrm{m}^2$$

式中：$V_{成孔}$——灌注桩成孔工程量；

$V_{灌注}$——灌注桩灌注混凝土工程量；

D——灌注桩的直径；

H——灌注桩钻孔长度；

L——灌注桩设计桩长。

【例 2-6】某工程采用泥浆护壁旋挖成孔灌注桩，桩径 1000mm，桩长 36m，共计 100 根桩，泥浆外运 25.2km，计算相应消耗量。

【解】(1) 桩孔成桩工程量：$0.5\times0.5\times3.14\times36\times100=2826\mathrm{m}^3$

(2) 泥浆工程量：$2826\times50\%=1413\mathrm{m}^3$

(3) 土方工程量：$2826-1413=1413\mathrm{m}^3$

第四节　砌　筑　工　程

一、说明

（一）本节包括：砖砌体，砌块砌体，石砌体，轻质墙板，垫层 5 节共 60 个子目。

（二）砌筑墙体高度按 3.6m 编制，超过 3.6m 时，其超过部分按相应子目的人工乘以系数 1.15。

（三）砌筑工程中墙体拉结筋、预埋铁件等执行“本章第五节 混凝土及钢筋混凝土工程”相应子目。

（四）混凝土垫层执行“本章第五节 混凝土及钢筋混凝土工程”相应子目。

（五）台阶、台阶挡墙、花台、花池、地垄墙、蹲台、屋面伸缩缝侧边、≤0.3m² 孔洞填塞等砌砖，执行零星砌砖子目。

（六）基础与墙身的划分

1. 基础与墙（柱）身使用同一种材料时，以设计室内地面为界，以下为基础，以上为墙（柱）身。

基础与墙（柱）身使用不同种材料时，当设计室内地面与不同材料分界线高差≤300mm时，以材料为分界线，以下为基础，以上为墙（柱）身；当设计室内地面与不同材料分界线高差>300mm时，以设计室内地面为分界线，以下为基础，以上为墙（柱）身。

2. 石基础与石勒脚以设计室外地坪为分界线；石勒脚与石墙身以设计室内地面为分界线。

3. 围墙设计内外地坪高度不一致时，以较低地坪为分界线，以下为基础，以上为墙身；设计内外地坪高差部分为挡土墙时，挡土墙以上为墙身。

（七）砖、砌块及石砌体的砌筑均按直形砌筑编制，设计为弧形时，按相应子目的人工乘以系数1.10，砖、砌块、石材及砂浆（胶粘剂）用量乘以系数1.03。

（八）标准砖的墙体厚度按表2-6规定计算。

标准砖墙厚度计算表　　　　表2-6

砖数（厚度）	1/4	1/2	3/4	1	1½	2	2½	3
计算厚度（mm）	53	115	180	240	365	490	615	740

（九）混凝土空心砌块、轻集料砌块及轻集料免抹灰砌块的墙体厚度按表2-7规定计算。

混凝土空心砌块、轻集料砌块及轻集料免抹灰砌块墙体厚度计算表　　　　表2-7

图示厚度（mm）	100	150	200	250	300	350
计算厚度（mm）	90	140	190	240	290	340

（十）垫层子目不包括外购土。

二、工程量计算规则

（一）基础按设计图示尺寸以体积计算。包括附墙垛基础宽出部分体积，扣除地梁（圈梁）、构造柱所占体积，不扣除基础大放脚T形接头处的重叠部分及嵌入基础内的钢筋、铁件、管道、基础砂浆防潮层和单个面积≤0.3m²的孔洞所占体积，靠墙暖气沟的挑檐不增加。砖基础大放脚折加高度和增加断面详见表2-8。

基础长度：外墙按外墙中心线，内墙按内墙净长线计算。

（二）墙体按设计图示尺寸以体积计算。扣除门窗洞口、过人洞、空圈、嵌入墙内的钢筋混凝土柱、梁、圈梁、挑梁、过梁及凹进墙内的壁龛、管槽、暖气槽、消火栓（箱）所占体积。不扣除梁头、板头、檩头、垫木、木楞头、沿缘木、木砖、门窗走头、砖墙内拉结筋、铁件、钢管及单个面积≤0.3m²的孔洞所占体积。凸出墙面的腰线、挑檐、压顶、窗台线、泛水砖、门窗套的体积亦不增加。凸出墙面的砖垛并入墙体体积内计算。

1. 墙长度：外墙按中心线、内墙按净长计算。

2. 墙高度：

（1）外墙：斜（坡）屋面无檐口天棚算至屋面板底；有屋架且室内外均有天棚算至屋架下弦底另加200mm；无天棚算至屋架下弦底另加300mm，出檐宽度超过600mm时按设计高度计算；有钢筋混凝土楼板隔层算至板顶。平屋顶算至钢筋混凝土板底。

（2）内墙：位于屋架下弦，算至屋架下弦底；无屋架算至天棚底另加100mm；有钢筋混凝土楼板隔层算至楼板底；有框架梁时算至梁底。

（3）女儿墙：从屋面板上表面算至女儿墙顶面（如有混凝土压顶时算至压顶下表面）。

（4）围墙：高度算至压顶上表面（如有混凝土压顶时算至压顶下表面），围墙柱并入围墙体积内。

（三）零星砌砖、零星蒸压加气混凝土砌块按设计图示尺寸以体积计算。

（四）地沟、明沟、坡道按设计图示尺寸以体积计算。

（五）散水、地坪（平铺）按设计图示尺寸以面积计算。

（六）水泥砂浆板通风道按设计图示尺寸以长度计算。

（七）石勒脚按设计图示尺寸以体积计算。不扣除单个面积≤0.3m^2 的孔洞所占面积。

（八）石护坡、石台阶、石地沟等按设计图示尺寸以体积计算。

（九）石坡道按设计图示尺寸以水平投影面积计算。

（十）轻质隔墙按设计图示尺寸以面积计算。不扣除单个≤0.3m^2 的孔洞所占面积。

（十一）垫层按设计图示尺寸以体积计算。

砖基础大放脚折加高度和增加断面表　　表 2-8

放脚层数	折加高度（m）										增加断面（m^2）	
	1/2		1		1½		2 砖		2½			
	等高	不等高	等高	不等高	等高	不等高	等高	不等高	等高	不等高	等高	不等高
一	0.137	0.137	0.066	0.066	0.043	0.043	0.032	0.032	0.026	0.026	0.016	0.016
二	0.411	0.342	0.197	0.164	0.129	0.108	0.096	0.080	0.077	0.064	0.047	0.039
三			0.394	0.328	0.259	0.216	0.193	0.161	0.154	0.128	0.095	0.079
四			0.656	0.525	0.432	0.345	0.321	0.257	0.256	0.205	0.158	0.126
五			0.984	0.788	0.647	0.518	0.482	0.386	0.384	0.307	0.236	0.189
六			1.378	1.083	0.906	0.712	0.675	0.530	0.538	0.423	0.331	0.260
七			1.838	1.444	1.208	0.949	0.900	0.707	0.717	0.563	0.441	0.347
八			2.363	1.838	1.553	1.208	1.157	0.900	0.922	0.717	0.567	0.441
九			2.953	2.297	1.942	1.510	1.446	1.125	1.152	0.896	0.709	0.551
十			3.609	2.789	2.373	1.834	1.768	1.366	1.409	1.088	0.866	0.669
十一					2.848	2.201	2.121	1.639	1.690	1.306	1.040	0.803
十二					3.366	2.589	2.507	1.929	1.998	1.537	1.229	0.945
十三							2.925	2.250	2.330	1.793	1.433	1.103
十四							3.375	2.588	2.689	2.062	1.654	1.268
十五							3.857	2.957	3.073	2.356	1.890	1.449

三、预算消耗量标准执行中应注意的问题

（一）在同一墙体中出现不同材质的材料时的计算说明

在建筑工程中常常会出现同一墙体中有两种不同材质的材料。如基础为毛石混凝土，墙体为砖墙，砖墙与加气混凝土砌块墙、砖墙与预制混凝土墙板等不同的组合形式。如在同一墙中出现不同材质的材料时，应按设计要求分别计算。另外，基础与墙的划分界限也与材料有关，见说明的第六条。

（二）关于砖基础工程量计算方法

砖基础是由基础墙及大放脚组成，其剖面一般都做成阶梯型，这个阶梯型通常叫作大

放脚。

基础大放脚分为等高与不等高两种。等高大放脚，每步放脚层数相等，均以墙厚为基础，每挑宽 1/4 砖，挑出砖厚为 2 皮砖。如图 2-19（a）所示。

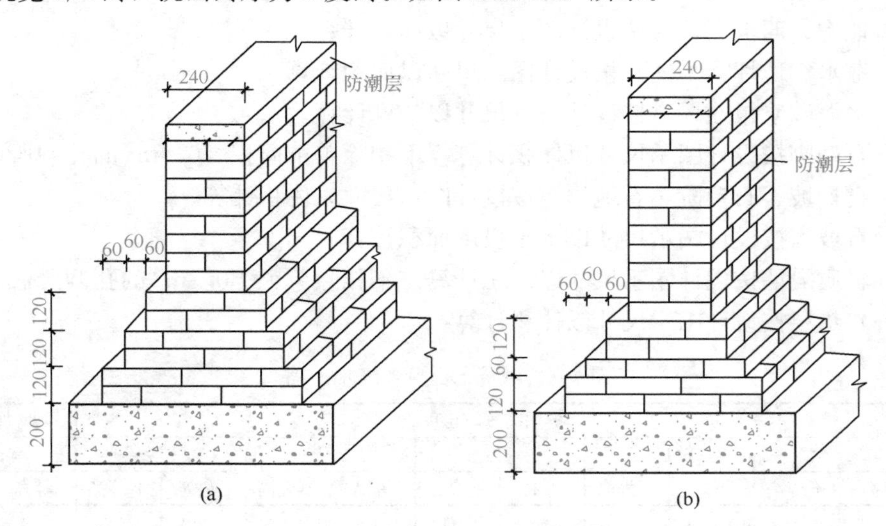

图 2-19　基础大放脚

（a）等高式大放脚；（b）不等高式大放脚

不等高大放脚即每步放脚高度不等且互相交替的放脚，每挑宽 1/4 砖，挑出砖厚为 1 皮与 2 皮相间。如图 2-19（b）所示。

砖基础工程量包括砖基础墙工程量与大放脚工程量之和。砖柱基础工程量为基础部分柱身工程量与四边大放脚工程量之和。

带形砖基础的体积通常用基础断面的面积乘以基础长度来计算。其基础断面积计算如下，如图 2-20 所示。

砖基断面面积＝基础墙面积＋大放脚增加面积＝基础墙高×基础墙厚＋大放脚增加面积或砖基断面面积＝基础墙墙厚×(基础墙墙高＋大放脚折加高度)

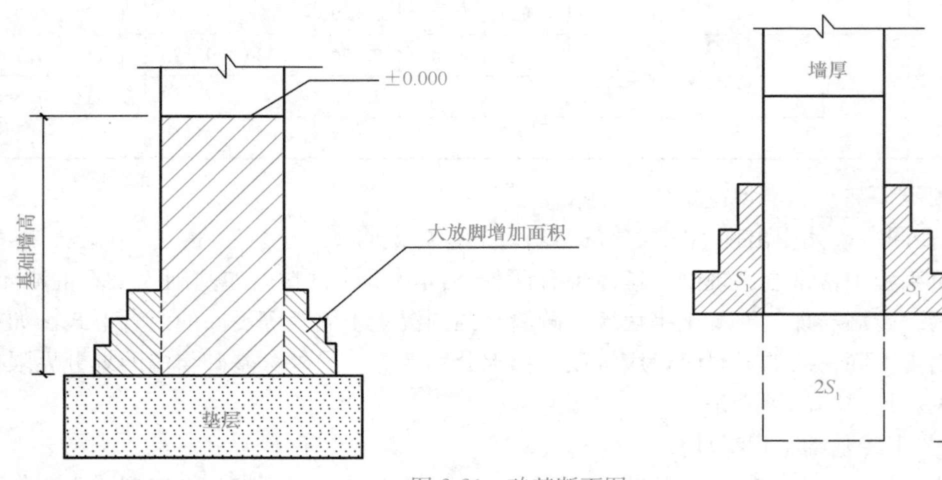

图 2-20　砖基断面图

（三）关于扣减构造柱体积的计算

在砖混结构中，为了增强结构的整体性，通常在砖墙的拐角或交接处设计有构造柱，如图 2-21 所示。

按照砌筑基础与墙体的计算规则，其构造柱所占的体积应扣除。构造柱体积的计算规则为：

构造柱按设计图示尺寸以体积计算，即用图示断面积乘以柱高，构造柱的柱高按全高（即柱基或地梁上表面算至柱顶面）计算，嵌接墙体部分（马牙槎）并入柱身体积计算。因此在计算构造柱体积时，应按构造柱的平均断面面积乘以柱高来计算。

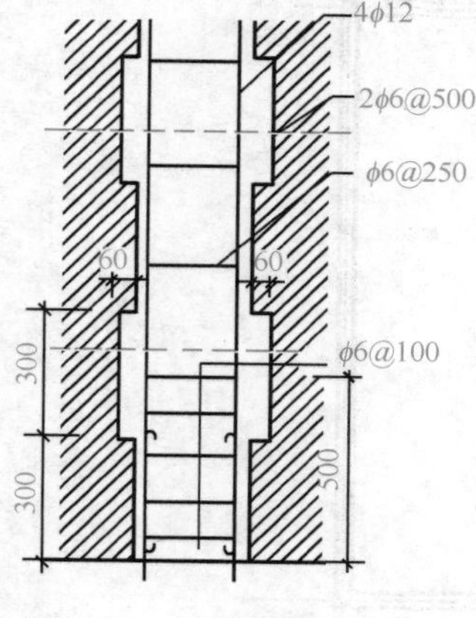

图 2-21　砖墙与构造柱咬接（马牙槎）示意图

如图 2-22 所示的构造柱，其平均断面积见表 2-9。

构造柱平均断面积　　表 2-9

详图号	计算式	平均断面积（m^2）
①	0.36×0.24+0.24×0.06/2+0.12×0.06/2	0.0972
②	0.24^2+0.24×0.06/2+0.12×0.06	0.072
③	0.24×0.36+0.24×0.06×3/2	0.108
④	0.24^2+0.24×0.06	0.072
⑤	0.36×0.24+0.24×0.06	0.1008
⑥	0.24^2+0.24×0.06×3/2	0.079

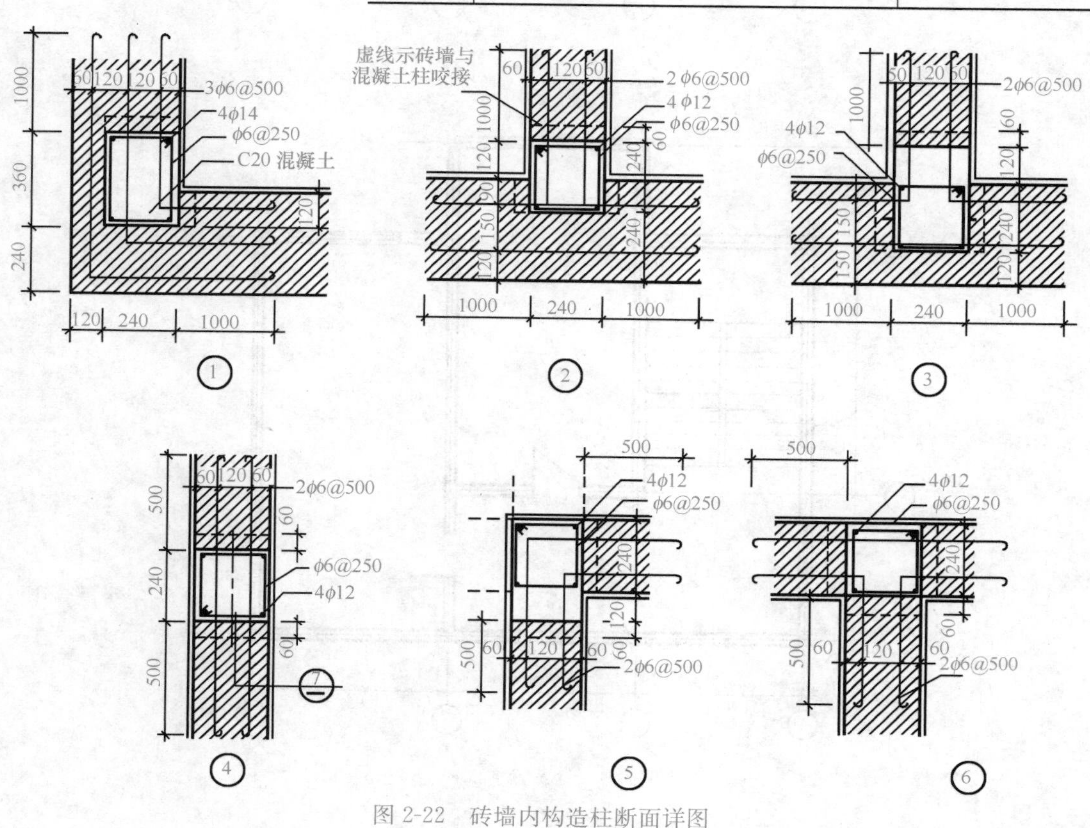

图 2-22　砖墙内构造柱断面详图

【例 2-7】某砖混结构二层住宅，首层平面图见图 2-23，二层平面图见图 2-24，基础平面图见图 2-25，基础剖面图见图 2-26，内墙砖基础为二层等高大放脚。外墙构造柱从钢筋混凝土基础上生根，外墙砖基础中构造柱的体积为$1.2m^3$；外墙高6m，内墙每层高

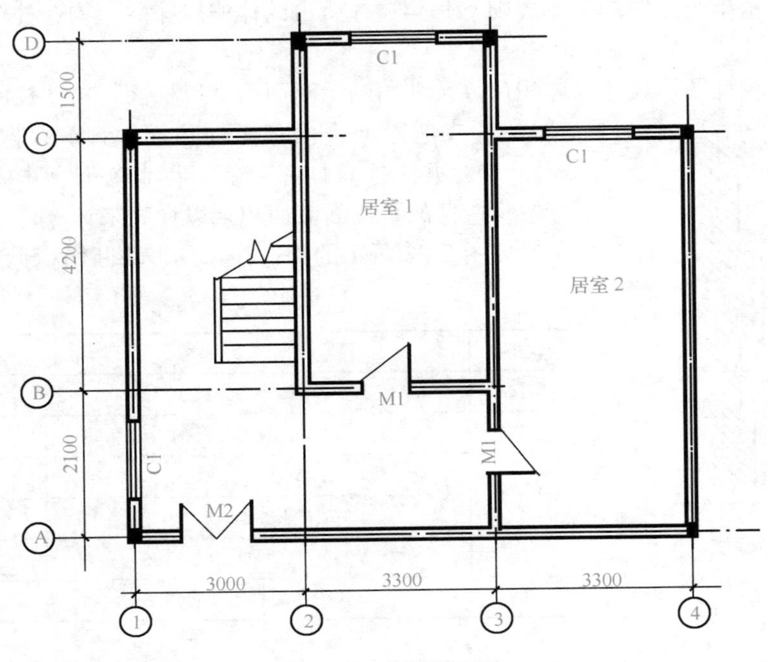

图 2-23 首层平面图

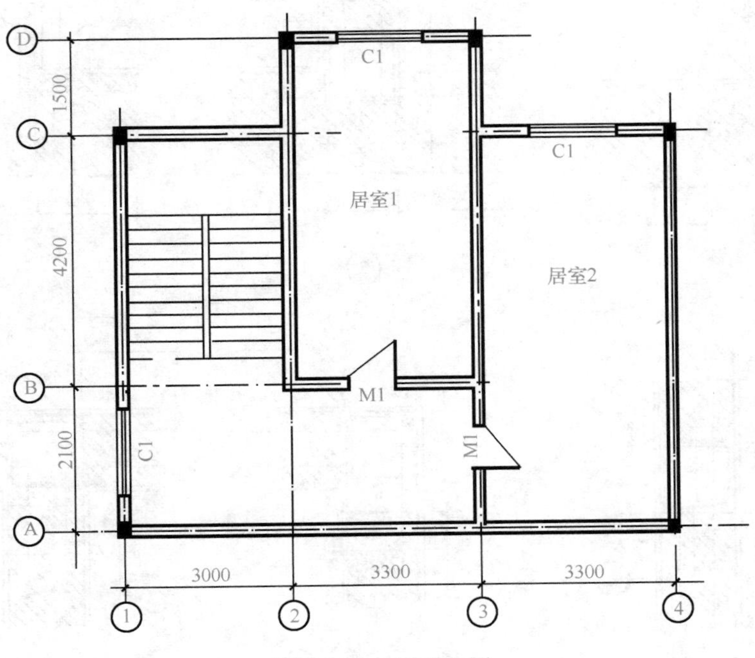

图 2-24 二层平面图

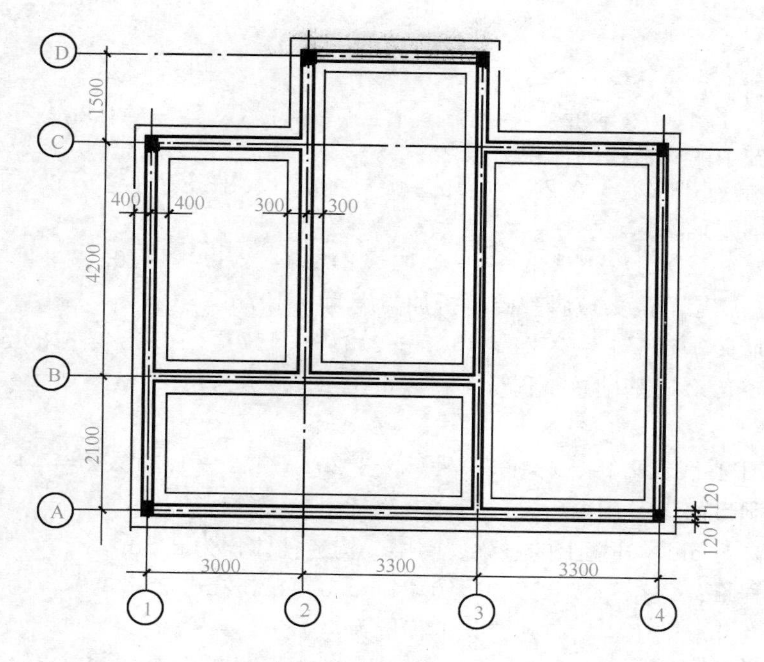

图 2-25　基础平面图

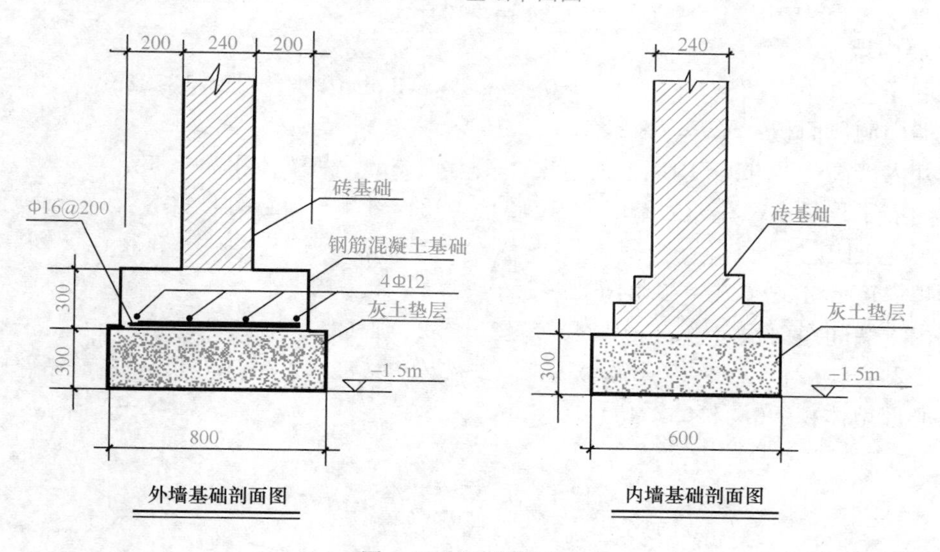

图 2-26　基础剖面图

2.9m，内外墙厚均为 240mm，外墙上均有女儿墙，高 600mm，厚 240mm；外墙上的过梁、圈梁和构造柱的总体积为 $2.5m^3$，内墙上的过梁体积为 $1.2m^3$，圈梁体积为 $1.5m^3$；门窗洞口尺寸：C1 为 1500mm×1200mm，M1 为 900mm×2000mm，M2 为 1000mm×2100mm。请计算以下工程量：1. 建筑面积；2. 砖基础；3. 砖外墙；4. 砖内墙；5. 房心回填土。

【解】1. 建筑面积

$$S=[(2.1+4.2+0.12\times2)\times(3+3.3+3.3+0.12\times2)+1.5\times(3.3+0.12\times2)]\times2$$
$$=(6.54\times9.84+1.5\times3.54)\times2=139.33m^2$$

2. 砖基础

外墙砖基础中心线长：

$$L_{外} = (3 + 3.3 + 3.3 + 2.1 + 4.2 + 1.5) \times 2 = 34.8\text{m}$$

外墙砖基础中的构造柱的体积为 1.2m^3，

$$外墙砖基础\ V_{外} = 0.24 \times (1.5 - 0.3 - 0.3) \times 34.8 - 1.2 = 6.32\text{m}^3$$

内墙砖基础净长线长：

$$L_{内} = (4.2 - 0.12 \times 2) + (3.3 + 3 - 0.12 \times 2) + (4.2 + 2.1 - 0.12 \times 2) = 16.08\text{m}$$

由附表可知二层等高大放脚一砖厚折加高度为 0.197m

$$内墙砖基础\ V_{内} = 0.24 \times (1.5 - 0.3 + 0.197) \times 16.08 = 5.39\text{m}^3$$

$$砖基础总工程量\ V_{总} = 6.32 + 5.39 = 11.71\text{m}^3$$

3. 砖外墙

$$外墙中心线长\ L_{外} = (3 + 3.3 + 3.3 + 2.1 + 4.2 + 1.5) \times 2 = 34.8\text{m}$$

外墙门窗洞口面积 S 门窗$=1.5\times1.2\times3\times2+1\times2.1=12.9\text{m}^2$

已知外墙高为 6m，外墙上的过梁、圈梁、构造柱体积为 2.5m^3

砖外墙工程量：$(34.8\times6-12.9)\times0.24-2.5=44.52\text{m}^3$

注意：砖女儿墙的工程量单列，其工程量为：

$$L = (3 + 3.3 + 3.3 + 2.1 + 4.2 + 1.5) \times 2 = 34.8\text{m}$$

$$V = 34.8 \times 0.6 \times 0.24 = 5.01\text{m}^3$$

4. 砖内墙

内墙净长 $L_{内}=4.2+(4.2+2.1-0.12\times2)+(3.3-0.12\times2)=13.32\text{m}$

内墙门洞口面积：$0.9\times2\times2\times2=7.2\text{m}^2$

已知内墙高为 2.9m，内墙上的过梁体积为 1.2m^3、圈梁体积为 1.5m^3

砖内墙工程量：$(13.32\times2.9\times2-7.2)\times0.24-1.5-1.2=14.11\text{m}^3$

5. 房心回填土

回填厚度$=0.5-0.16=0.34\text{m}$

室内主墙间净面积$=(4.2-0.24)\times(3-0.24)+(4.2+1.5-0.24)\times(3.3-0.24)+(4.2+2.1-0.24)\times(3.3-0.24)+(2.1-0.24)\times(3+3.3-0.24)=57.45\text{m}^2$

房心回填体积$=0.34\times57.45=19.53\text{m}^3$

第五节　混凝土及钢筋混凝土工程

一、说明

（一）本节包括：现浇混凝土构件，一般预制混凝土构件，装配式预制混凝土构件，钢筋及螺栓、铁件 4 节共 118 个子目。

（二）现浇混凝土构件

1. 未列出的项目中单件体积≤0.1m^3 的构件，执行小型构件相应子目；单件体积＞0.1m^3 的构件，执行其他构件相应子目。

2. 基础及楼地面混凝土垫层执行本节相应子目。

3. 基础。

（1）箱式基础分别执行筏板基础、柱、梁、墙的相应子目。

（2）有肋带形基础，肋的高度≤1.5m时，肋并入带形基础子目，执行带形基础子目；肋的高度＞1.5m时，基础和肋分别执行带形基础和墙子目。

（3）筏形基础的基础梁凸出板顶高度≤1.5m时，凸出部分执行基础梁子目；高度＞1.5m时，凸出部分执行墙相应子目。筏形基础下反梁按设计图示尺寸计算、并入筏形基础工程量中。

（4）带形桩承台、独立桩承台、筏板式桩承台分别执行带形基础、独立基础、筏形基础相应子目。

（5）框架式设备基础，分别执行独立基础、柱、梁、墙、板相应子目。

（6）杯形基础子目包括杯口底部找平。

4. 钢筋混凝土结构中，梁、板、柱、墙分别计算，执行相应子目，和墙连在一起的暗梁、暗柱并入墙，执行墙子目；突出墙或梁的装饰线，并入相应的工程量内。

5. 型钢混凝土组合结构中现浇混凝土执行相应子目，人工、机械乘以系数1.05。

6. 斜梁（板）按坡度＞10°且≤30°综合编制。梁（板）坡度≤10°的执行梁、板子目；坡度＞30°且≤45°时，人工乘以系数1.05；坡度＞45°且≤60°时，人工乘以系数1.10。

7. 短肢剪力墙是指截面厚度≤300mm、各肢截面高度与厚度之比的最大值＞4且≤8的剪力墙；各肢截面高度与厚度之比的最大值≤4的剪力墙执行柱子目。

8. 空心楼板、空心楼板内芯管安装分别执行相应子目。

9. 现浇混凝土挑檐、天沟、雨篷、阳台的划分界线：

（1）挑檐、天沟、雨篷与板（包括屋面板）连接时，以外墙外边线为分界线；与梁（包括圈梁等）连接时，以梁外边线为分界线。

（2）凸阳台以凸出外墙外侧为分界线，凸出悬挑的梁和板执行阳台板子目。

（3）凹阳台分别执行梁、板子目。

（4）阳台、雨篷栏板（立板），高度≤500mm时，其体积并入阳台、雨篷工程量内；高度＞500mm时，执行栏板子目；栏板顶端有压顶的，分别执行栏板和压顶子目。

10. 钢筋桁架楼承板浇筑混凝土执行压型钢板混凝土板子目。

11. 楼梯踏步板（含三角）平均厚度按200mm编制，设计厚度不同时，按相应部分的水平投影面积执行每增加10mm子目。

12. 楼梯与现浇板的划分界线：楼梯与现浇混凝土板之间有梯梁连接时，以梁的外边线为分界线；无梯梁连接时，以楼梯的最后一个踏步边缘加300mm为分界线。

13. 看台板的后浇带执行梁的后浇带相应子目，人工乘以系数1.05。

14. 后浇带子目包括金属网。

15. 架空式混凝土台阶执行楼梯子目，栏板和挡墙分别执行相应子目。

16. 坡道、台阶不包括面层做法，面层执行“第三章第一节　楼地面装饰工程”相应子目。

（三）一般预制混凝土构件

1. 预制板缝宽＜40mm时，执行接头灌缝子目；40mm＜缝宽≤300mm执行补板缝子目；缝宽＞300mm时执行现浇混凝土板子目。

2. 未列出的项目中单件体积≤0.1m^3的构件，执行小型构件相应子目；单件体积＞0.1m^3的构件，执行其他构件相应子目。

3. 阳台板安装不分板式或梁式，均执行阳台板子目。

（四）装配式预制混凝土构件

1. 构件安装按各种尺寸、截面类型和保温形式等综合编制。

2. 构件安装包括构件放置、固定所需各种类型的支撑。

3. 墙板、女儿墙等构件连接按全套筒灌浆（包括坐浆）编制。

4. 一体化阳台、凸（飘）窗、空调板等，并入外墙板工程量内；非一体化构件，执行一般预制混凝土相应子目。

5. 预制楼梯包括楼梯踏步和休息平台。

6. 套筒灌浆包括配合检测及录制影像工作。

7. 清缝打胶按注胶缝宽度 20mm 编制，设计不同时，主材消耗量可调整。

（五）钢筋及螺栓、铁件

1. 钢筋连接按绑扎和焊接综合编制，如果为焊接，不扣除钢筋搭接量，焊接费用也不另计；设计为机械连接时，执行相应子目，不再计算搭接钢筋工程量。

2. 除桩基钢筋笼、预应力钢丝束、钢绞线外，钢筋损耗和马凳（钢筋或型钢）、支撑、定位筋等用量综合按 5％编制。

3. 桩基钢筋笼损耗和支撑等用量综合按 2.5％编制。

4. 预制混凝土构件连接处钢筋安装执行钢筋安装子目，人工乘以系数 1.15。

5. 计算钢筋工程量时，钢筋长度按外皮计算。

二、工程量计算规则

（一）现浇混凝土构件

1. 现浇混凝土工程量除另有规定外，均按设计图示尺寸以体积计算。不扣除构件内钢筋、预埋铁件、螺栓及单个面积≤0.3m^2的孔洞所占体积；型钢混凝土框架结构中，型钢所占体积按每吨型钢扣减 0.127m^3 混凝土体积计算。

2. 现浇混凝土基础：按设计图示尺寸以体积计算。不扣除构件内钢筋、预埋铁件和伸入承台基础的桩头所占体积。

（1）带形基础：外墙按中心线，内墙按净长线乘以基础断面面积以体积计算；带形基础肋的高度自基础上表面算至肋的上表面。

（2）筏形基础：局部加深部分并入筏形基础体积内。

（3）杯形基础：扣除杯口所占体积。

3. 现浇混凝土柱：按设计图示尺寸以体积计算。不扣除构件内钢筋，预埋铁件所占体积。

（1）柱高的规定：

① 有梁板的柱高：自柱基上表面（或楼板上表面）至上一层楼板上表面之间的高度计算；

② 无梁板的柱高：自柱基上表面（或楼板上表面）至柱帽下表面之间的高度计算；

③ 框架柱的柱高：自柱基上表面至柱顶面高度计算；

④ 构造柱的柱高：自其生根构件的上表面算至其锚固构件的下表面计算，嵌接墙体部分（马牙槎）并入柱身体积。

（2）依附柱上的牛腿并入柱身体积计算。

(3) 钢管混凝土柱按钢管内截面面积乘以设计图示钢管高度以体积计算。

(4) 斜柱按柱截面面积乘以设计图示柱中心斜长以体积计算。

(5) 芯柱按孔的截面面积乘以设计图示高度以体积计算。

4. 现浇混凝土梁：按设计图示尺寸以体积计算。不扣除构件内钢筋、预埋铁件所占体积，伸入墙内的梁头、梁垫并入梁体积内。

(1) 梁长的规定：

① 梁与柱连接时，梁长算至柱侧面；

② 主梁与次梁连接时，次梁长算至主梁侧面；

③ 梁与墙连接时，梁长算至墙侧面；

④ 圈梁的长度外墙按中心线，内墙按净长线计算；

⑤ 过梁按设计图示尺寸计算。

(2) 圈梁代过梁时，过梁体积并入圈梁工程量。

5. 现浇混凝土墙：按设计图示尺寸以体积计算。不扣除构件内的钢筋、预埋铁件、门窗洞及单个面积≤0.3m^2的孔洞所占体积，墙垛及突出墙面部分并入墙体体积。

(1) 墙长：外墙按中心线、内墙按净长线计算。

(2) 墙高的规定：

① 墙与板连接时，墙高从基础（基础梁）或楼板上表面算至上一层楼板上表面；

② 墙与梁连接时，墙高算至梁底；

③ 女儿墙：从屋面板上表面算至女儿墙的上表面，女儿墙压顶、腰线、装饰线的体积并入女儿墙工程量内。

6. 现浇混凝土板：按设计图示尺寸以体积计算。不扣除构件内钢筋、预埋铁件及单个面积≤0.3m^2 的柱、垛以及孔洞所占体积。无梁板的柱帽并入板体积内。

(1) 板的图示面积规定：

① 有梁板按主梁间的净尺寸计算；

② 无梁板按板外边线的水平投影面积计算；

③ 平板按主墙间的净面积计算；

④ 板与圈梁连接时，算至圈梁侧面；板与砖墙连接时，伸出墙面的板头体积并入板工程量内。

(2) 有梁板的次梁并入板工程量内。

(3) 薄壳板的肋、基梁并入薄壳工程量内。

(4) 空心楼板按设计图示尺寸以体积计算。扣除空心部分所占体积。

(5) 空心楼板内芯管安装按设计图示尺寸以长度计算。

7. 现浇混凝土楼梯（包括休息平台、平台梁、斜梁及楼梯的连接梁），按设计图示尺寸以水平投影面积计算。不扣除宽度≤500mm的楼梯井，伸入墙内部分不计算。

8. 现浇混凝土其他构件

(1) 散水按设计图示水平投影面积计算。

(2) 坡道、电缆沟、地沟、台阶、扶手、压顶、小型构件、其他构件、二次灌浆按设计图示尺寸以体积计算。不扣除构件内钢筋、预埋铁件所占体积。

9. 后浇带按设计图示尺寸以体积计算。

10. 预应力混凝土构件按设计图示尺寸以体积计算。不扣除灌浆孔道所占体积。

（二）一般预制混凝土构件

1. 一般预制混凝土构件按设计图示尺寸以体积计算。不扣除钢筋、预埋铁件、空心板空洞及单个面积≤$0.3m^2$的孔洞等所占体积，构件外露钢筋体积不再增加。

2. 补板缝按预制板长度乘以板缝宽度再乘以板厚以体积计算。

3. 柱、梁、板及其他构件接头灌缝按预制构件体积计算；杯形基础灌缝按设计图示数量计算。

（三）装配式预制混凝土构件

1. 装配式预制混凝土构件按设计图示构件尺寸以体积计算。不扣除构件中保温层、饰面层、钢筋、预埋铁件、配管、套管、线盒及单个面积≤$0.3m^2$ 的孔洞等所占体积，构件外露钢筋体积不再增加。

2. 套筒灌浆按设计图示数量计算。

3. 清缝打胶按构件墙体接缝的设计图示尺寸以长度计算。

4. 构件连接混凝土按设计图示尺寸以体积计算。不扣除钢筋、预埋铁件、螺栓及单个面积≤ $0.3m^2$ 的孔洞所占体积。

（四）钢筋及螺栓、铁件

1. 现浇构件的钢筋、钢筋网片、钢筋笼均按设计图示尺寸以质量计算。钢板网按设计图示尺寸以面积计算。

2. 钢筋搭接按设计图纸注明或规范要求计算；图纸未注明搭接的按以下规定计算搭接数量：

（1）钢筋 $\phi12$ 以内，按 12m 长计算 1 个搭接；

（2）钢筋 $\phi12$ 以外，按 8m 长计算 1 个搭接；

（3）现浇钢筋混凝土墙，按楼层高度计算搭接。

3. 预应力钢丝束、钢绞线及张拉按设计图示尺寸以质量计算。

（1）钢筋（钢绞线）采用 JM、XM、QM 型锚具，钢丝束采用锥形锚具，孔道长度≤20m 时，钢筋长度按孔道长度增加 1m 计算，孔道长度>20m 时，钢筋长度增加 1.8m 计算；

（2）钢丝束采用墩头锚具时，钢丝束长度按孔道长度增加 0.35m 计算。

4. 锚具安装按设计图示数量计算。

5. 预埋管孔道铺设灌浆按构件设计图示尺寸以长度计算。

6. 铁件

（1）预埋铁件、铁件安装按设计图示尺寸以质量计算。

（2）钢筋接头机械连接按数量计算。

（3）主筋与型钢焊接、直螺纹套筒与型钢焊接按数量计算。

三、预算消耗量标准执行中应注意的问题

（一）各类混凝土基础的区分

混凝土基础包括满堂基础、带形基础、独立基础和设备基础。

1. 满堂基础

分为板式满堂基础（无梁式）、梁板式满堂基础（片筏式）和箱形满堂基础。如图 2-27 所示。

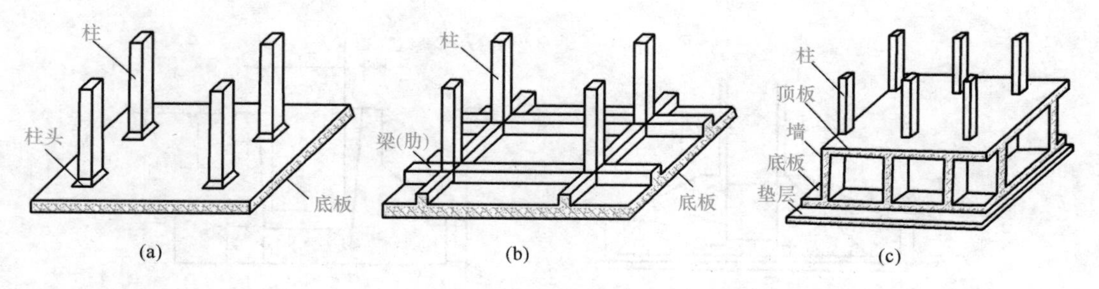

图 2-27　满堂基础

（a）无梁式满堂基础；（b）有梁式满堂基础；（c）箱形满堂基础

箱形基础是由钢筋混凝土底板、顶板、侧墙及一定数量的内隔墙构成封闭的箱体，基础中部可在内隔墙开门洞作地下室。这种基础整体性和刚度较好，调整不均匀沉降的能力及抗震能力较强，可消除因地基变形使建筑物开裂的可能性，减少基底处原有地基自重应力，降低总沉降量。这种基础其底板按满堂基础计算，顶板按楼板计算，内外墙按混凝土墙计算。

2. 带形基础

带形基础区分为墙下带形基础和柱下带形基础，如图 2-28 所示。

柱下带形基础常用钢筋混凝土材料。当土质差，上部荷载大时可做成十字交叉式布置，构成柱下井格式带形基础，如图 2-29 所示。

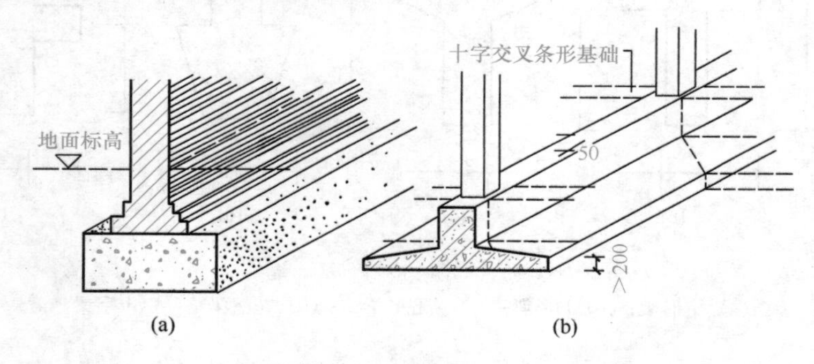

图 2-28　带形基础

（a）墙下带形基础；（b）柱下带形基础

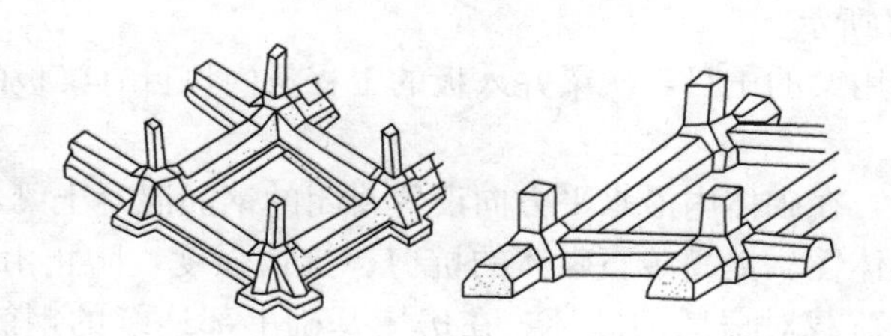

图 2-29　柱下井格式带形基础示意图

3. 独立基础

独立基础分为现浇柱下独立基础和预制柱下独立基础，
如图 2-30 所示，预制柱下独立基础亦称杯形基础或杯口基础。

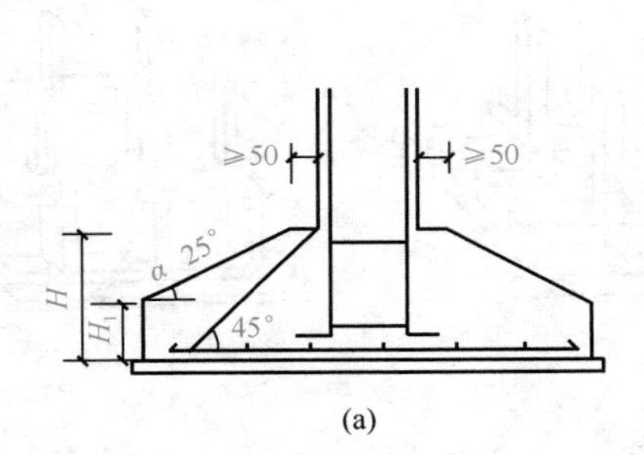

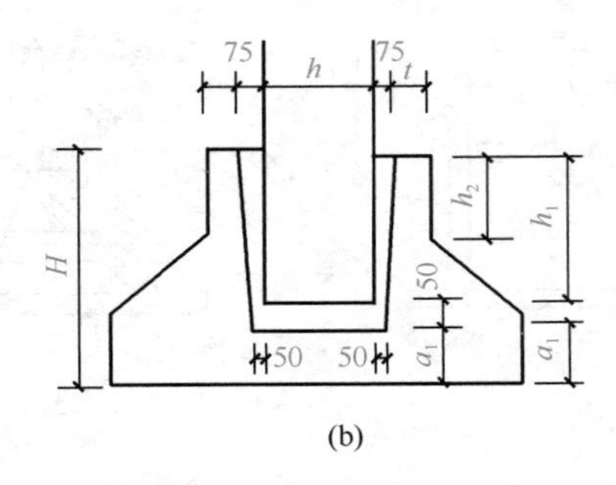

图 2-30　独立基础示意图

(a) 现浇柱下独立基础；(b) 预制柱下独立基础

（二）混凝土柱

现浇钢筋混凝土柱分承重柱和构造柱。承重柱分为钢筋混凝土柱和劲性钢骨架柱（用于升板结构），构造柱、芯柱一般用于混合结构中，它与圈梁组成一个框架，为加强结构的整体性，以减缓地震的灾害。承重柱常见于框架结构中。

（三）混凝土梁

1. 现浇钢筋混凝土梁的断面，如图 2-31 所示。

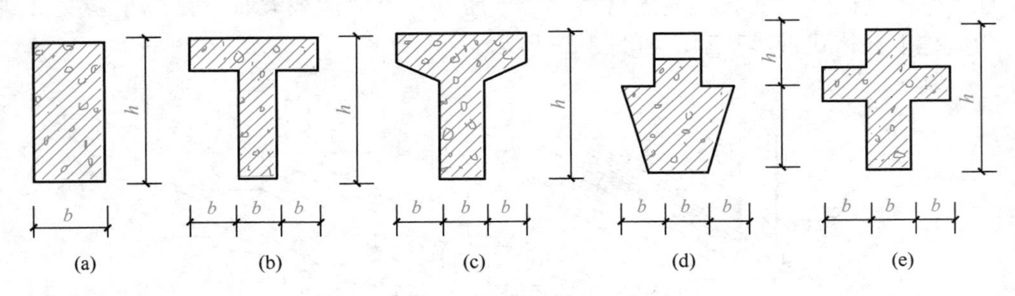

图 2-31　混凝土梁断面示意图

(a) 矩形梁；(b) T 形梁一；(c) T 形梁二；(d) 花篮梁；(e) 十字梁

2. 框架梁在框架结构工程中，与柱子相连接的承重梁称为框架梁，梁的端点在柱子上。计算梁的长度时，梁与柱连接时，梁长算至柱侧面；主梁与次梁连接时，次梁长算至主梁侧面；如图 2-32 所示。

有梁板的主梁套用梁的子目，次梁并入板的工程量内执行有梁板的子目。

3. 圈梁

砌体结构房屋中，在砌体内沿水平方向设置封闭的钢筋混凝土梁，以提高房屋空间刚度、增加建筑物的整体性、提高砖石砌体的抗剪、抗拉强度，防止由于地基不均匀沉降、地震或其他较大振动荷载对房屋的破坏。在房屋基础上部连续的钢筋混凝土梁叫基础圈梁，也叫地圈梁（DQL）；而在墙体上部，紧挨楼板的钢筋混凝土梁叫上圈梁。计算圈梁的长度时，外墙按中心线、内墙按净长线计算。

（四）混凝土板

常见的板包括有梁板、无梁板、平板、叠合板等。如图 2-32～图 2-35 所示。

现浇混凝土板按设计图示尺寸以体积计算，即用板的面积乘以板的厚度来计算，其中

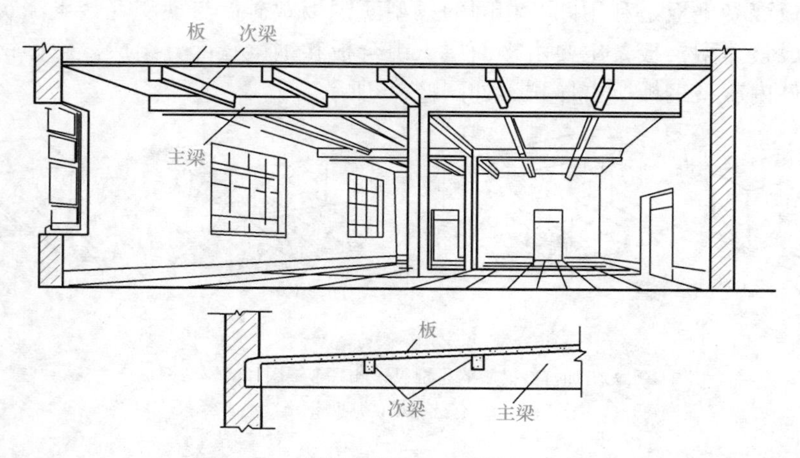

图 2-32　框架结构柱与有梁板示意图

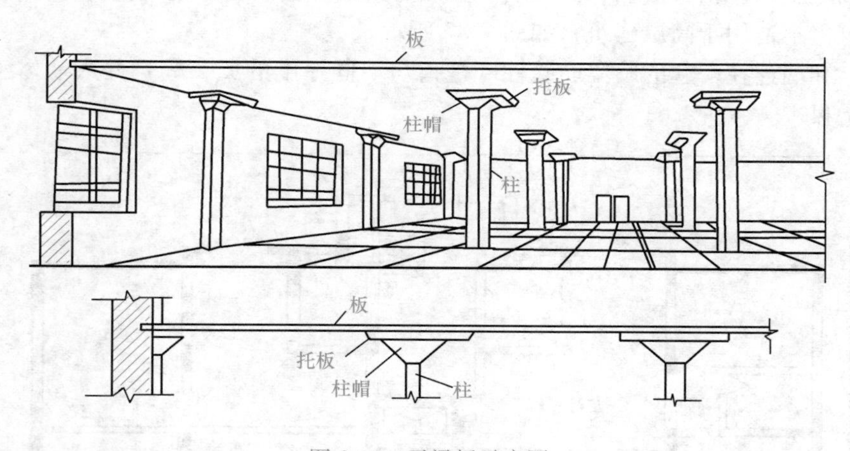

图 2-33　无梁板示意图

板的面积规则为：有梁板按主梁间的净尺寸计算；无梁板按板外边线的水平投影面积计算；平板按主墙间的净面积计算；板与圈梁连接时，算至圈梁侧面；板与砖墙连接时，伸出墙面的板头体积并入板工程量内。

注意，无梁板的柱帽并入板体积内计算。

叠合板按设计图示板和肋合并后的体积计算，如图 2-35 所示。

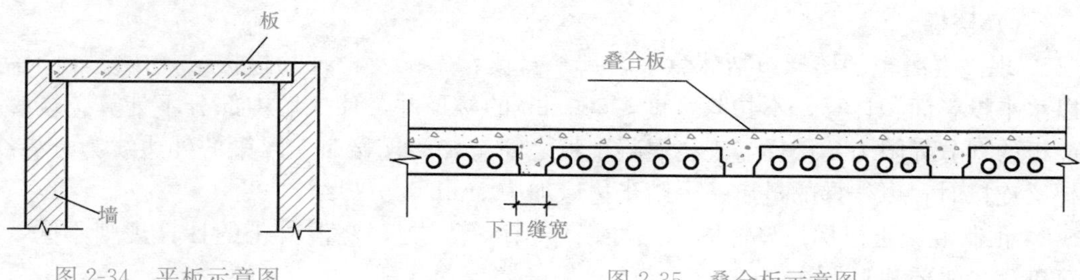

图 2-34　平板示意图

图 2-35　叠合板示意图

压型钢板混凝土板是利用凹凸相间的压型薄钢板做衬板与现浇混凝土浇筑在一起支承在钢梁上构成整体型楼板，主要由楼面层、组合板和钢梁三部分组成。压型钢板混凝土楼板应扣除构件内压型钢板所占体积。如图 2-36 所示。

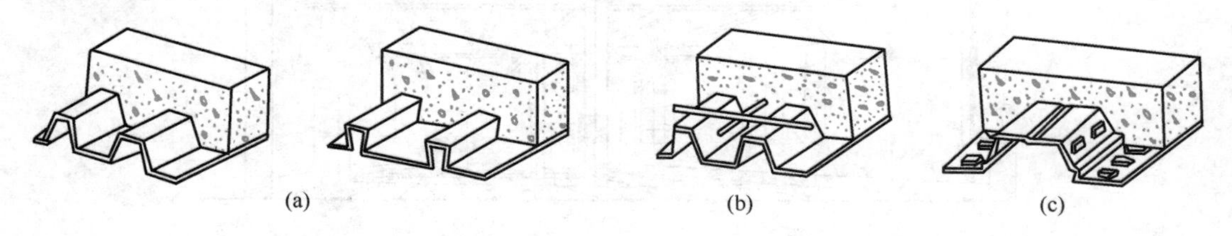

图 2-36　压型钢板上现浇钢筋混凝土板

（a）无附加抗剪措施的压型板；（b）带锚固件的压型钢板；

（c）有抗剪键的压型钢板

（五）混凝土墙

现浇混凝土墙包括直形墙、弧形墙、短肢剪力墙和挡土墙，短肢剪力墙结构只适用于小高层建筑，不适用于高层建筑，如图 2-37 所示。

注意，和墙连在一起的暗梁、暗柱（是指与墙同厚度的梁、柱）并入墙体工程量中，执行墙的子目。

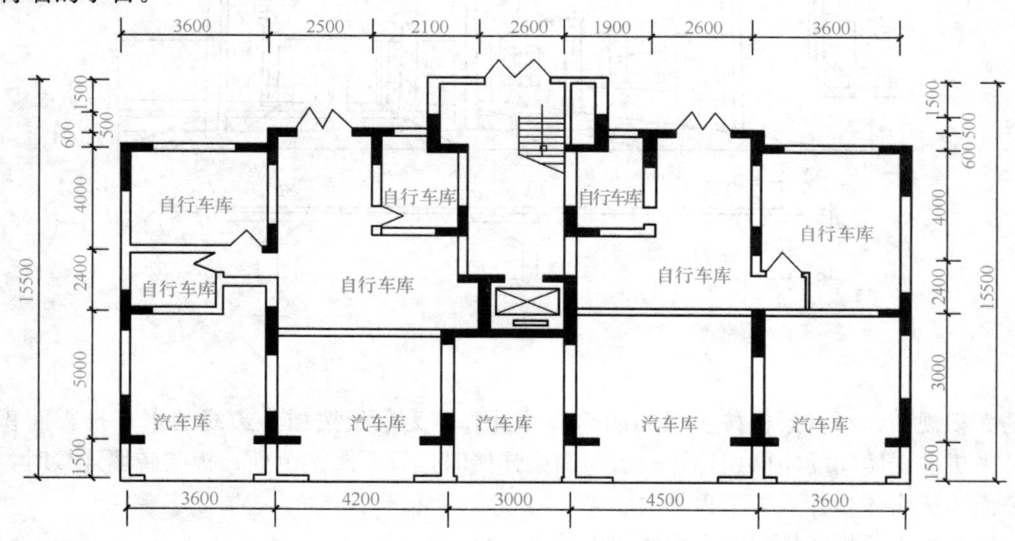

图 2-37　短肢剪力墙平面布置示意图

（六）楼梯

1. 现浇混凝土的楼梯包括休息平台、平台梁、斜梁及楼梯的连接梁，按设计图示尺寸以水平投影面积计算，不扣除宽度≤500mm 的楼梯井，伸入墙内部分不计算。楼梯与现浇板的划分界限为：楼梯与现浇混凝土板之间有梯梁连接时，以梁的外边线为分界线；无梯梁连接时，以楼梯的最后一个踏步边缘加 300mm 为分界线。

2. 预制混凝土楼梯按设计图示尺寸以体积计算。与现浇混凝土的计算规则不同，在计算工程量时要注意。

（七）混凝土外加剂

现浇混凝土子目中不包括外加剂费用，使用外加剂时，其费用并入混凝土预算价中。

【例 2-8】某四层钢筋混凝土现浇框架办公楼，图 2-38 为平面结构示意图和独立柱基础断面图，轴线即为梁、柱的中心线。已知楼层高均为 3.60m；柱顶标高为 14.40m；柱断面为 400mm×400mm；L_1 宽 300mm，高 600mm；L_2 宽 300mm，高 400mm。试求主体结构柱、梁的混凝土工程量。

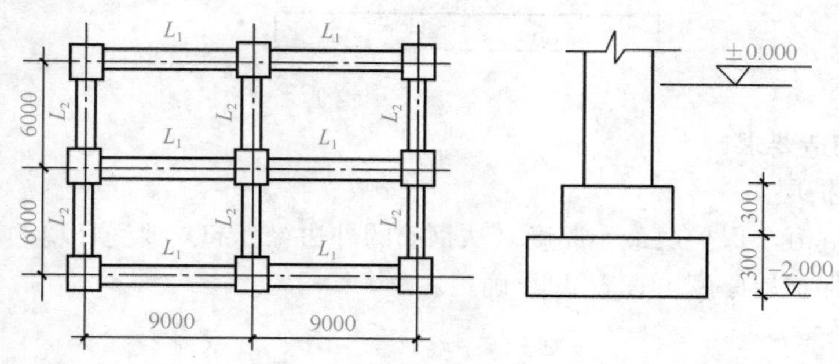

图 2-38　某办公楼结构图

【解】

（1）钢筋混凝土柱混凝土工程量＝柱断面面积×每根柱长×根数

＝（0.4×0.4）×（14.4＋2.0－0.3－0.3）×9

＝$22.75m^3$

（2）梁的混凝土工程量＝（L_1 梁长×L_1 断面面积×L_1 根数＋L_2 梁长×L_2 断面面积×L_2 根数）×层数

＝[(9.0－0.2×2)×(0.3×0.6)×(2×3)＋(6.0－0.2×2)×(0.3×0.4)×(2×3)]×4

＝(9.288＋4.032)×4

＝$53.28m^3$

四、钢筋工程消耗量计算中应注意的问题

（一）钢筋工程量计算原理

混凝土构件中的钢筋按设计图示长度乘以单位理论质量计算，钢筋单位理论质量见表 2-10，可以直接套用，因此在计算钢筋工程量时，其关键就是计算钢筋的长度。钢筋长度的计算原理如图 2-39 所示。

钢筋的公称直径与单位理论质量表　　表 2-10

公称直径（mm）	单根钢筋理论重量（kg/m）	公称直径（mm）	单根钢筋理论重量（kg/m）
6	0.222	20	2.47
6.5	0.26	22	2.98
8	0.395	25	3.85
10	0.617	28	4.83
12	0.888	32	6.31
14	1.21	36	7.99
16	1.58	40	9.87
18	2	50	15.42

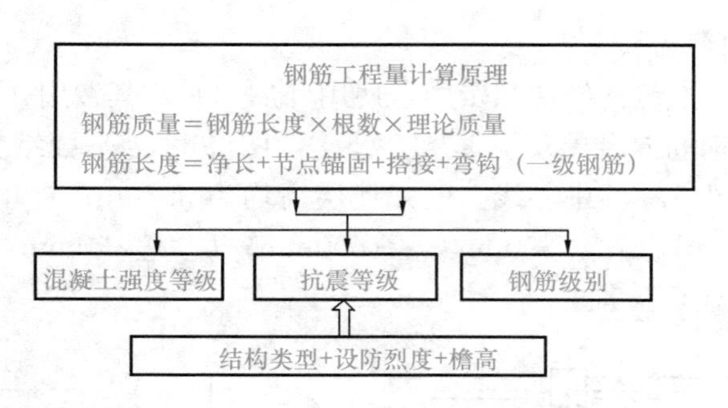

图 2-39　钢筋工程量计算原理图

（二）有关构造要求

1. 混凝土保护层

受力钢筋的混凝土保护层最小厚度（从钢筋的外边缘算起）要受环境的影响，混凝土在不同环境中的保护层厚度可查表 2-11 确定。

混凝土保护层的最小厚度　　表 2-11

单位：mm

环境	板、墙	梁、柱
一 a	15	20
二 a	20	25
二 b	25	35
三 a	30	40
三 b	40	50

注：1. 表中混凝土保护层厚度指是外层钢筋外边缘至混凝土表面的距离，适用于设计使用年限为 50 年的混凝土结构。
2. 构件中受力钢筋的保护层厚度不应小于钢筋的公称直径。
3. 设计使用年限为 100 年的混凝土结构，一类环境中、最外层钢筋的保护层厚度不应小于表中数值的 1.4 倍，二、三类环境中，应采取专门的有效措施。
4. 混凝土强度等级不大于 C25 时，表中保护层厚度数值应增加 5mm。
5. 基础底面钢筋的保护层厚度，有混凝土垫层时应从垫层顶面算起，且不应小于 40mm。

2. 受拉钢筋的锚固长度

钢筋混凝土工程中，钢筋与混凝土的结合主要是依靠钢筋与混凝土之间的粘结力（即握裹力）使之共同工作，承受荷载。为了保证钢筋与混凝土能够有效地粘结，钢筋必须有足够的锚固长度。计算钢筋的工程量时，一定要考虑钢筋的锚固长度。有抗震要求的纵向受拉钢筋的锚固长度见表 2-12。

纵向受拉钢筋抗震锚固长度 l_{aE}　　表 2-12

钢筋种类与直径 / 混凝土强度与抗震等级		HPB300	HPB400				HPB500			
		普通钢筋	普通钢筋		环氧树脂涂层钢筋		普通钢筋		环氧树脂涂层钢筋	
			$d \leqslant 25$	$d > 25$	$d \leqslant 25$	$d > 25$	$d \leqslant 25$	$d > 25$	$d \leqslant 25$	$d > 25$
C20	一、二级抗震等级	$45d$	—	—	—	—	—	—	—	—
	三级抗震等级	$41d$	—	—	—	—	—	—	—	—

续表

钢筋种类与直径 / 混凝土强度与抗震等级		HPB300	HPB400				HPB500			
		普通钢筋	普通钢筋		环氧树脂涂层钢筋		普通钢筋		环氧树脂涂层钢筋	
			$d\leqslant25$	$d>25$	$d\leqslant25$	$d>25$	$d\leqslant25$	$d>25$	$d\leqslant25$	$d>25$
C25	一、二级抗震等级	$39d$	$46d$	$51d$	$58d$	$63d$	$55d$	$61d$	$69d$	$76d$
	三级抗震等级	$36d$	$42d$	$46d$	$53d$	$58d$	$50d$	$55d$	$63d$	$69d$
C30	一、二级抗震等级	$35d$	$40d$	$44d$	$51d$	$56d$	$49d$	$54d$	$62d$	$68d$
	三级抗震等级	$32d$	$37d$	$41d$	$47d$	$51d$	$45d$	$50d$	$56d$	$62d$
C35	一、二级抗震等级	$32d$	$37d$	$41d$	$47d$	$51d$	$45d$	$50d$	$56d$	$62d$
	三级抗震等级	$29d$	$34d$	$38d$	$43d$	$47d$	$41d$	$45d$	$51d$	$56d$
C40	一、二级抗震等级	$29d$	$33d$	$37d$	$42d$	$46d$	$41d$	$45d$	$51d$	$56d$
	三级抗震等级	$26d$	$30d$	$34d$	$38d$	$42d$	$38d$	$42d$	$47d$	$52d$
C45	一、二级抗震等级	$28d$	$32d$	$35d$	$40d$	$44d$	$39d$	$43d$	$49d$	$54d$
	三级抗震等级	$25d$	$29d$	$32d$	$37d$	$40d$	$36d$	$39d$	$46d$	$49d$
C50	一、二级抗震等级	$26d$	$31d$	$34d$	$39d$	$43d$	$37d$	$41d$	$45d$	$51d$
	三级抗震等级	$24d$	$28d$	$31d$	$35d$	$39d$	$34d$	$38d$	$43d$	$47d$
C55	一、二级抗震等级	$25d$	$30d$	$33d$	$37d$	$41d$	$36d$	$40d$	$45d$	$50d$
	三级抗震等级	$23d$	$27d$	$30d$	$34d$	$38d$	$33d$	$36d$	$41d$	$45d$
≥C60	一、二级抗震等级	$24d$	$29d$	$31d$	$36d$	$40d$	$35d$	$38d$	$43d$	$48d$
	三级抗震等级	$22d$	$26d$	$29d$	$33d$	$36d$	$32d$	$35d$	$40d$	$44d$

注：1. 当钢筋在混凝土施工过程中易受扰动（如滑模施工）时，其锚固长度乘以修正系数 1.1；

2. 在任何情况下，锚固长度不得小于 250mm；

3. d 为纵向钢筋直径。

【例 2-9】KL1 平法施工图如图 2-40 所示，求钢筋的长度。计算条件见表 2-13。

计算条件　　表 2-13

计算条件	值
混凝土强度等级	C25
抗震等级	一级抗震
纵筋链接方式	对焊（本题纵筋钢筋接头只按定尺长度计算接头个数，不考虑钢筋的实际连接位置）
钢筋定尺长度	8000mm
h_c	柱宽
h_b	梁高

【解】(1) 计算参数如下：

① 查表 2-11，支柱混凝土保护层厚度 $c=30$mm；

② 梁混凝土保护层厚度 $c=30$mm；

③ 查表 2-12 知 $l_{aE}=38d$；

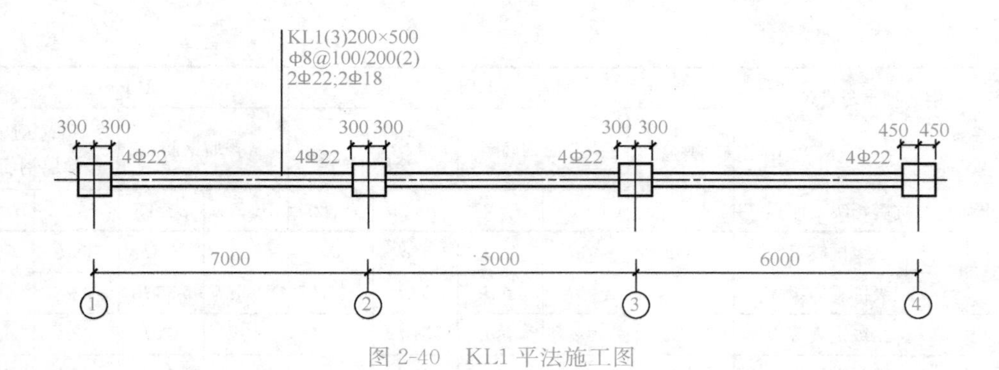

图 2-40　KL1 平法施工图

④ 双肢箍长度计算公式：$(b-2c+d)\times2+(h-2c+d)\times2+(1.9d+10d)\times2$；

⑤ 箍筋起步距离＝50mm。

⑥ 箍筋加密区长度：

抗震等级为一级：$\geqslant2.0h_b$，且$\geqslant$500mm；

抗震等级为二～四级：$\geqslant1.5h_b$，且$\geqslant$500mm。

（2）钢筋计算过程

1）上部通长筋 2Φ22

① 判断两端支座锚固方式

根据梁通长筋端支座锚固构造规定（见表 2-14），可知：

左端支座 600＜L_{aE}，因此左端支座内弯锚；右端支座 900＞L_{aE}因此右端支座内直锚。

梁通长筋端支座锚固构造　　表 2-14

类　型	识　　图	构　造　要　点
端支座弯锚	$l_{n1}/3$ 伸至柱外侧纵筋内侧，且$\geqslant0.4l_{abE}$ $l_{n1}/4$ 通长筋 $15d$ $15d$ h_c	支座宽度不够直锚时，采用弯锚，弯锚长度＝$h_c-c+15d$（h_c为支座宽度，c为保护层宽度）
端支座直锚	$\geqslant0.5h_c+5d$ $\geqslant l_{aE}$ $\geqslant0.5h_c+5d$ $\geqslant l_{aE}$ h_c	支座宽度够直锚时，采用直锚，直锚长度＝max（l_{abE}，$0.5h_c+5d$） 注：本例题一级抗震，$l_{abE}=l_{aE}$

②上部通长筋长度

$=7000+5000+6000-300-450+(600-30+15d)+\max(38d, 300+5d)$

$=7000+5000+6000-300-450+(600-30+15\times22)+\max(38\times22, 450+5\times22)$

$=18986\text{mm}$

接头个数＝18986/8000－1＝2 个

2）支座 1 负筋 2Φ22

① 左端支座锚固同上部通长筋；跨内延伸长度为 $L_n/3$

② 支座负筋长度$=600-30+15d+(7000-600)/3$

$=600-30+15\times22+(7000-600)/3$

$=3034\text{mm}$

3）支座 2 负筋 2Φ22

长度＝第一跨延伸长度＋柱宽＋第二跨延伸长度

$=(7000-600)/3+600+(5000-600)/3$

$=2134+600+1467=4201\text{mm}$

4）支座 3 负筋 2Φ22

长度＝第二跨延伸长度＋柱宽＋第三跨延伸长度

$=(5000-600)/3+600+(6000-750)/3$

$=1467+600+1750$

$=3817\text{mm}$

5）支座 4 负筋 2Φ22

支座负筋长度＝右端支座锚固同上部通长筋＋跨内延伸长度 $L_n/3$

$=\max(38\times22; 450+5\times22)+(6000-750)/3$

$=2586\text{mm}$

6）下部通长筋 2Φ18

① 判断两端支座锚固方式。

左端支座 $600<L_{aE}$，因此左端支座内弯锚；右端支座 $900>L_{aE}$，因此右端支座内直锚。

② 下部通长筋长度$=7000+5000+6000-300-450+(600-30+15d)+\max(38d, 450+5d)$

$=7000+5000+6000-300-450+(600-30+15\times18)+\max(38\times18, 450+5\times18)$

$=18774\text{mm}$

接头个数＝18774/8000－1＝2 个

7）箍筋长度

箍筋长度$=(b-2c+d)\times2+(h-2c+d)\times2+(1.9d+10d)\times2$

$=(200-2\times30+8)\times2+(500-2\times30+8)\times2+2\times11.9\times8$

$=1382.4\text{mm}=1383\text{mm}$

8）每跨箍筋根数

① 箍筋加密区长度$=2\times500=1000\text{mm}$

② 第一跨根数＝22＋21＝43 根

其中：加密区根数＝2×[(1000－50)/100＋1]＝2×11 根＝22 根

非加密区根数＝(7000－600－2000)/200－1＝21 根

③ 第二跨根数＝22＋11＝33 根

其中：加密区根数＝2×[(1000－50)/100＋1]＝2×11 根＝22 根

非加密区根数＝(5000－600－2000)/200－1＝11 根

④ 第三跨根数＝22＋16＝38 根

其中：加密区根数＝2×[(1000 －50)/100＋1]＝2×11 根＝22 根

非加密区根数＝(6000－750－2000)/200－1＝16 根

⑤ 总根数＝43＋33＋38＝114 根

则箍筋总长＝1383×114＝157662mm＝157.66m

第六节　金属结构工程

一、说明

（一）本节包括：钢网架，钢屋架、钢托架、钢桁架，钢柱，钢梁，钢板楼板、墙板，其他钢构件，金属制品 7 节共 54 个子目。

（二）钢构件（除网架外）安装均按焊接与螺栓连接综合编制；当采用高强螺栓连接为主时，相应子目人工乘以系数 0.75，辅材、机械乘以系数 0.50。

（三）钢网架按平面网格结构编制，设计为壳体、曲面、折线形时，人工、机械乘以系数 1.15。

（四）钢屋架、钢托架、钢桁架

1. 单榀重量≤1t，且用角钢或圆钢、管材作为支撑、拉杆的钢屋架执行轻钢屋架子目；单榀重量＞1t 的钢屋架执行桁架子目。

2. 相贯节点钢管桁架按平面网格结构编制，设计为壳体、曲面、折线形时，人工、机械乘以系数 1.15。

3. 建筑物间的架空通廊执行钢桁架。

4. 预应力钢索桁架

(1) 预应力钢索桁架按钢丝绳索体、热铸型索具编制。

(2) 预应力钢索桁架包括索体、索（锚）具、卡具及与杆件连接的螺栓、销轴等配件。

（五）钢柱、钢梁

1. 实腹钢柱（梁）、空腹钢柱（梁）的相关说明。

(1) 实腹钢柱（梁）是指 H 形、T 形、L 形、十字形、组合形等。

(2) 空腹钢柱（梁）是指箱形、多边形、格构形等。

2. 型钢混凝土组合结构中钢构件执行相应子目，人工、机械乘以系数 1.05。

（六）钢板楼板、墙板

1. 钢板楼板、压型钢板楼板、钢墙板不区分平面形式。

2. 钢筋桁架楼承板执行压型钢板子目。

3. 采光板（带）按单板编制。

（七）其他钢构件

1. 踏步式钢梯包括：梯柱、梯梁、踏步、平台板。

2. 埋入式（或与预埋件焊接）型钢踏步执行零星钢构件子目。

3. 柱脚锚栓执行预埋件子目。

（八）金属构件安装不包括油漆、防火涂料，设计有防腐、防火要求时，执行“第三章第四节 油漆、涂料、裱糊工程”相应子目。成品钢构件已涂刷油漆的，不再重复计算油漆工程量。

二、工程量计算规则

（一）钢网架按设计图示尺寸以质量计算。不扣除孔眼的质量，焊条、铆钉、螺栓等不另增加质量。

（二）钢屋架、钢托架、钢桁架

1. 钢屋架、钢托架、钢桁架按设计图示尺寸以质量计算。不扣除孔眼的质量，焊条、铆钉、螺栓等不另增加质量。

2. 钢管桁架、预应力钢索桁架（见图 2-41）以设计图示中心线长度乘以理论重量以质量计算。

图 2-41 预应力钢索桁架

（三）钢柱

1. 实腹钢柱、空腹钢柱按设计图示尺寸以质量计算。不扣除孔眼的质量，焊条、铆钉、螺栓等不另增加质量。依附在钢柱上的牛腿及悬臂梁等并入钢柱工程量内。

2. 钢管柱按设计图示尺寸以质量计算。不扣除孔眼的质量，焊条、铆钉、螺栓等不另增加质量，钢管柱上的节点板、加强环、内衬管、牛腿等并入钢管柱工程量内。

（四）钢梁按设计图示尺寸以质量计算。不扣除孔眼的质量，焊条、铆钉、螺栓等不另增加质量。制动梁、制动板、制动桁架、车挡并入钢吊车梁工程量内。

（五）钢板楼板、墙板

1. 钢板楼板按设计图示尺寸以铺设水平投影面积计算。不扣除单个面积≤0.3m^2 柱、垛及孔洞所占面积。

2. 钢板墙板（见图 2-42）按设计图示尺寸以铺挂展开面积计算。不扣除单个面积≤0.3m^2 的梁、孔洞所占面积，包角、包边、窗台泛水等不另加面积。

（六）其他钢构件

1. 钢构件按设计图示尺寸以质量计算。不扣除孔眼的质量，焊条、铆钉、螺栓等不

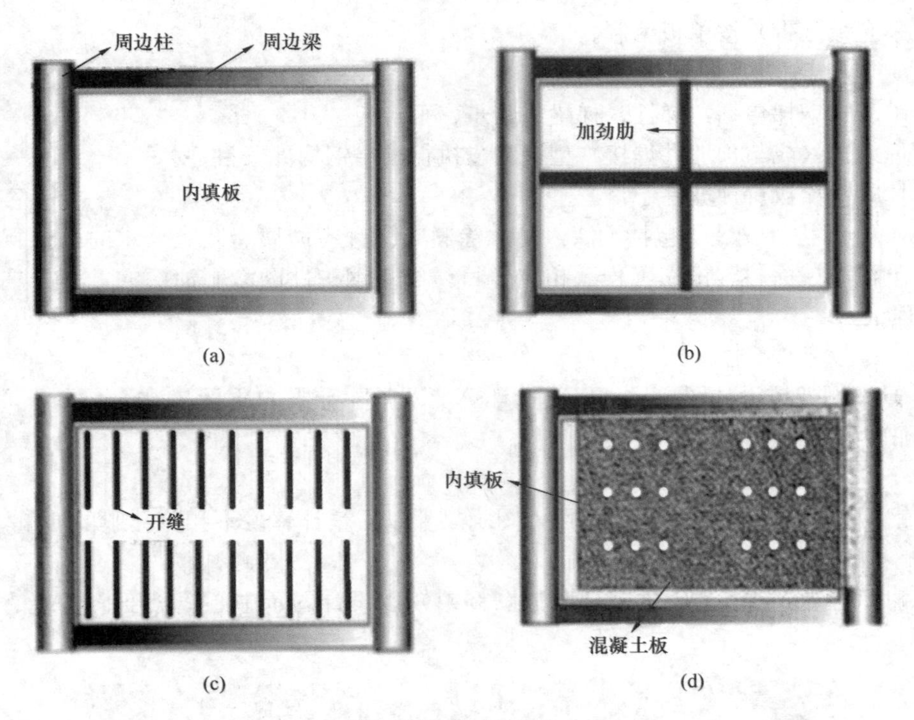

图 2-42 钢板墙板

（a）无扣劲肋钢板剪力墙；（b）加劲肋钢板剪力墙；（c）带缝钢板剪力墙；（d）组合钢板剪力墙

另增加质量，依附漏斗或天沟的型钢并入漏斗或天沟工程量内。

2. 高强螺栓连接副、花篮螺栓、剪力栓钉、屈曲约束支撑（BRB）、黏滞阻尼器（VFD）、调谐质量阻尼器（TMD）、抗震滑动支座（见图 2-43～图 2-46）按设计图示数量计算。

图 2-43 屈曲约束支撑（BRB）

（七）金属制品

空调金属百页护栏、成品栅栏、金属网栏、成品地面格栅按设计图示尺寸以框外围展开面积计算。

图 2-44 黏滞阻尼器（VFD）

图 2-45 调谐质量阻尼器（TMD）

图 2-46 抗震滑动支座

三、预算消耗量标准执行中应注意的问题

金属结构是指主体结构为金属制品的结构形式。如：钢结构、铝合金结构、铜合金结构等。目前在我国使用的大多数为钢结构。预算消耗量标准主要包括钢网架，钢屋架、钢

托架、钢桁架，钢柱，钢梁，钢板楼板、墙板，其他钢构件，金属制品等。

（一）钢网架

由于钢网架设计复杂，杆件及球节点数量多，计算烦琐，工程量计算时可按照设计图纸材料表给出的尺寸和重量计算，也可按照下列方法计算，如图 2-47～图 2-49 所示。

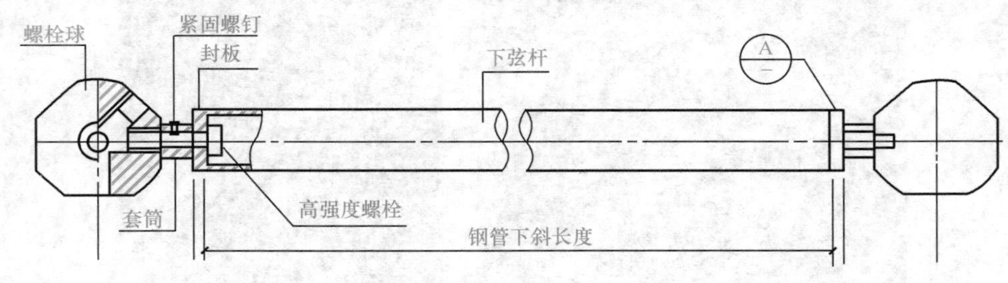

图 2-47　杆件组件示意（一）

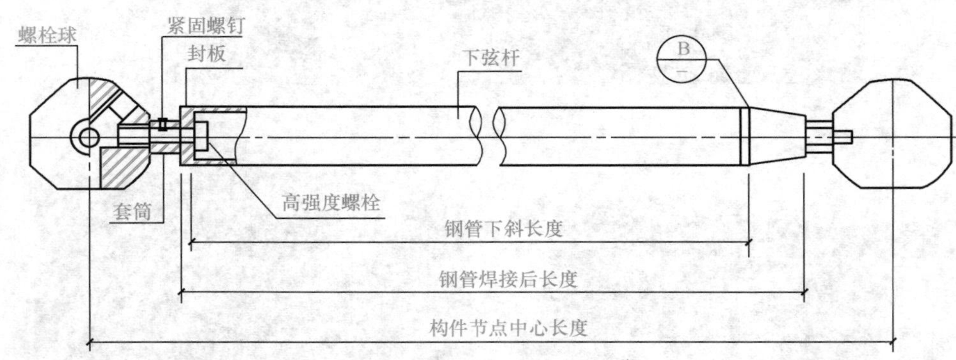

图 2-48　杆件组件示意（二）

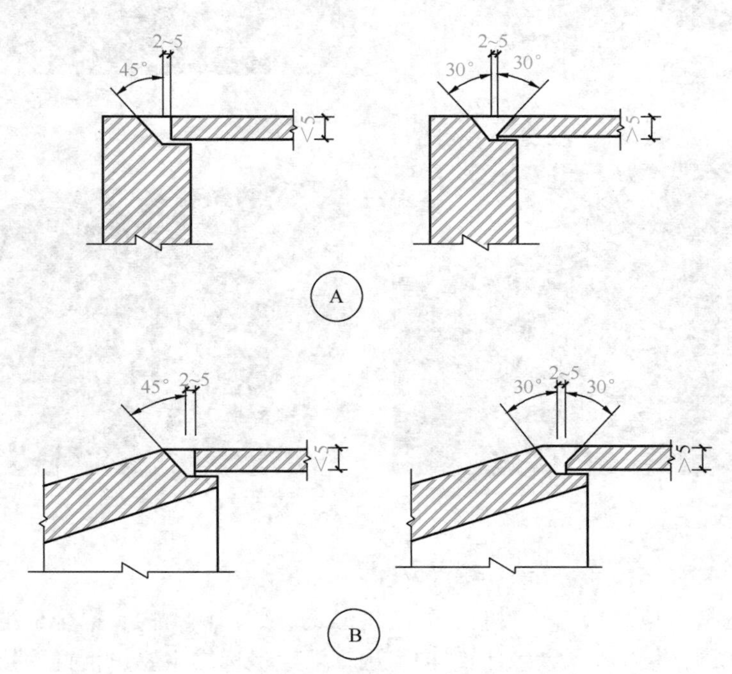

图 2-49　杆件组件示意（三）

（1）网架杆件质量 T＝实际长度×相应规格的理论质量

实际长度＝两个网架球之间连接杆的实际净长度。

无缝钢管每米质量的快速计算公式：0.02466×壁厚×(外径－壁厚)

不锈钢管每米质量的快速计算公式：0.02491×壁厚×(外径－壁厚)

合金制管每米质量的快速计算公式：0.02483×壁厚×(外径－壁厚)

（2）螺栓球质量：T＝球体积×理论质量

其中：计算球体积时不扣除切削面和螺栓孔的体积。

（3）焊接空心球重量：T＝图示球体表面积×壁厚×理论质量

（4）支托节点板重量：T＝图示钢板尺寸×壁厚×理论质量

（二）钢屋架、钢托架、钢桁架

预算消耗量标准包括门式钢屋架、轻钢屋架、钢托架、钢管桁架、预应力钢索桁架等，其中单榀重量≤1t，且用角钢或圆钢、管材作为支撑、拉杆的钢屋架执行轻钢屋架子目；单榀重量＞1t 的钢屋架执行桁架子目；建筑物间的架空通廊执行钢桁架子目。

【例 2-10】如图 2-50 所示，计算钢屋架的工程量。

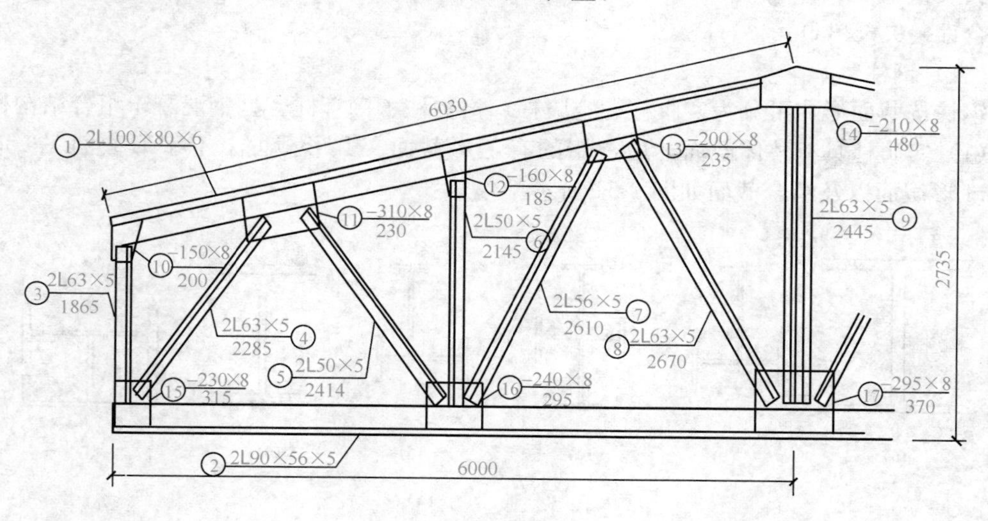

图 2-50 钢屋架

【解】工程量计算如下：

（1）上弦 2L100×80×6：L100×80×6 的理论质量为 8.35kg/m

＝8.35×6.03×2×2＝201.40(kg)＝0.2014(t)

（2）下弦 2L90×56×5：L90×56×5 的理论质量为 5.661kg/m

＝5.661×6×2×2＝135.86(kg)＝0.1359(t)

（3）2L63×5：L63×5 的理论质量为 4.822kg/m

＝4.822×1.865×2×2＝35.97(kg)＝0.0360(t)

（4）2L63×5：L63×5 的理论质量为 4.822kg/m

＝4.822×2.285×2×2＝44.07(kg)＝0.0441(t)

（5）2L50×5：L50×5 的理论质量为 3.77kg/m

＝3.77×2.414×2×2＝36.40(kg)＝0.0364(t)

(6) 2L50×5：L50×5 的理论质量为 3.77kg/m

=3.77×2.145×2×2=32.35(kg)=0.0324(t)

(7) 2L56×5：L56×5 的理论质量为 4.251kg/m

=4.251×2.61×2×2=44.38(kg)=0.0444(t)

(8) 2L63×5：L63×5 的理论质量为 4.822kg/m

=4.822×2.67×2×2=51.50(kg)=0.0515(t)

(9) 2L63×5：L63×5 的理论质量为 4.822kg/m

=4.822×2.445×2=23.58(kg)=0.0236(t)

(10) ⑭、⑰板质量：

=(0.48×0.21+0.37×0.295)×0.008×7.85=0.0132(t)

(11) ⑩、⑪、⑫、⑬、⑮、⑯板面积；

=2×(0.15×0.2+0.31×0.23+0.16×0.185+0.2×0.235+0.315×0.23+0.295×0.24)=0.6423(m^2)

其质量=0.6423×0.008×7.85=0.0403(t)

合计=0.659(t)

(三) 钢柱

钢柱按截面形式可分为实腹柱、空腹柱、格构柱、钢管柱、型钢混凝土组合结构柱。

(1) 实腹柱具有整体截面，最常用的有工形截面、T 形截面、十字形截面、L 形截面、H 形截面以及组合截面如图 2-51 所示。

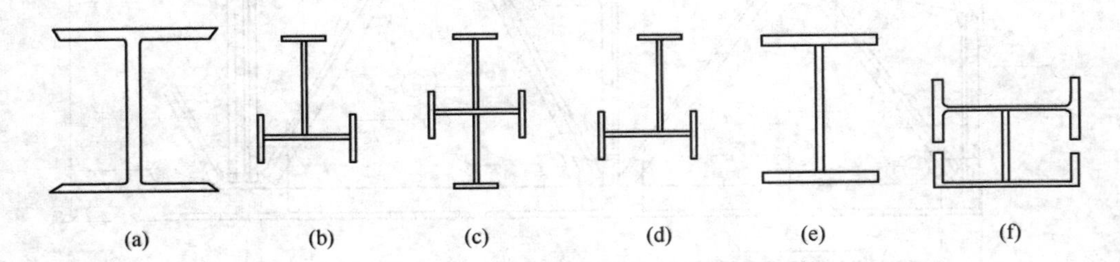

图 2-51 实腹柱的截面形式

(a) 工形截面；(b) T 形截面；(c) 十字形截面；(d) L 形截面；(e) H 形截面；(f) 组合截面

(2) 空腹钢柱的形式包括两类，一类是指截面相对封闭的箱形、多边形、日字形、田字形、目字形等，如图 2-52 所示。另一类指格构形截面柱，简称格构柱，如图 2-53 所示。

格构柱属于压弯构件，多用于厂房框架柱和独立柱，截面一般为型钢或钢板设计成双轴对称或单轴对称的截面格构体系构件由两肢或多肢组成，各肢间用缀条或缀板连接组成。当荷载较大、柱身较宽时，钢材用量较省，可以很好地节约材料。

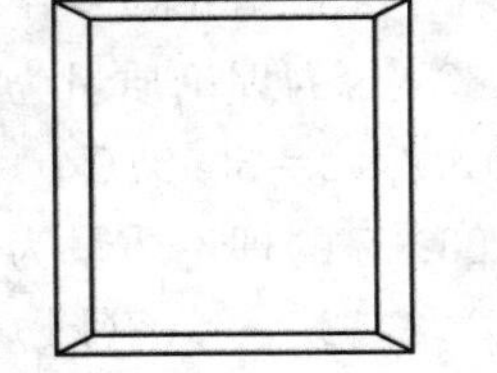
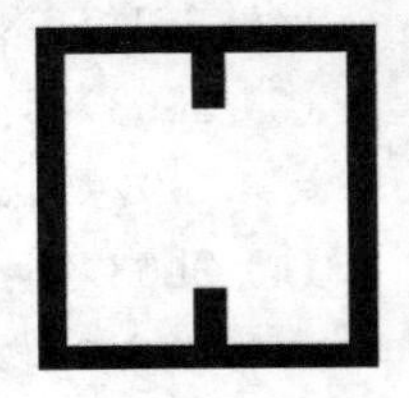

图 2-52 箱形柱截面形式

【例 2-11】如图 2-54 所示，计算 H 形钢柱工程量。

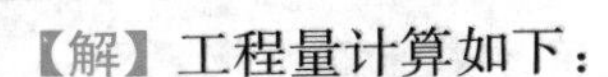

【解】工程量计算如下：

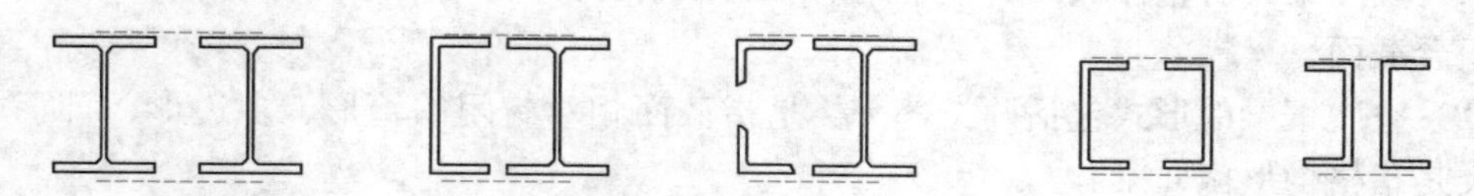

图 2-53　格构柱截面形式

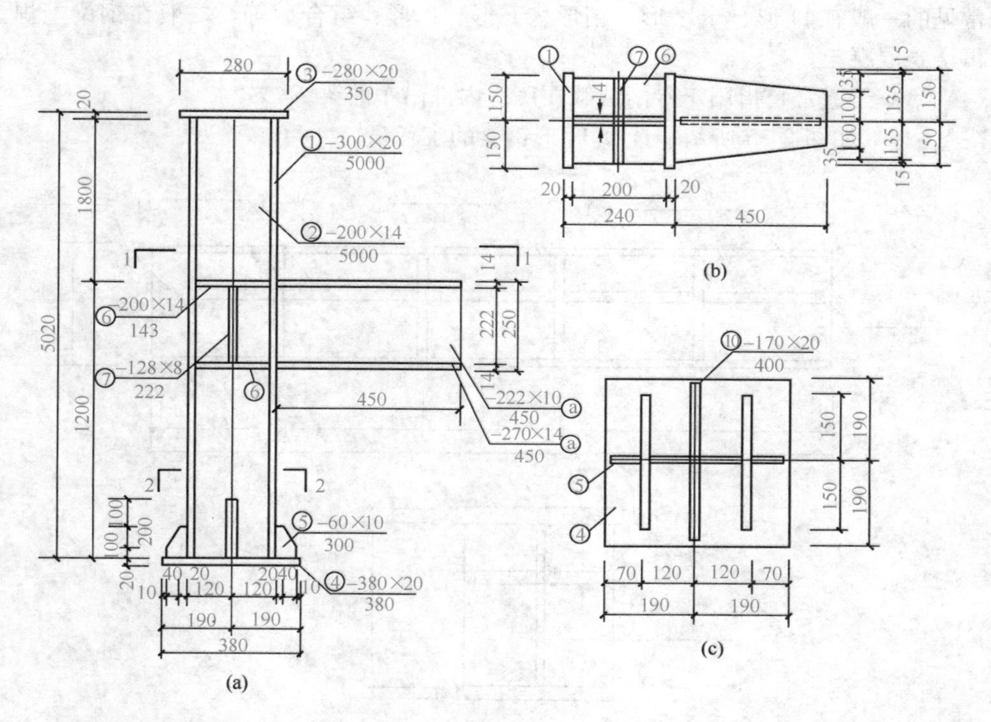

图 2-54　H 形钢柱示意图

(1) 翼缘(−300×20)：0.3×5.0×0.02×7.85×2=0.4710(t)

(2) 腹板(−200×14)：0.2×0.014×5.0×7.85=0.1099(t)

(3) 柱顶板(−280×20)：0.28×0.35×0.02×7.85=0.01539(t)

(4) 柱脚板(−380×20)：0.38×0.38×0.02×7.85=0.02267(t)

(5) 加劲板 1(−60×10)：[(0.02+0.06)×0.2÷2+0.1×0.06]×0.01×7.85×2=0.002198(t)

(6) 加劲板 2(−200×14)：0.2×0.014×0.143×7.85×4=0.01257(t)

(7) 加劲板 3(−128×8)：0.128×0.222×0.008×7.85×2=0.003569(t)

(8) 牛腿腹板(−222×10)：0.45×0.222×0.01×7.85=0.007842(t)

(9) 牛腿翼缘(−270×14)：0.45×(0.27+0.2)×0.5×0.014×7.85×2=0.02324(t)

(10) 加劲板 4(−170×20)：0.17×0.4×0.02×7.85×2=0.02135(t)

合计=0.6897(t)

(四) 钢梁

钢梁分为实腹梁、空腹梁、型钢混凝土组合结构梁、吊车梁。

（1）实腹梁具有整体截面，最常用的有工形截面、T 形截面、L 形截面、十字形截面以及组合截面。

（2）空腹钢梁的形式包括两类，一类是指截面相对封闭的箱形、多边形、日字形等，另一类是指格构形截面梁。

（3）型钢混凝土结构型钢梁又称劲性梁，或叫混凝土劲性梁，有的还叫混凝土钢骨梁。常见的一般有 H 形、十字形、箱形、T 形、L 形、组合型等，一般在钢梁上焊上栓钉后再浇筑混凝土。

（4）吊车梁通常是指用于专门装载在厂房内部吊车的梁。

【例 2-12】如图 2-55 所示，计算 H 形钢梁的工程量。

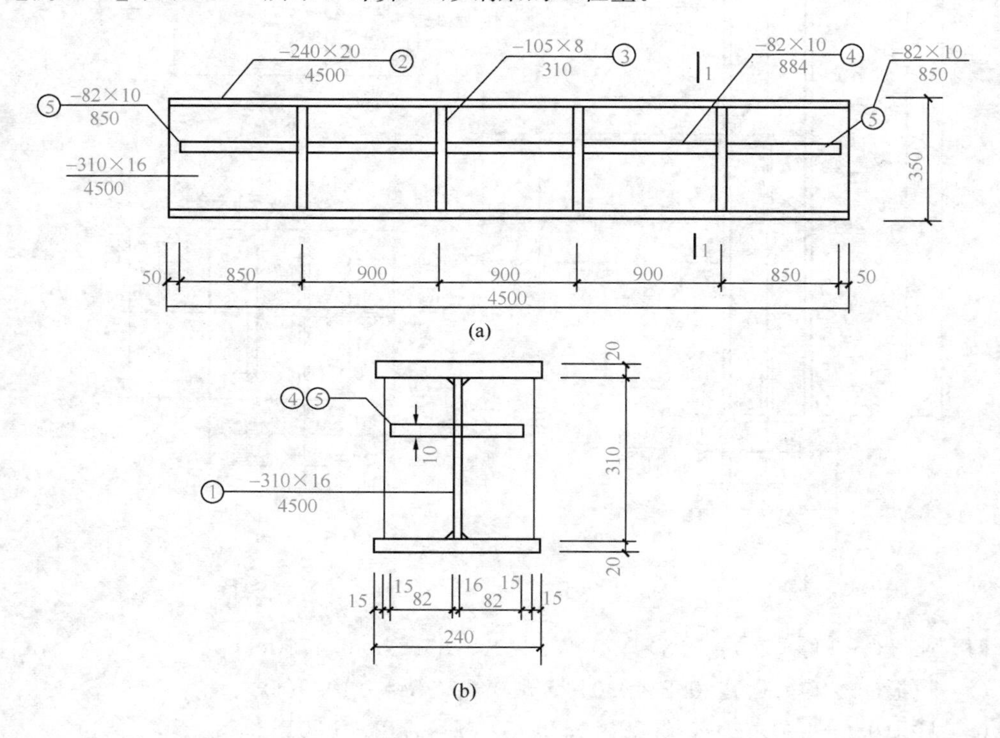

图 2-55　H 形钢梁示意图

（a）立面图；（b）1-1 剖面图

【解】工程量计算如下：

（1）腹板（−310×16）：0.31×0.016×4.5×7.85＝0.1752(t)

（2）翼缘（−240×20）：0.24×0.02×4.5×7.85×2＝0.3391(t)

（3）纵向加劲肋（−105×8）：0.105×0.008×0.31×7.85×8＝0.01635(t)

（4）横向加劲肋 1（−82×10）：0.082×0.01×0.85×7.85×4＝0.02189(t)

（5）横向加劲肋 2（−82×10）：0.082×0.01×0.884×7.85×6＝0.03414(t)

合计＝0.587(t)

（五）钢结构各阶段设计图纸包括内容

钢结构工程设计图纸在不同的设计阶段设计深度不同，包括三个阶段：

1. 可用于招标的初步设计图；

2. 用于正常招标及施工阶段的施工图；

3. 用于钢构件加工制作、施工安装阶段的深化设计详图。

初步设计图重点是对建筑功能、结构受力等进行设计计算，结构体系完备，相应构件规格等基本完善，由于缺少与相关专业做法交圈，因此会缺少必要的节点做法，这些节点按照其属性可分为：结构、功能性节点，工艺、构造性节点，措施性节点三类。

初步设计图中缺少的节点做法类型：

第一类：结构、功能性节点（如：网架工程中节点插板、肋板；各种桁架结构中加劲板、肋板、插板；钢柱结构中的牛腿及悬臂梁，柱脚、柱顶板，钢管柱上的节点板、加强环、内衬管、牛腿，钢柱开洞补强板；钢梁结构上的劲板、隔板、肋板、连接板，吊车梁的制动梁、制动板、制动桁架、车挡；梁上开孔补强板；各类钢板楼（墙）板结构与柱、墙连接时增加支撑结构，钢板楼板降板落低处增加支撑结构，各类楼板悬挑超过最大允许悬挑长度时，增加支撑结构，各类楼（墙）板上开孔补强结构；其他结构中的劲板、隔板、肋板、连接板、支撑（托）件、吊挂件等）。

第二类：规范规定的工艺性节点（如：衬管、衬板垫板、箱型截面构件加工所需的工艺隔板等）。

第三类：措施性节点（如：构件拼装胎具、胎架，防止焊接变形支撑、约束板，焊接引弧板、息弧板，吊装耳板、吊环，临时加固、调整用节点）。

常规工程节点工程量占构件重量比例的经验值见表 2-15。

常规工程节点工程量占构件重量比例的经验值 **表 2-15**

序号	钢构件类型	经验值	说明
1	钢网架	5%	节点工程量占构件重量比例
2	钢屋架、钢托架、钢桁架	7%	节点工程量占构件重量比例
3	钢柱	7%	节点工程量占构件重量比例
4	钢梁	3%	节点工程量占构件重量比例

第七节　木结构工程

一、说明

（一）本节包括：木屋架，木构件，屋面木基层 3 节共 42 个子目。

（二）木结构的构件按装配式的成品构件编制，包括与成品相关联的材料和配件、连接件、固定件、底托等附加产品。

（三）子目中的消耗量为安装消耗量，构件原材料制作、刨光、油漆、出厂、运输、装卸等消耗量包括在成品构件内。

（四）子目消耗量包括构件固定所需支撑搭拆，以及构件翻身所需机械。

（五）木屋架包括全木屋架、钢木屋架、气楼屋架、半屋架等多种形式的屋顶木结构；屋架跨度是指屋架最长两端且固定在主体结构上的支点之间的长度。

（六）木屋架中不含屋架两端支点的支座，木柱中不含牛腿，支座和牛腿分别另行计算。

（七）楼梯包括踏步、平台、踢脚线，楼梯柱梁分别按木柱、木梁另行计算，楼梯木扶手、木栏杆执行“第三章第五节　其他装饰工程”相应子目。

（八）单独的木挑檐，执行檩条相应子目，封檐盒执行封檐板子目。

（九）木结构构件与构件之间连接是按平缝连接编制的，设计为榫头连接时，榫头连接另行计算。

（十）木构件表面现场喷刷涂料执行“第三章第四节 油漆、涂料、裱糊工程”相应子目。

二、工程量计算规则

（一）木屋架按设计图示数量（榀）计算。

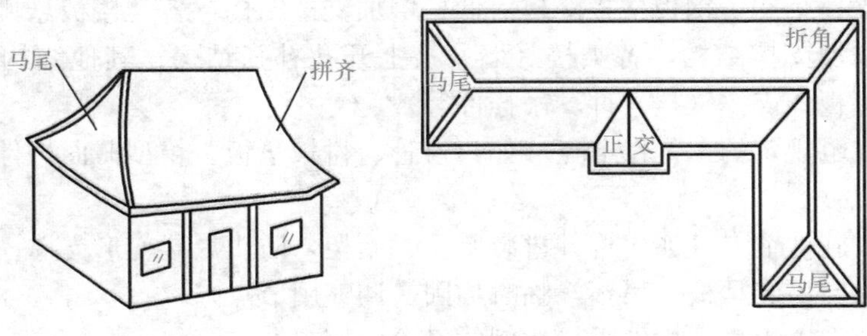

图 2-56　四坡屋面　　图 2-57　屋架平面图

（二）木构件按设计图示尺寸以体积计算，木榫头连接按设计图示数量计算。如图 2-56 和图 2-57 所示。

（三）木楼梯按设计图示尺寸以水平投影面积计算。不扣除宽度≤300mm 的楼梯井，伸入墙内部分不再计算。

（四）封檐板、博风板（图 2-58）按设计图示尺寸以长度计算，设计无规定时，封檐板按檐口外围长度、博风板按斜长至出檐相交点（即博风板与封檐板相交处）的长度计算。

（五）平屋面按设计图示尺寸以面积计算，坡屋面按设计图示尺寸以斜面积计算。不扣除房上烟囱、风帽底座、风道、小气窗、斜沟等所占面积，小气窗的出檐部分不增加面积。

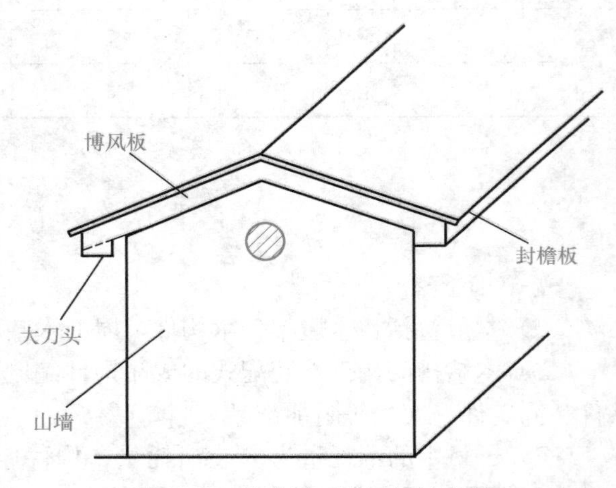

图 2-58　封檐板、博风板示意图

（六）简支檩长度设计无规定时，按屋架或山墙中距增加 200mm 计算，如两端出山，檩条长度算至博风板；连续檩条长度按设计图示尺寸以长度计算，其接头长度按全部连续檩木总体积的 5%计算。

三、预算消耗量标准执行中应注意的问题

（一）木结构组成

木结构是由木材或主要由木材承受荷载的结构，通过各种金属连接件或榫卯手段进行连接和固定。由于采用天然材料，受材料本身条件的限制较大，因而木结构多用在民用和中小型工业厂房的屋盖中。木屋盖结构包括木屋架、支撑系统、挂瓦条及屋面板等。预算消耗量标准木结构工程包括了木屋架、木构件、屋面木基层 3 小节共 42 个子目。

1. 木屋架包括：普通木屋架、钢木屋架。普通木屋架按桁架分为梁式木桁架（跨度为 10m 以内，10m 以外）、平行弦木桁架和直角木桁架（跨度为 5m 以内、5m 以外）分别设置定额子目。钢木屋架按三角形桁架、梯形桁架划分子目（跨度为 18m 以内，18m 以外）。

2. 木构件包括木柱、木梁、木墙板、木楼板、木檩、木楼梯、钢木楼梯、封檐板（博风板）、木支撑、楼盖格栅、木骨架、木牛腿、木支座等。

3. 屋面木基层包括椽子及屋面板两项，屋面板分为平口和企口，如图 2-59 所示。其组成由屋面构造和使用要求决定，通常包括檩木上钉椽子及挂瓦条，檩木上钉屋面板及钉瓦条，檩木上钉屋面板、防水卷材及瓦条，檩木上花铺屋面板、防水卷材及瓦条等四种，在编制工程预算时应分别选用。

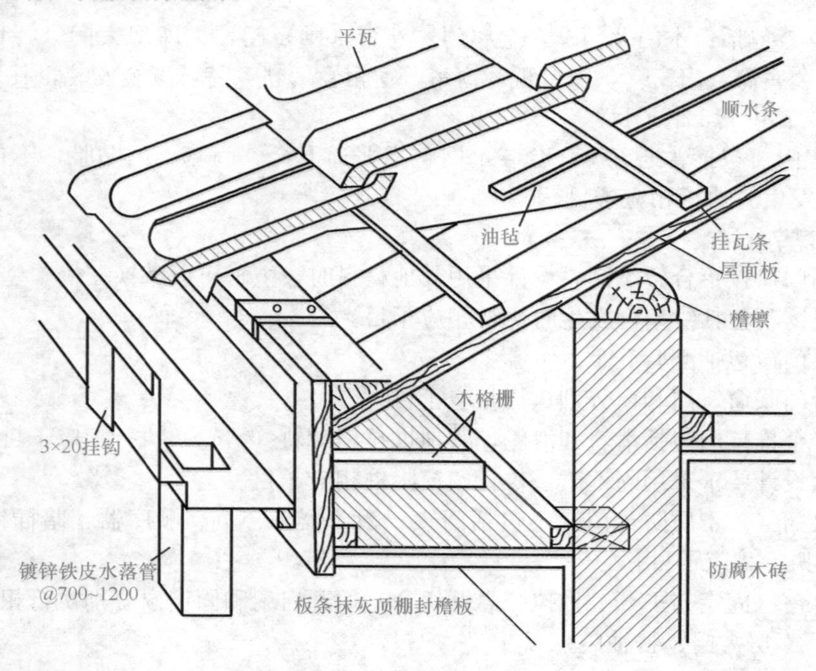

图 2-59　屋面木基层示意图

（二）屋架

1. 屋架跨度是指屋架最长两端且固定在主体结构上的支点之间的长度，不是结构开间的长度，如图 2-60 所示。

2. 屋架的安装不含支座的制作和安装，其支座应单独计算。

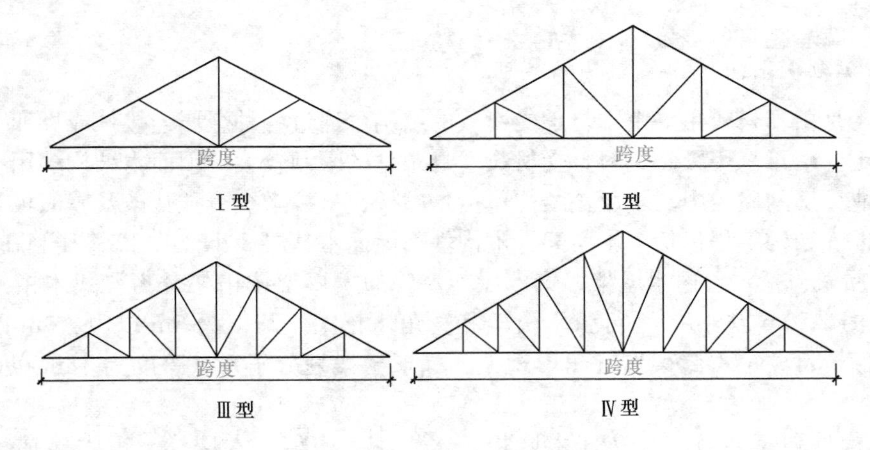

图 2-60　屋架跨度示意图

第八节　门　窗　工　程

一、说明

（一）本节包括：木门及门框，金属门，卷帘（闸）门，厂库房大门、特种门，其他门，木窗，金属窗，门窗套，窗台板，窗帘、窗帘盒、轨，特殊五金安装，其他项目，超低能耗窗 13 节共 113 个子目。

（二）木门窗包括普通五金；套装木门包括普通五金、门套、门贴脸，不包括特殊五金及门锁，发生时执行相应子目。

（三）金属门窗

1. 金属门窗按铝合金编制，设计采用其他材料时，主材可以替换。

2. 金属窗不包括纱扇，发生时执行相应子目。

3. 金属门窗包括配套五金。

4. 阳台门联窗，门和窗分别执行相应子目。

5. 铝合金推拉门包括滑轨和滑轮，其他推拉门滑轨（滑轮）执行相应子目。

6. 门窗设计要求采用附框时，执行门窗附框相应子目。

7. 防火门（含木质防火门）不包括门锁、闭门器、合页、顺序器、暗插销等特殊五金，发生时执行相应子目。

8. 组合窗（固定与平开、推拉、悬开组合）的开启扇和固定扇分别执行相应子目。

（四）厂库房大门、特种门

1. 厂库房大门、特种门包括五金铁件、滑轮、轴承等。

2. 设计为防火隔音门的，执行隔音门子目。

3. 冷藏库门、冷藏冻结间门、防辐射门包括成套筒子板。

4. 人防混凝土门和挡窗板包括预埋铁件。

（五）集成门包括配套的门套、合页及门锁。

（六）门窗套

1. 集成门窗套包括筒子板、贴脸及后塞口。

2. 石材门窗套按粘贴编制，设计做法为干挂时，执行“第三章第二节 墙、柱面装饰与隔断、幕墙工程”相应子目。

（七）门窗、建筑外遮阳不包括电动装置、自动感应装置，发生时执行相应子目。

（八）钢制防火门后塞口和门框灌浆分别执行相应子目。

二、工程量计算规则

（一）门窗按设计图示洞口尺寸以面积计算。

1. 安装在洞口外的门窗，按设计图示尺寸以框外围展开面积计算。

2. 飘（凸）窗按设计图示尺寸以框外围展开面积计算。

3. 混凝土密闭门、防密门、悬板活门、挡窗板，钢制密闭门按设计图示尺寸以框（扇）外围展开面积计算。

4. 围墙钢丝网门、钢质花饰大门按设计图示尺寸以框（扇）外围展开面积计算。

5. 旋转门按设计图示数量计算；伸缩门按设计图示尺寸以长度计算。

6. 纱门、纱窗按纱扇的框外围尺寸以面积计算。

7. 组合窗中开启扇按设计图示尺寸以扇外围面积计算，固定扇按设计图示洞口面积扣除开启扇面积计算。

（二）门窗套按设计图示尺寸以展开面积计算。

（三）窗台板按设计图示尺寸以水平投影面积计算。

（四）卷轴、百叶窗帘按设计图示尺寸以展开面积计算。

（五）窗帘盒、窗帘轨、推拉门滑轨按设计图示尺寸以长度计算。

（六）特殊五金及电动装置按设计图示数量计算。

（七）门窗附框按设计图示洞口尺寸以长度计算。

（八）门窗后塞口、钢防火门灌浆按设计图示洞口尺寸以面积计算。

（九）玻璃贴膜按设计图示粘贴尺寸以面积计算。

（十）卷帘遮阳、织物遮阳按设计图示卷帘宽度乘以卷帘高度（包括卷帘盒高度）以面积计算；升降百叶帘遮阳按设计图示百叶帘宽度乘以百叶帘高度（包括帘片盒高度）以面积计算；机翼片遮阳和格栅遮阳按设计图示尺寸以面积计算。

（十一）超低能耗窗按设计图示洞口尺寸以面积计算。

三、门窗分类

（一）门

门和窗是建筑物围护结构系统中重要的组成部分，门是指安装在建筑物出入口上能开关的装置，其主要功能是围护、分隔和交通疏散，并兼有通风、采光和装饰功能。门的组成如图 2-61 所示。

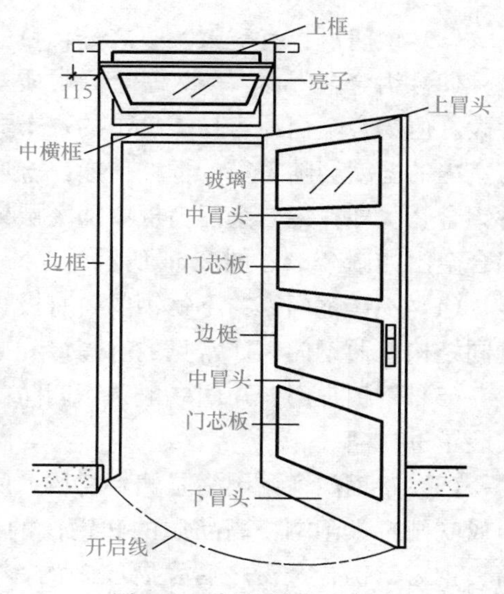

图 2-61　门的组成示意图

门一般可以按材质、用途、开启方式及立面形式等进行划分。

1. 按材质划分

（1）木门：一般采用松木，高级采用硬杂木。木材应该是最完美的窗体框架材质，从自然花纹、隔热、隔声等角度来说都有明显的优势。高档原木指门的所有部位都采用"胡桃木""柚木""樱桃木"之类名贵木材，精工细作而成的门，这种门质感丰富，外观档次高，环保性能好。常见的木门如图 2-62 所示。

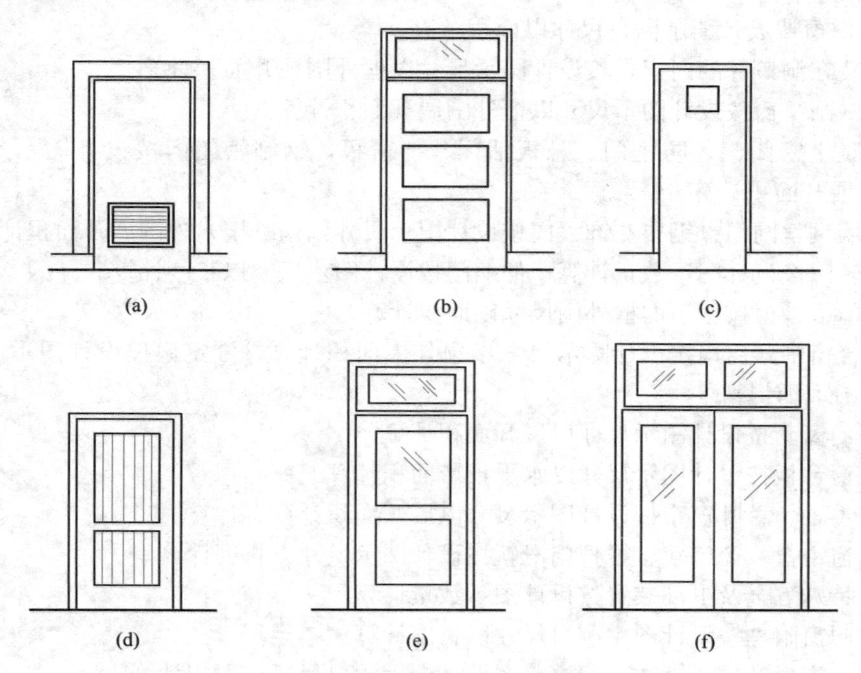

图 2-62 各种木门示意图

（a）半截百叶门；（b）带壳子镶板门；（c）带观察窗胶合板门；
（d）拼板门；（e）半玻门；（f）全玻门

（2）钢门窗：有空腹实腹之分，目前普通钢门窗用得比较少。

（3）铝合金门窗：因为是金属材质，所以不会存在老化问题，而且坚固、耐撞击，强度大。但铝合金窗最容易被攻击的一个弱点就是隔热性能，因为金属是热的良导体，外界与室内的温度会随着窗的框架传递，普通铝合金门窗目前使用逐渐减少，取而代之的是断桥铝合金（即在铝合金门窗框中加一层树脂材料，彻底断绝了导热的途径）门窗。常见的铝合金门如图 2-63、图 2-64 所示。

（4）不锈钢门窗：不锈钢门窗有极强的防腐性能，且独具不锈钢的光泽，保温性能优于同结构普通钢门窗。常见的有焊接和插接两种加工形式。

（5）钢板户门：户门一般采用四防门，进户门也称防盗门，目前大多数住宅竣工时都安装了进户门。

（6）塑钢门窗：因为是塑料材质，所以重量小，隔热性能好，耐老化。门窗经常要面对风吹雨打太阳晒，高品质的塑钢窗的使用年限可达一百年左右。塑钢窗是近几年从木窗、钢窗、铝合金窗之后发展起来的，它具有节约能源和钢材、防腐蚀、隔声、密封性好、开启灵活、清洁方便、装饰性强等优点，为第四代新型门窗。

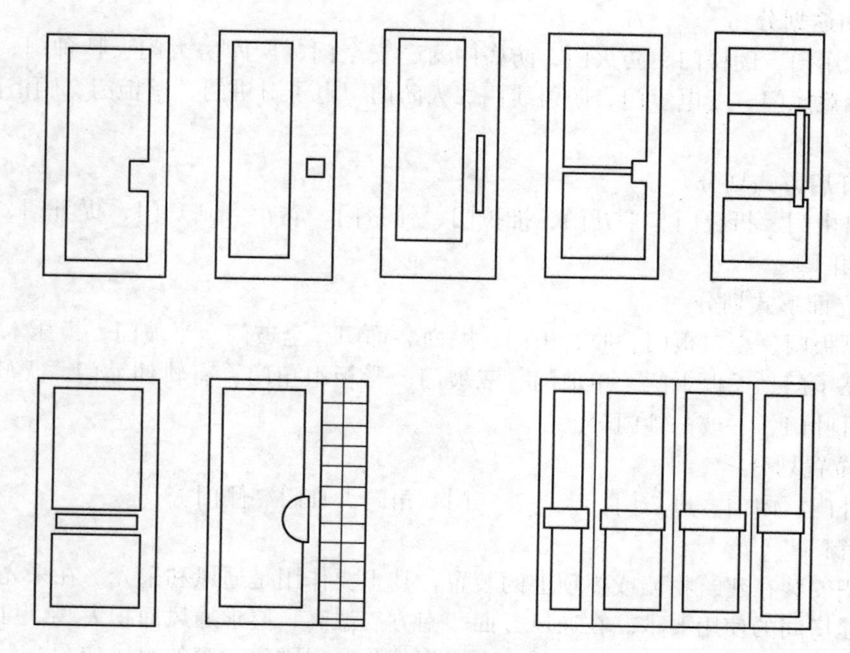

图 2-63 各种铝合金门示意图

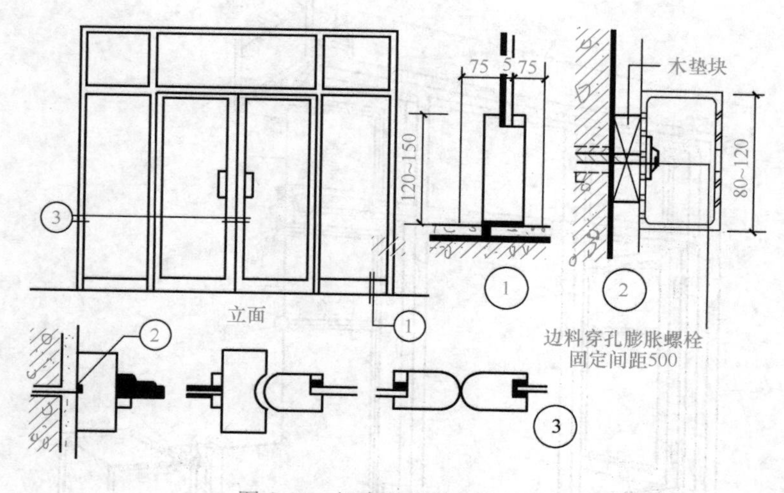

图 2-64 铝合金弹簧门的构造

（7）全钢化玻璃门：一般分有框和无框两种。

（8）人防门：包括混凝土人防门和钢制人防门。

（9）钢木门：是一种钢质内芯，外加木纹面处理的室内门，与实木复合门相仿，但品质与档次要远低于实木复合门，钢木门的环保性能也不错。

（10）免漆门（模压门等不需要刷漆的门）：顾名思义就是不需要再油漆的木门。目前市场上的免漆门绝大多数是指 PVC 贴面门，它是将实木复合门或模压门最外面采用 PVC 贴面真空吸塑加工而成。

2. 按用途划分

分为常用门、阁楼门、防火门、防盗门窗、安全门、厂库房大门、特种门、隔声门、保温门、冷藏库门、变电室门、防射线门、人防门、电子对讲门、壁柜门、厕浴门、围墙钢丝网门等。

3. 按开启方式划分

分为自由门、折叠门、平开门、推拉门、弹簧门、卷帘（闸）门、提升门、横移门、转门、伸缩门等。

4. 按立面形式划分

分为镶板门、企口板门、胶合板门、贴面装饰门、全玻门、半玻门、模压木门、多玻璃门、带亮子门、无框木门、单玻门、双玻门、彩板组角门、有轨伸缩门、无轨伸缩门、拼板门、百叶门、一玻一纱门等。

5. 按位置划分

分为外门、内门、进户门、大门、二门、角门、耳门、侧门等。

（二）窗

窗是指安装在建筑物墙或屋顶上的装置，其主要作用是通风和采光。在采光方面应满足不同用途房间的使用要求。在通风方面，南方气温高，要求通风面积大些，可以将窗洞面积全部做成活动窗扇；北方气温低，可以将部分窗扇固定。窗的组成如图 2-65 所示。

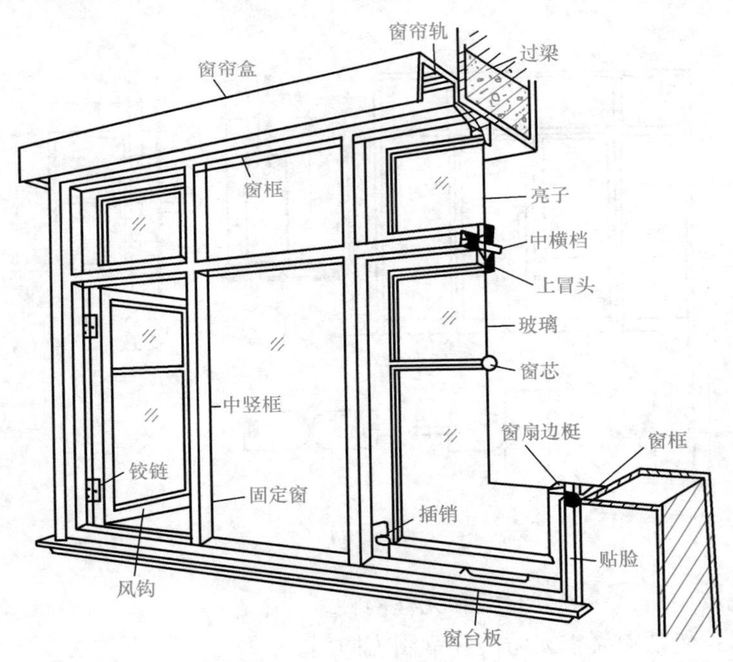

图 2-65　窗的组成示意图

窗一般可以按材料或开启方式划分。

1. 按材料划分

分为木窗、钢窗、铝合金窗和塑钢窗。其中木窗构造如图 2-66 所示，铝合金推拉窗构造如图 2-67 所示。

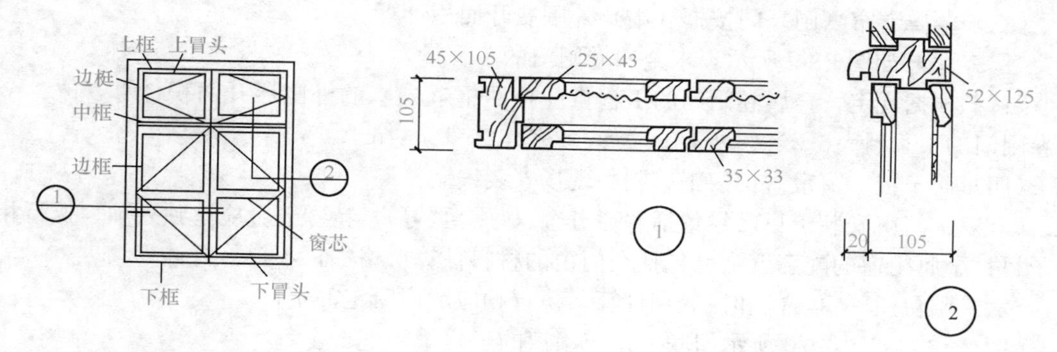

图 2-66　木窗构造示意

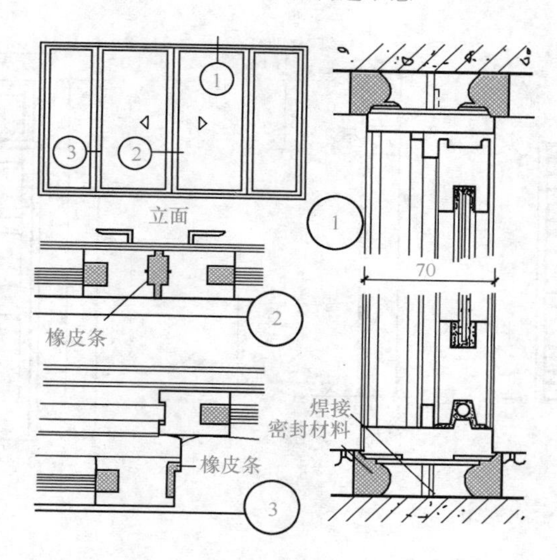

图 2-67　铝合金推拉窗构造示意图

2. 按开启方式划分

分为固定窗、平开窗、悬窗和推拉窗、百叶窗等，如图 2-68 所示。

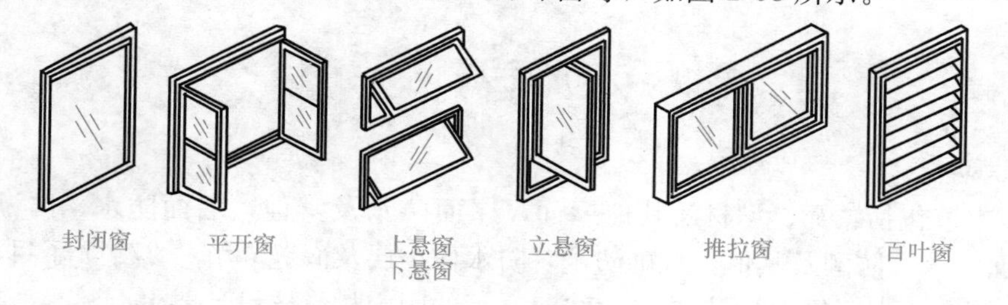

图 2-68　各种窗示意图

四、预算消耗量标准执行中应注意的问题

（一）门窗除另有规定外均按设计图示洞口尺寸以面积计算。这与 2013 版清单规范规定是一致的，计算工程量时应注意计算规则的变化。

（二）铝合金窗、塑钢窗定额子目不包括纱扇，纱扇应另行计算；木窗的材料预算价格中包括纱扇，纱扇不得单独列项计算。

（三）金属卷帘（闸）门按框（扇）外围展开面积计算。

【例 2-13】如图 2-69 所示，求金属卷闸门的工程量。

【解】根据规定，金属卷闸门的工程量应按照框（扇）的外围展开面积计算，故：金属卷闸门的工程量=3.2×(3.6+0.6)=3.2×4.2=13.44m²

（四）筒子板、窗帘盒均按工厂制品现场安装编制。

（五）木门窗安装子目已经包括普通五金（如合页等），特殊五金应单独列项、执行相应子目；金属门窗的配套五金已包括在门窗的材料预算价格中，不得另行计算。

（六）阳台门联窗，门和窗分别计算，执行相应的门窗定额子目。

【例 2-14】如图 2-70 所示门联窗，求门窗的工程量。

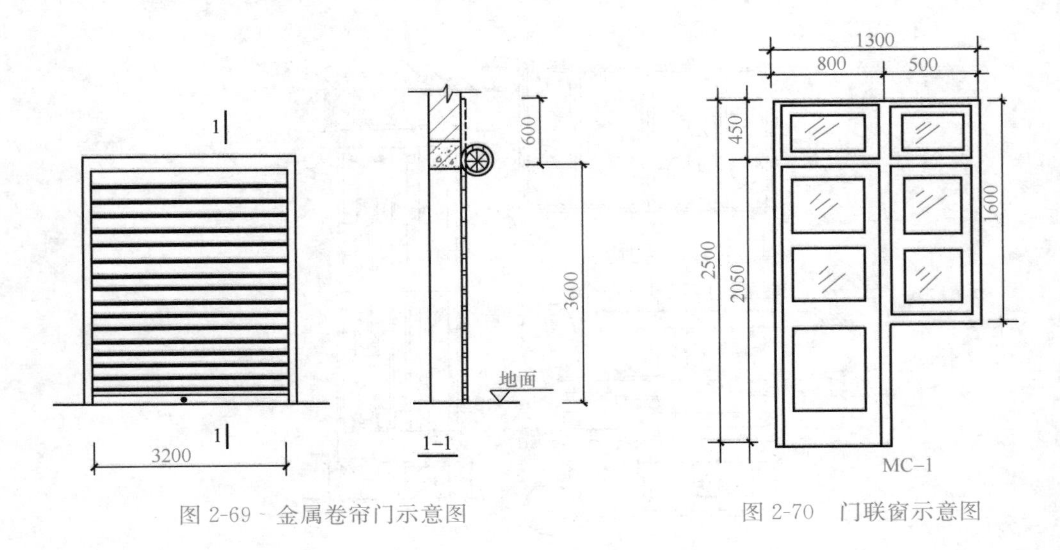

图 2-69 金属卷帘门示意图

图 2-70 门联窗示意图

【解】根据规定，门联窗中门和窗的工程量应分别计算，故：

门的工程量=2.5×0.8=2m²

窗的工程量=1.6×0.5=0.8m²

第九节 屋面及防水工程

一、说明

（一）本节包括：瓦、型材及其他屋面，屋面防水及其他，墙面防水、防潮及其他，楼（地）面防水、防潮及其他，基础防水，防水保护层及嵌缝 6 节共 272 个子目。

（二）彩色水泥瓦屋面设计坡度>22°时，瓦的固定材料按设计要求调整。

（三）彩色波形沥青瓦不包括木檩条，发生时执行“本章第七节 木结构工程”相应子目；T 形复合保温瓦不包括钢檩条，发生时执行“本章第六节 金属结构工程”相应子目。

（四）阳光板屋面、中空夹胶玻璃及钢化玻璃屋面按固定式编制，包括龙骨（框）。设计要求采用驳接爪件安装时，执行“第三章第二节 墙、柱面装饰与隔断、幕墙工程”相应子目，人工乘以系数 0.90。

（五）门斗、悬挑雨篷不包括金属骨架，金属骨架按设计要求执行“本章第六节 金属结构工程”相应子目。

（六）屋面混凝土中的钢筋含量与设计不同时可进行调整。

（七）屋面找平层执行“第三章第一节 楼地面装饰工程”相应子目。

（八）膜结构屋面不包括膜与钢结构之间的连接件，发生时连接件执行“本章第六节金属结构工程”相应子目。膜材料及膜结构织物附件含量与设计不同时可进行调整。

（九）虹吸式雨水斗包括导流罩、整流器、防水压板、雨水斗法兰、斗体等配件。

（十）风帽是指出屋面安装在通风道顶部的成品风帽。

（十一）防水工程按施工工艺、材料品种和规格分类编制。卷材防水设计材质不同时，执行相应施工工艺子目并替换材料。

（十二）防水包括搭接、阴阳角、后浇带、集水坑、电梯井附加层，收口及施工损耗等。

（十三）屋面防水按屋面坡度≤22°编制，设计坡度＞22°时，相应子目人工乘以系数1.05。

（十四）天沟、檐沟、挑檐、雨篷防水执行屋面防水相应子目；阳台防水执行楼（地）面防水、防潮相应子目。

（十五）种植屋面的防水、排水、滤水层执行《园林绿化工程预算消耗量标准》相应子目。

（十六）层高＞3.6m且≤6m，内墙、天棚变形缝相应子目的人工乘以系数1.05；层高＞6m时，内墙、天棚变形缝相应子目的人工乘以系数1.10。

（十七）设计采用不同工艺、不同材料的复合防水做法时，基层执行单层（或基层厚度）相应子目，其他层执行每增减子目。

（十八）防水卷材冷粘法施工时，设计为点粘、条粘铺贴时，相应子目的人工乘以系数0.90。

（十九）楼（地）面防水上翻高度≤300mm时执行楼（地）面防水相应子目，上翻高度＞300mm时，执行墙面防水相应子目。

（二十）基础卷材防水中基础梁向下凸出满堂基础板的，执行筏板子目；向上凸出满堂基础板的，执行平板子目。

二、工程量计算规则

（一）瓦、型材及其他屋面

1. 瓦屋面、型材及其他屋面按设计图示尺寸以斜面面积计算。不扣除屋面烟囱、风帽底座、风道、小气窗和斜沟等所占面积。小气窗的出檐部分不增加面积。

2. 阳光板屋面、采光屋面按设计图示尺寸以面积计算。不扣除单个≤0.3m^{2}孔洞所占面积。

3. 膜结构屋面按设计图示尺寸以水平投影面积计算。

4. 屋面纤维水泥架空板凳按设计图示尺寸以水平投影面积计算，与其配套的钢篦子、钢盖板按设计图示尺寸以长度计算。

（二）屋面防水及其他

1. 屋面防水按设计图示尺寸以面积计算。

（1）斜屋面按斜面面积计算，平屋面（包括找坡）按水平投影面积计算。

(2) 屋面烟囱、风帽底座、风道、屋面小气窗和斜沟所占面积不扣除，相应上翻部分的面积不增加。

(3) 屋面女儿墙、伸缩缝和天窗等处的弯起部分，并入屋面工程量内。

(4) 天沟、檐沟、挑檐、雨篷防水按设计图示展开面积，并入屋面工程量。

2. 水落管、空调排水管按设计图示尺寸以长度计算。

3. 水斗、弯头、下水口、玻璃钢短管按设计图示数量计算。

4. 屋面排（透）气管、泄（吐）水管、风帽及屋面出人孔按设计图示数量计算。

（三）墙面防水、防潮及其他

1. 墙面防水按设计图示尺寸以面积计算。不扣除单个≤0.3m^2 孔洞所占的面积。附墙柱、墙垛侧面并入墙体工程量内。

2. 卷材防水压条按设计图示尺寸以长度计算。

（四）楼（地）面防水、防潮及其他

1. 楼（地）面防水按设计图示尺寸以面积计算。不扣除间壁墙及单个面积≤0.3m^2 柱、垛、烟囱和孔洞所占面积。

2. 楼（地）面防水上翻高度≤300mm 的弯起部分并入楼（地）面工程量。

（五）基础防水

1. 基础防水按设计图示尺寸以面积计算，反梁部分按展开面积并入相应工程量内。

2. 桩头防水按设计图示数量计算。

3. 防水布按设计图示尺寸以面积计算。

4. 止水带按设计图示尺寸以长度计算。

（六）防水保护层及嵌缝

1. 防水保护层按设计图示尺寸以面积计算。

2. 嵌缝按设计图示尺寸以长度计算。

（七）变形缝按设计图示尺寸以长度计算。

三、屋面及防水做法

（一）屋面及屋面防水

屋面是房屋最上层的覆盖物，起着防水、保温和隔热等作用，用以抵抗雨雪、风沙的侵袭和减少烈日寒风等室外气候对室内的影响。

屋面依其外形可以分为平屋面、坡屋面、曲面形屋面、多波式折板屋面等。

1. 平屋面的层次及其构造

平屋面一般由隔离层、找坡层、保温层、找平层、防水层、保护层组成，其构造如图 2-71 所示。

(1) 隔离层。当屋顶设保温层时，须防止水分进入松散的保温层，降低它的保温能力，因此要在屋面板上设置隔离层。工程量按设计图示尺寸以面积计算。

(2) 找坡层。为了顺利地排除屋面的雨水，在平屋顶上通常都做一层找坡层，工程量为按设计图示水平投影面积计算。

(3) 保温层。保温层应干燥、坚固、不变形。工程量按设计图示尺寸以面积计算。

(4) 找平层。为使防水卷材有一个平整而坚实的基层，便于卷材的铺设及防止破损，在保温层上抹 1∶3 水泥砂浆找平、压实。工程量按设计图示尺寸以面积计算。

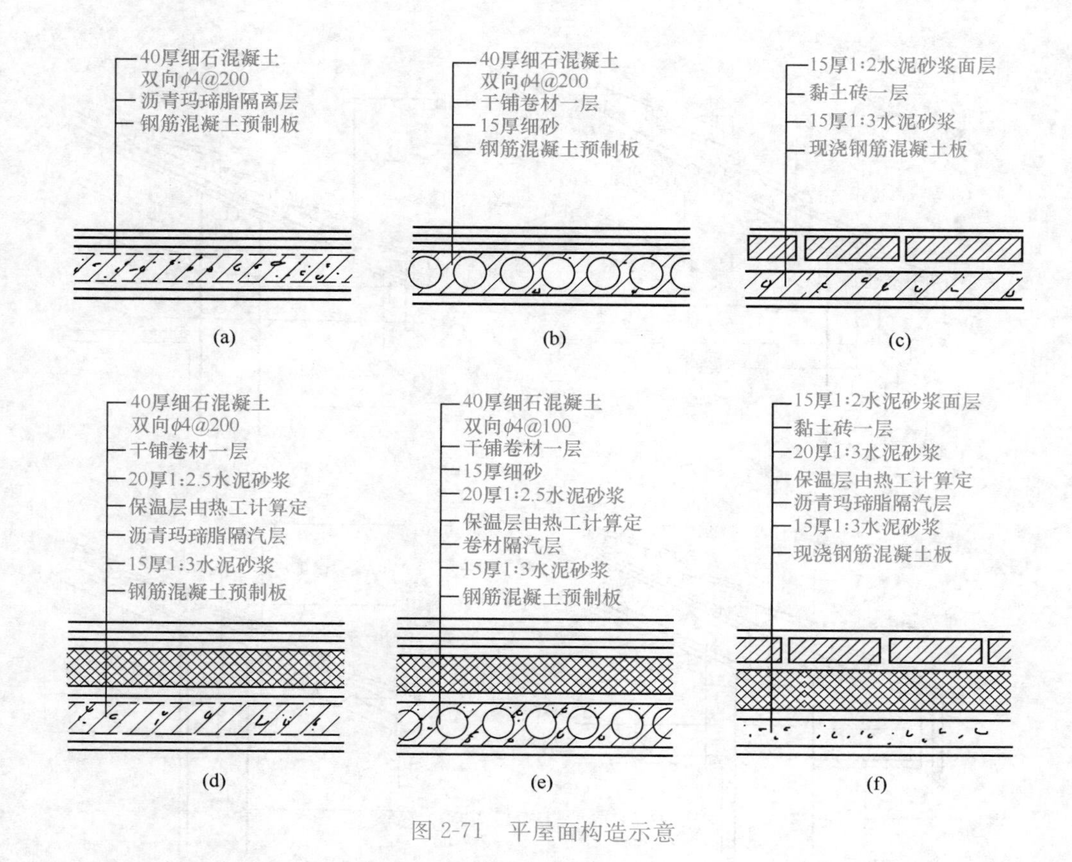

图 2-71　平屋面构造示意

（5）防水层。按所用防水材料的不同，可以分为柔性防水屋面及刚性防水屋面。柔性防水屋面系指采用沥青、橡胶、防水涂料等柔性材料铺设粘结涂刷的防水屋面。刚性防水屋面系指用防水水泥砂浆等刚性材料做成的防水屋面。工程量按设计图示尺寸以面积计算。

（6）保护层。对防水层起保护作用。工程量按设计图示尺寸以面积计算。

2. 坡屋面的构造

坡屋面的构造如图 2-72 所示。

坡屋顶屋面顶层一般铺设瓦，根据材料不同，有彩色水泥瓦、玻纤胎沥青瓦、琉璃瓦、彩色波形沥青瓦等。

（二）地下室及墙、柱面防水做法

1. 地下室防水

一般情况下，如果地下室的深度低于地下水位线，地下室就应该做防水层。地下室防水层的设置如图 2-73、图 2-74 所示。

2. 墙、柱防水

墙、柱防水做法如图 2-75、图 2-76 所示。

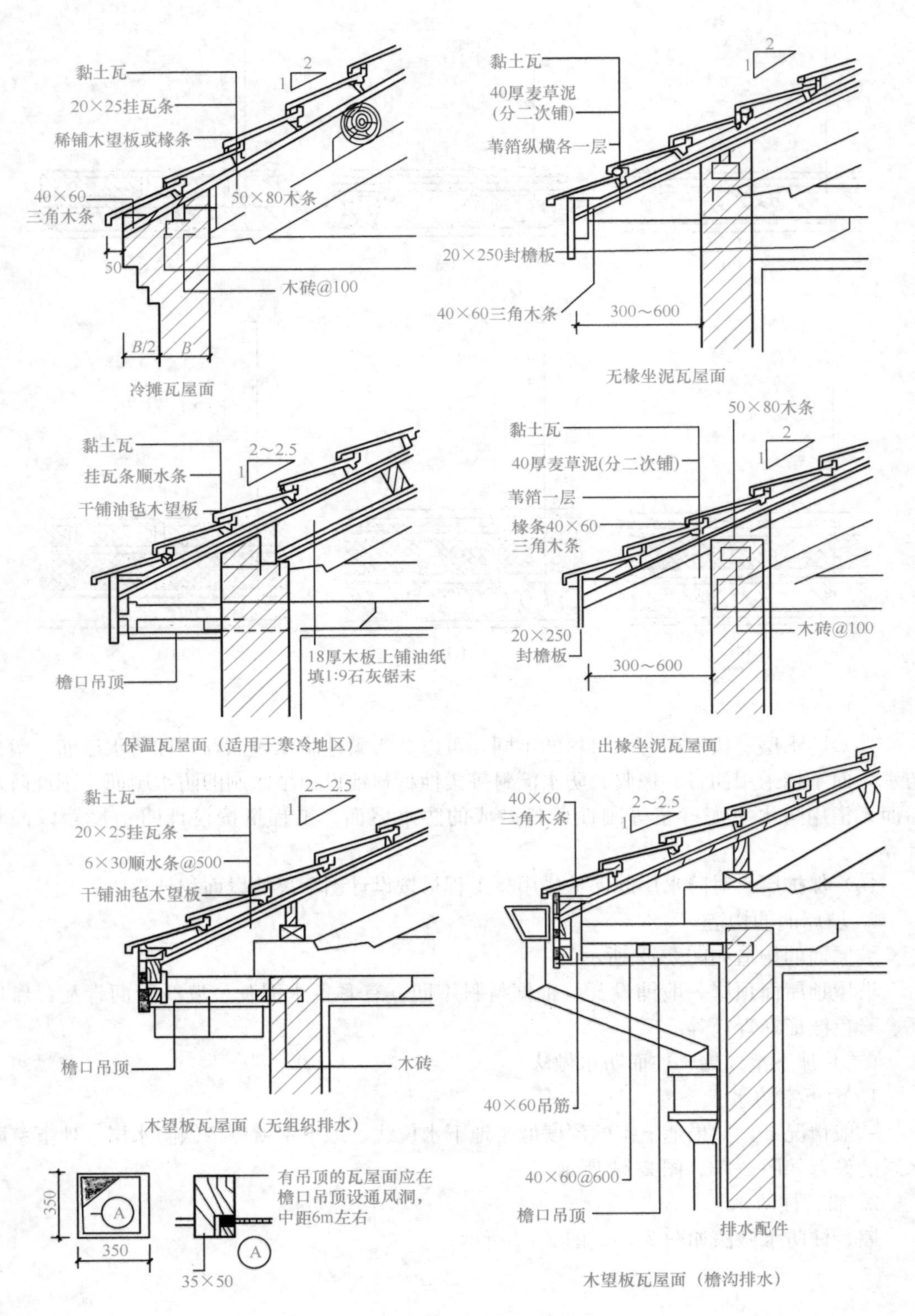

图 2-72　坡屋面构造示意

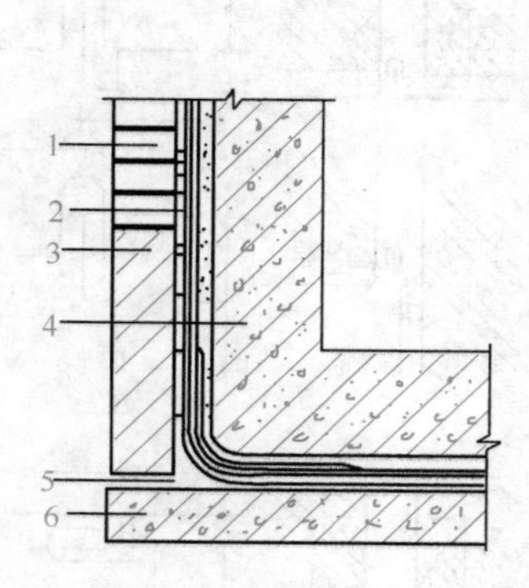

图 2-73　外防外贴法

1—临时保护墙；2—卷材防水层；
3—永久保护墙；4—建筑结构；
5—油毡；6—垫层

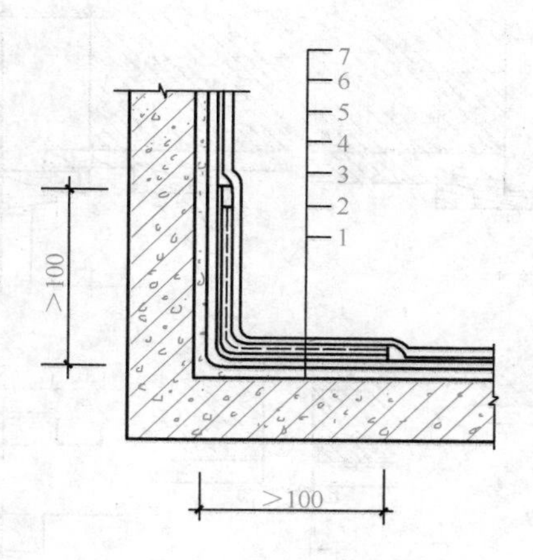

图 2-74　外防内贴法

1—需防水结构；2—水泥砂浆找平层；
3—底层涂料（底胶）；4—增强涂布；
5—玻璃纤维布；6—第一道涂膜防水层；
7—第二道涂膜防水层

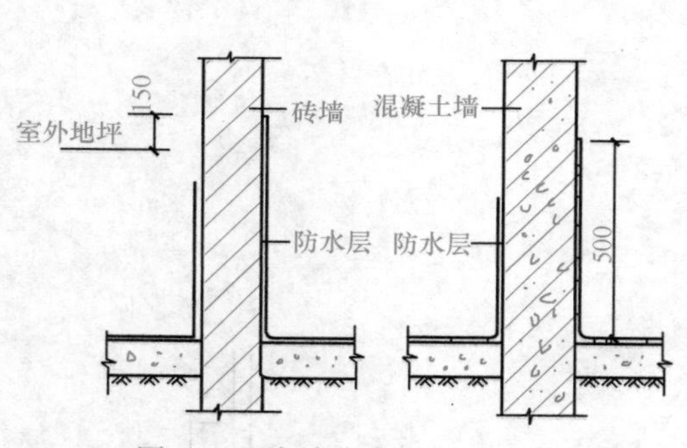

图 2-75　内墙防水层做法示意

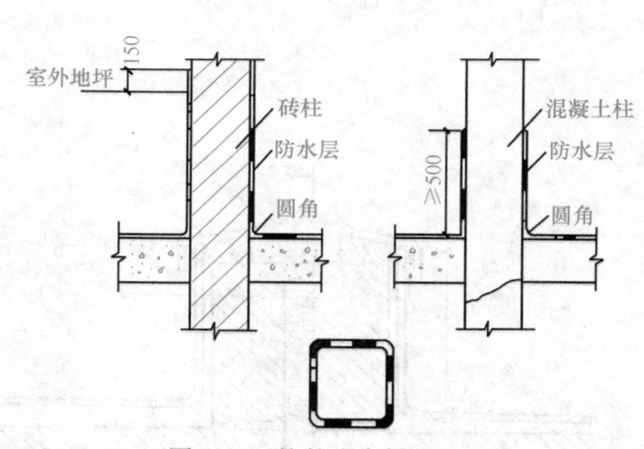

图 2-76　柱的防水做法示意

（三）变形缝

变形缝包括沉降缝、伸缩缝和防震缝，根据位置可以划分为楼地面变形缝、墙面变形缝和屋面变形缝。其设置如图 2-77～图 2-80 所示。

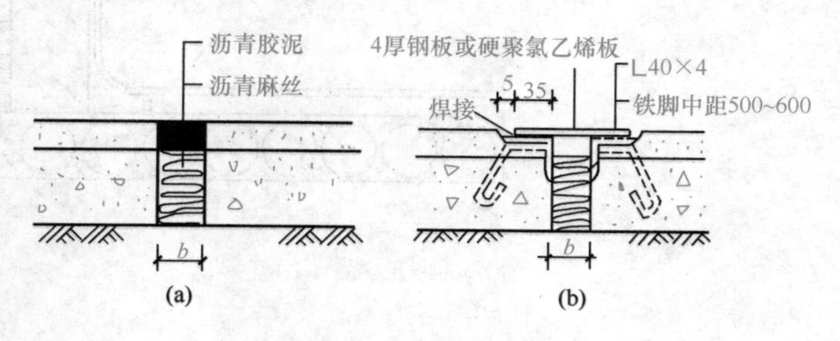

图 2-77　地面变形缝

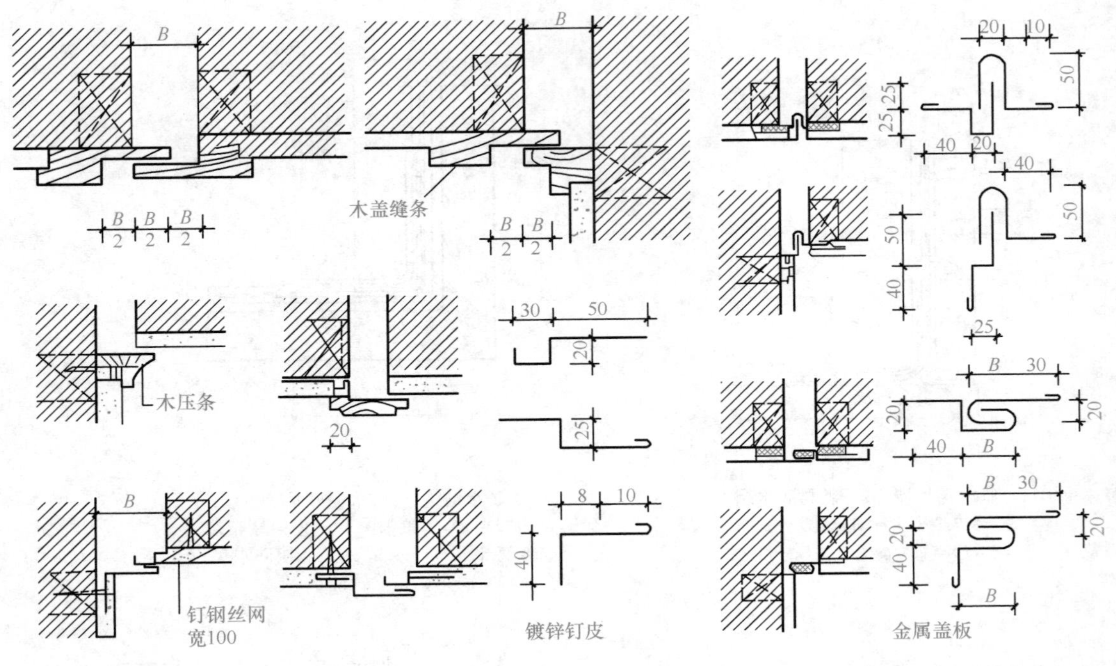

图 2-78　内墙伸缩缝构造示意　　　　图 2-79　外墙沉降缝构造示意

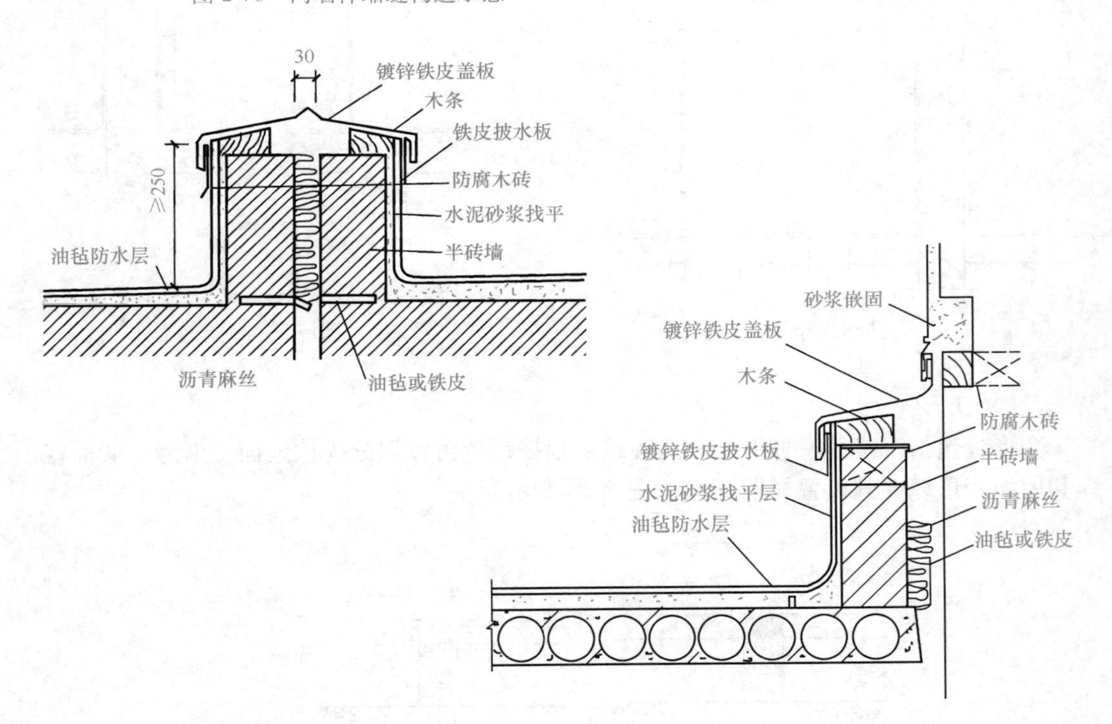

图 2-80　屋面变形缝结构示意

四、预算消耗量标准执行中应注意的问题

（一）彩色波形沥青瓦按定额子目中如设计有木檩条时，另执行“本章第七节 木结构

工程”的相应子目；T形复合保温瓦定额子目中如设计有钢檩条时，另执行“本章第六节 金属结构工程”中的相应子目。瓦的固定（挂瓦条、顺水条）是按标准图集做法编制的，如设计与标准图集不符时，可进行相应调整。

（二）彩色水泥瓦的基层是指用爱舍宁瓦做基层，不含其他基层做法。

（三）屋面出人孔的结构部分，执行其他相应章节的子目。

（四）卷材防水子目中已包括附加层；每增一层子目中已扣除了基层处理的相应内容。

（五）含有钢筋的子目，钢筋用量可按设计图示用量进行调整。

（六）预算消耗量标准中的防水材料是按材质及不同施工方法，且具有代表性、常用的防水材料进行编制的。具体做法不同时，可进行换算。

（七）屋面保温及找坡执行“本章第十节 保温、隔热、防腐工程”相应子目，找平层执行“第三章第一节 楼地面装饰工程”相应子目。

（八）膜结构骨架中的钢连接件另行计算，执行“本章第六节 金属结构工程”中钢管桁架子目。

（九）池类项目的闭水实验应另行计算。

（十）楼（地）面防水按主墙间净空面积计算，楼（地）面防水上翻高度≤300mm 时执行楼（地）面防水相应子目，上翻高度＞300mm 时，立面工程量执行墙面防水相应子目。

【例 2-15】 如图 2-81 所示，求地面聚氨酯防水涂料 2mm 厚的工程量。

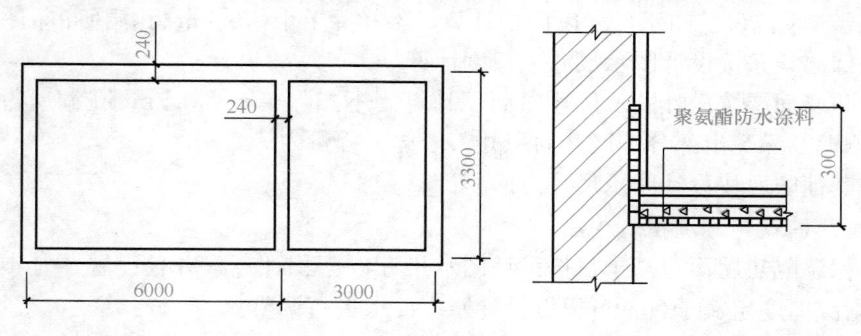

图 2-81　某建筑工程防水示意图

【解】 防水工程量

$$\begin{aligned}&=(6-0.24)\times(3.3-0.24)+(3-0.24)\times(3.3-0.24)+\\&\quad[(6+3-0.48)\times2+(3.3-0.24)\times4]\times0.3\\&=17.63+8.45+(17.04+12.24)\times0.3\\&=34.86\text{m}^2\end{aligned}$$

第十节　保温、隔热、防腐工程

一、说明

（一）本节包括：保温、隔热，防腐面层，其他防腐，隔声吸声，超低能耗保温 5 节共 176 个子目。

（二）柱、梁保温分别执行保温隔热墙面和保温隔热天棚相应子目，其中独立柱、单梁保温按相应子目人工和机械乘以系数1.10，材料乘以系数1.05。

（三）屋面保温子目按屋面坡度≤22°编制，设计坡度>22°时，相应子目人工乘以系数1.05。

（四）除超低能耗保温外，网格布、钢丝网执行“第三章第二节 墙、柱面装饰与隔断、幕墙工程”底层抹灰（打底）相应子目。

（五）自保温填充外墙不包括门窗洞口埋件及连接件，发生时执行“本章第五节 混凝土及钢筋混凝土工程”相应子目。

（六）填充保温执行其他保温隔热相应子目。

二、工程量计算规则

（一）保温、隔热，隔声吸声，超低能耗保温按设计图示尺寸以面积计算。不扣除单个≤0.3m² 孔洞所占面积。

1. 与天棚相连的梁、柱帽按展开面积计算，并入天棚工程量内。

2. 门窗、洞口侧壁及与墙相连柱的面积，并入墙体工程量内。

3. 墙长：按保温层断面中心线计算。

4. 墙高：按保温层断面高度计算。

5. 自保温填充外墙按设计图示尺寸以体积计算。不扣除单个面积≤0.3m² 孔洞所占体积。

6. 装配式接缝保温按设计图示尺寸以长度计算。

7. 保温砂浆按设计图示尺寸以面积计算。不扣除单个≤0.3m² 孔洞所占面积。

（二）保温线条按设计图示尺寸以长度计算。

（三）防腐面层按设计图示尺寸以面积计算。不扣除单个≤0.3m² 孔洞所占面积，门窗、洞口侧壁及垛突出部分按展开面积并入墙体工程量内。

（四）其他防腐按设计图示尺寸以面积计算。

三、预算消耗量标准执行中应注意的问题

（一）保温隔热屋面定额子目按设计图示尺寸以面积计算，并且设置了基本厚度定额子目、每增减厚度定额子目，可根据设计厚度要求进行调整。

【例2-16】屋面保温工程做法为60mm厚挤塑聚苯板DEA胶粘砂浆粘贴，假设人工费单价为74.30元/工日，挤塑聚苯板单价为630.00元/m³，胶粘砂浆DEA单价为5264.60元/m³，计算1m²屋面保温的预算单价。

【解】查子目10-2、10-4知，粘贴100mm厚挤塑聚苯板的人工消耗量0.061工日，挤塑聚苯板消耗量是0.104m³，胶粘砂浆DEA消耗量是0.0022m³，其他材料费占材料费的1.5%，其他机具费占人工费的2%，每减少10mm厚人工消耗量0.003工日，挤塑聚苯板消耗量是0.0104m³，其他材料费占材料费的1.5%，其他机具费占人工费的2%，所以：

100mm厚挤塑聚苯板屋面保温的预算单价 =0.061×74.30+0.104×630+0.0022×5264.60+（0.104×630+0.0022×5264.60）×1.5%+（0.061×74.30）×2%=82.88元/m²

每减少10mm厚的预算单价=0.003×74.30+0.0104×630+(0.0104×630)×1.5%+(0.003×74.30)×2%=6.88元/m²

$1m^2$屋面 60mm 厚挤塑聚苯板屋面保温的预算单价＝82.88－6.88×4＝55.36(元/m^2)

（二）保温隔热墙面定额子目中，保温层基本厚度相应子目的工作内容为：基层清理、抹保温砂浆、喷发或粘贴保温材料等。保温层罩面砂浆单独列项，网格布、钢丝网执行“第三章第二节 墙、柱面装饰与隔断、幕墙工程”中底层抹灰（打底）相应子目。根据设计做法要求，分别套用相应的子目。

【例 2-17】墙面保温工程做法为 70mm 厚挤塑聚苯板 DEA 胶粘砂浆粘贴，5mm 厚 DBI 砂浆嵌入耐碱玻纤网格布罩面，假设粘贴挤塑聚苯板人工费单价、DBI 罩面砂浆人工费单价以及嵌入的网格布的人工费单价都是 87.90 元/工日，挤塑聚苯板单价为 630.00 元/m^3，胶粘砂浆 DEA 单价为 5264.60 元/m^3，锚栓的单价为 18 元/套，托件的单价为 10 元/套，抹面砂浆 DBI 的单价为 3910 元/m^3，耐碱涂塑玻纤网格布的单价为 2 元/m^2，胶粘剂为 150 元/kg，计算 $1m^2$墙面保温的预算单价。

【解】查子目 10-35、10-36、10-72、10-73、12-13，粘贴 100mm 厚挤塑聚苯板的人工消耗量 0.201 工日，挤塑聚苯板消耗量是 0.1065m^3，胶粘砂浆 DEA 消耗量是 0.0022m^3，锚栓的消耗量是 7.4074 套，托件的消耗量是 0.88 套，每减少 10mm 厚人工消耗量 0.004 工日，挤塑聚苯板消耗量是 0.0107m^3，保温层罩面砂浆抹面 3mm 厚的人工消耗量是 0.064 工日，抹面砂浆 DBI 消耗量是 0.0034m^3，每增加 1mm 抹面需要消耗人工 0.009 工日，消耗抹面砂浆 DBI 0.0011m^3，另外嵌入网格布的人工消耗量是 0.017 工日，耐碱涂塑玻纤网格布的消耗量是 1.05m^2，胶粘剂的消耗量是 0.336kg，以上工序其他材料费占材料费的 1.5%，其他机具费占人工费的 2%，所以，

70mm 厚挤塑聚苯板墙面保温的预算单价＝(0.201×87.9)×(1＋2%)＋(0.1065×630＋0.0022×5264.6＋7.4074×18＋0.88×10)×(1＋1.5%)－3×[(0.004×87.9)×(1＋2%)＋(0.0107×630)×(1＋1.5%)]＝242.14－3×7.2＝220.54 元/m^2

5mm 厚保温罩面 DBI 砂浆的预算单价＝(0.064×87.9)×(1＋2%)＋(0.0034×3910)×(1＋1.5%)＋2×[(0.009×87.9)×(1＋2%)＋(0.0011×3910)×(1＋1.5%)]＝19.23＋2×5.17＝29.57 元/m^2

嵌入网格布的预算单价＝(0.017×87.9)×(1＋2%)＋(1.05×2＋0.336×150)×(1＋1.5%)＝54.81 元/m^2

$1m^2$墙面保温的预算单价＝220.54＋29.57＋54.81＝304.92 元/m^2。

（三）柱、梁保温分别执行保温隔热墙面和保温隔热天棚相应子目，其中独立柱、单梁保温按相应子目人工和机械乘以系数 1.10，材料乘以系数 1.05。与墙和天棚相连的柱、梁保温分别并入保温隔热墙面和保温隔热天棚中。

【例 2-18】某平屋顶屋面做法如图 2-82 所示，试计算屋面工程量。

【解】(1) 陶粒混凝土找坡层

其最低处 30mm，坡度 2%，最高处为：15000/2×2%＋30＝180mm

则其平均厚度为(180＋30)/2＝105mm

陶粒混凝土的铺设面积为：15×45＝675m^2

则其工程量为 0.105×675＝70.88m^3

(2) 挤塑聚苯板保温层厚为 50mm，其工程量为 15×45＝675m^2

(3) 1∶3 水泥砂浆找平层

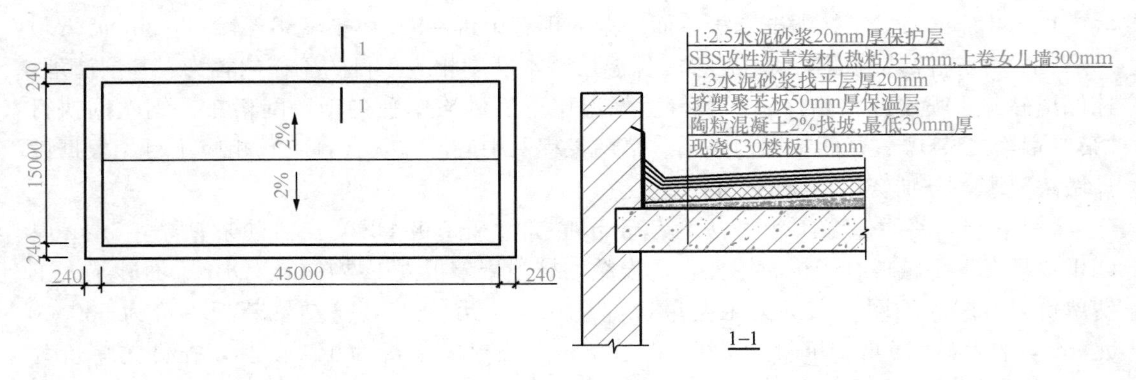

图 2-82　屋顶平面图

平面面积＝15×45＝675m²

立面面积＝(15＋45)×2×0.3＝36m²

合计＝675＋36＝711m²

（4）SBS改性沥青卷材防水层＝675＋36＝711m²

（5）1∶2.5水泥砂浆保护层工程量：同SBS改性沥青卷材防水层的工程量＝711m²

复　习　题

一、建筑物基础的类型有几种？其相应的各分项工程的工程量如何计算？

二、砌筑工程量如何计算？砌块墙体高度如何确定？基础和结构的划分界限在哪里？

三、钢筋工程的工程量如何计算？

四、屋面工程如何计算工程量？屋面工程中的水泥砂浆找平层执行什么子目？

五、防水工程如何计算工程量？楼地面防水工程量计算时应注意什么问题？

六、混凝土工程量计算中柱高、梁长、墙高是如何规定计算尺寸的？

七、如何区分平板、无梁板、有梁板和叠合板？这些板的图示面积是如何计算的？

八、柱帽的体积应并入什么工程量内？

九、当梯井宽度大于多少时，计算楼梯的混凝土工程量应扣除梯井？

十、小型构件和其他构件如何区分？

十一、选择题

（一）单选题

1. 平整场地是按(　　)计算的。

A. 地下室建筑面积　　B. 按首层建筑面积的1.4倍

C. 按基坑开挖上口面积计算　　D. 按设计图示尺寸以建筑物首层面积计算

2. 土壤类别为三类土，在计算基础挖土方时，当挖土深度超过(　　)m应计算放坡量。

A. 1.5　　B. 1.2　　C. 2.0　　D. 2.5

3. 土方工程定额中不包括(　　)，发生时另行计算。

A. 地上、地下障碍物的处理　　B. 建筑物拆除后的工程垃圾清理

C. 挖淤泥　　D. 建筑施工中的渣土清运

4. 柱帽混凝土的工程量应并入(　　)的工程量中。

A. 梁　　B. 柱　　C. 有梁板　　D. 无梁板

5. 基础与墙身的划分，以下表达不正确的是(　　)。

A. 基础与墙（柱）身使用同一种材料时，以室外设计地面为界，以下为基础，以上为墙（柱）身
B. 基础与墙（柱）身使用同一种材料时，以室内设计地面为界（有地下室的，以地下室室内设计地面为界），以下为基础，以上为墙（柱）身
C. 基础与墙（柱）身使用不同材料时，当设计室内地面高度＜±300mm时，以室内设计地面为分界线，当室内设计地面高度≥±300mm时，以材料为分界线
D. 基础与墙（柱）身使用不同材料时，当设计室内地面高度＜±500mm时，以材料为分界线，当室内设计地面高度≥±500mm时，以室内设计地面为分界线

6. 墙体按设计图示尺寸以体积计算，不扣除(　　)。
A. 门窗洞口、过人洞、圈梁
B. 嵌入墙内的钢筋混凝土柱、梁、圈梁
C. 凹进墙内的壁龛、管槽、暖气槽
D. 梁头、板头、檩头、垫木

7. 现浇混凝土工程量按设计图示尺寸以体积计算，应扣除(　　)所占体积。
A. 构件内钢筋　　B. 构件内预埋铁件、螺栓
C. 混凝土结构中的型钢　　D. 0.3m^2以内的孔洞

8. 楼（地）面按主墙间净空面积计算，不扣除(　　)所占面积。
A. 凸出地面的构筑物　　B. 设备基础
C. 间壁墙　　D. 单个面积＜0.3m^2柱、垛、烟囱和孔洞

9. 防腐面层按设计图示尺寸以面积计算。以下表述不正确的是(　　)。
A. 平面防腐扣除凸出地面的构筑物、设备基础以及面积＞0.3m^2孔洞、柱、垛所占面积
B. 扣除门窗、洞口以及面积＞0.3m^2孔洞、梁所占面积
C. 立面防腐门、窗、洞口侧壁、垛突出部分按展开面积并入墙面积内。
D. 立面防腐扣除门、窗、洞口、孔洞、梁所占面积，门、窗、洞口侧壁、垛突出部分不增加。

（二）多选题

1. 瓦屋面、型材屋面按设计图示尺寸以斜面积计算，不扣除(　　)等所占面积。
A. 房上烟　　B. 风帽底座
C. 风道　　D. 斜沟
E. 小气窗的出檐部分

2. 以下工程量中按设计图示洞口面积计算的有(　　)。
A. 窗附框　　B. 防火玻璃
C. 门窗后塞口　　D. 门窗
E. 窗框间填消声条

3. 桩基工程中按个数计算工程量的项目有(　　)。
A. 打预制桩基　　B. 桩头
C. 桩　　D. 接桩
E. 浇桩

十二、根据2021年北京市预算消耗量标准，计算附图2-84的工程量及套用相应的子目编号。

（一）计算内容：

1. 建筑面积 2. 平整场地 3. 人工挖沟槽 4. 基础灰土垫层 5. 房心回填土 6. 基础回填土 7. 渣土装车运输 8. 过梁 9. 圈梁 10. 构造柱 11. 楼梯 12. 楼板 13. 砖基础 14. 砖外墙 15. 砖内墙 16. 砖女儿墙 17. 屋面DS砂浆保护层 18. 屋面保温层 19. 屋面找坡层 20. 屋面水泥砂浆找平层 21. 屋面卷材防水层

（二）门窗表（见表2-16）

门窗尺寸表 表 2-16

门窗代号	门窗类型	洞口尺寸（mm）	框外围尺寸（mm）
C1	一玻一纱、松木窗	1800×1500	1780×1480
C2	一玻一纱、松木窗	1500×1500	1480×1480
M1	半截玻璃松木门、单玻	1500×2400	1480×2390
M2	半截玻璃松木门、单玻	1000×2400	980×2390
洞口		2400×2700	2400×2700
MC	单层玻璃松木门窗	见图	见图

（三）建筑结构做法说明

1. 楼板为现浇混凝土 C25 板（110mm 厚）楼板与外墙圈梁相连接，内墙满压楼板（图 2-83）。

2. 楼梯为 C25 现浇混凝土，阳台、雨罩均为现浇混凝土。

3. 洞口过梁为现场搅拌混凝土现浇，尺寸（单位：mm）如下：

C1 洞口为 360×240×2300

C2 洞口为 360×240×3000

M1 洞口为 360×240×3000

M2 洞口为 240×180×1500

空洞洞口为 240×240×2900

MC 洞口为 360×240×2300

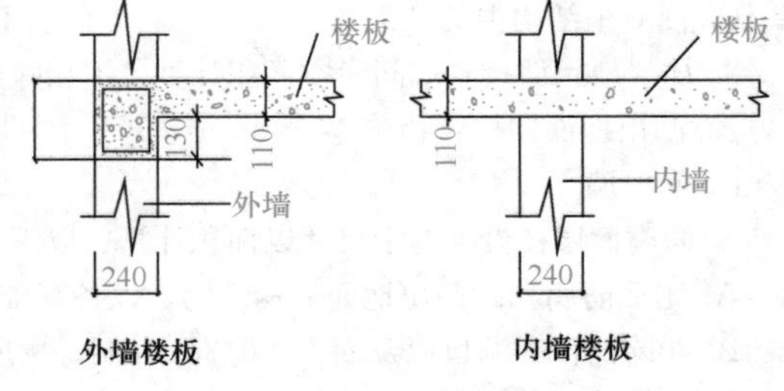

图 2-83 楼板示意

4. 室外地坪－0.75m。每层层高均为 3.30m。女儿墙高 1m。

5. 室内墙面为简易抹灰底层，面层为多彩花纹涂料。

6. 首层地面为 3∶7 灰土垫层 100mm 厚，C10 混凝土垫层 50mm 厚，面层 20mm 厚 1∶2.5 水泥砂浆（无素浆）。二层楼面为现场搅拌细石混凝土 35mm 厚，随打随抹光。一、二层楼地面的踢脚为水泥踢脚。楼梯抹灰。

7. 屋面做法为：水泥焦渣 2%找坡层最低 30mm 厚，加气混凝土块保温 250mm 厚，水泥砂浆找平层，氯丁橡胶防水层 1.5mm 厚、上卷女儿墙 300mm，着色剂屋面。

8. 门窗油漆为底油一遍，调和漆两遍，后塞口水泥砂浆。

9. 室外墙面为涂料。

10. 天棚抹灰，满刮腻子，涂料。

11. 构造柱断面详图见图 2-84。构造柱平均断面积见表 2-9。

12. 所有混凝土构件的强度等级为 C30，均为预拌混凝土。

13. 砖砌体采用烧结标准砖。

14. 入口处台阶为五个踏步，宽×高＝300mm×150mm

15. 门窗框宽取 100mm，沿外窗内边线安装或内墙中心线安装。

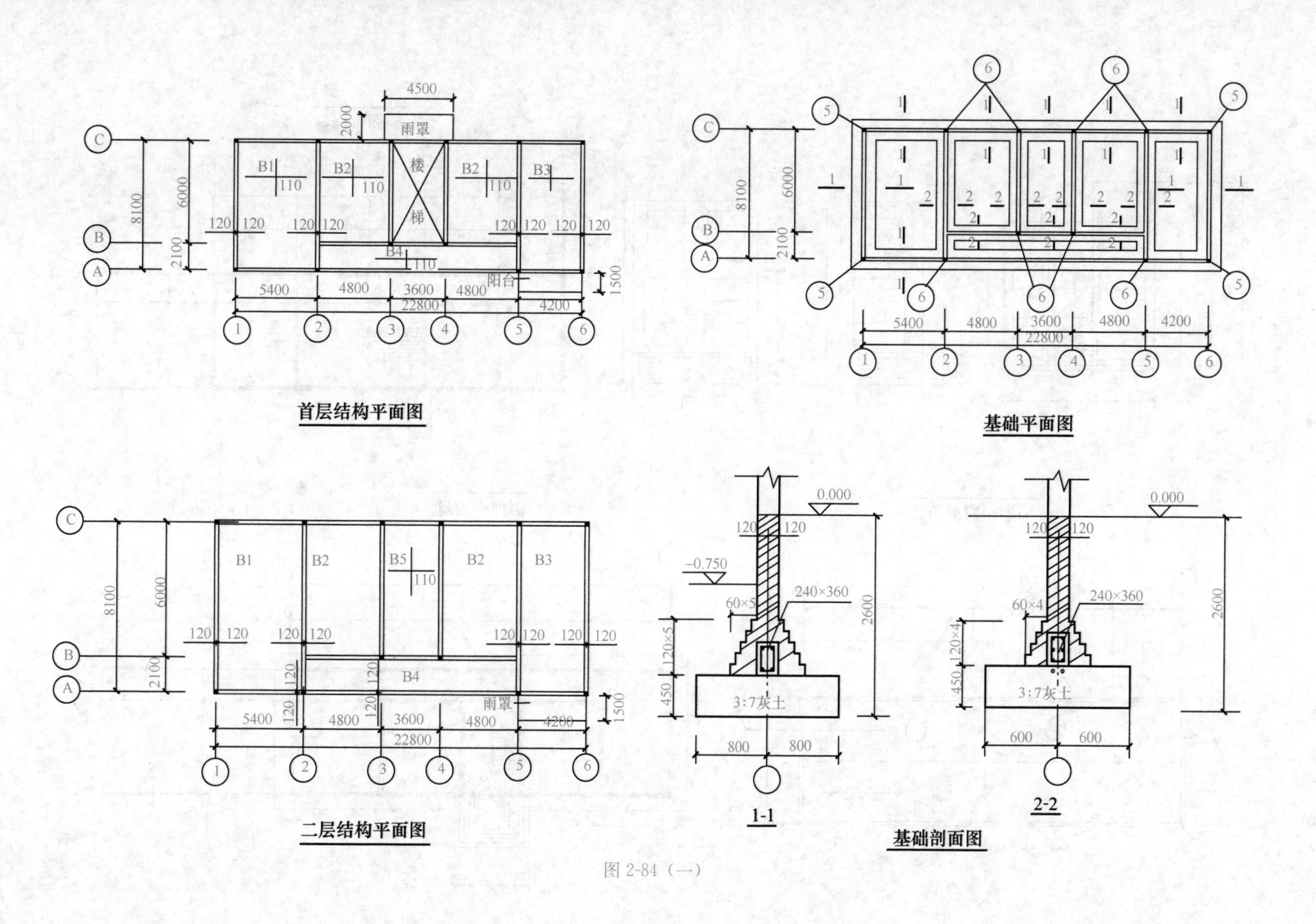
首层结构平面图
雨罩
楼
梯
阳台
B1
B2
B3
B4
4500
2000
8100
6000
2100
5400
4800
3600
4200
22800
1500
基础平面图
二层结构平面图
B5
雨罩
1-1
2-2
基础剖面图
0.000
-0.750
240×360
60×5
60×4
120×5
120×4
3:7灰土
2600
800
600
450

图 2-84（一）

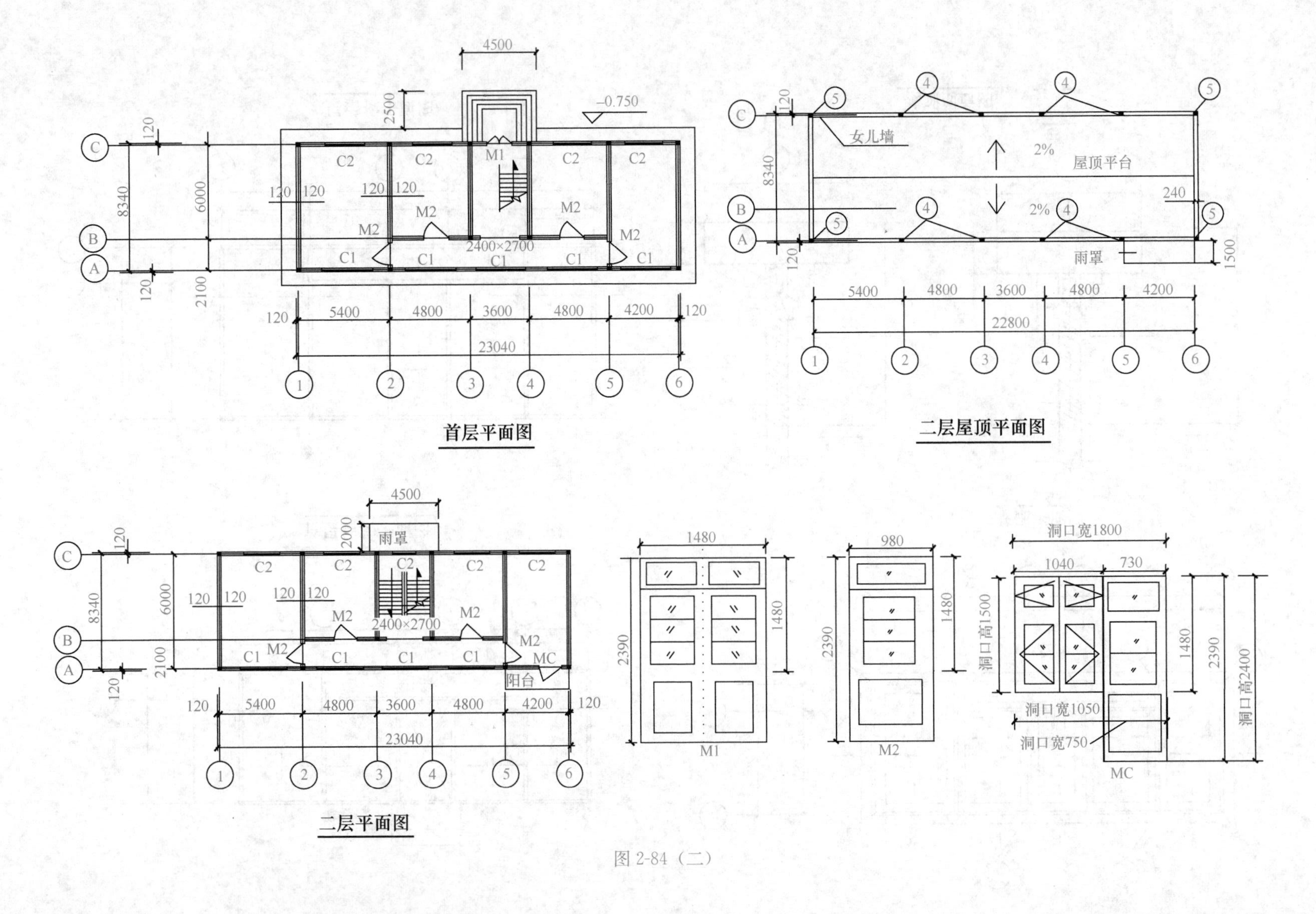
首层平面图
二层屋顶平面图
二层平面图
屋顶平台
女儿墙
雨罩
阳台
2%
-0.750
2400×2700
M1
M2
MC
C1
C2
洞口宽1800
洞口宽1050
洞口宽750
洞口高1500
洞口高2400
23040
22800
8340
6000
2100
5400
4800
3600
4200
4500
2500
2000
2390
1480
1500
1040
730
980
240
120

图 2-84（二）

第三章　装饰工程预算消耗量标准

本章学习重点：装饰工程计算。

本章学习要求：掌握楼地面装饰工程、墙柱面装饰与隔断幕墙工程、天棚工程的工程量计算规则。熟悉各部分工程量的注意事项；了解各部分工程的工程内容。

本章以2021年北京市《房屋建筑与装饰工程预算消耗量标准（下册）》为依据，讲解如何计算装饰工程的预算消耗量。

第一节　楼地面装饰工程

一、说明

（一）本节包括：找平层及整体面层，块料面层，橡塑面层，其他材料面层，踢脚线，楼梯面层，台阶装饰，零星装饰项目，装配式楼地面及其他项目。

（二）楼地面、台阶、坡道、散水不包括垫层，垫层按设计要求分别执行“第二章第四节 砌筑工程”和“第二章第五节 混凝土及钢筋混凝土工程”相应子目。

（三）楼地面铺设钢筋执行“第二章第五节 混凝土及钢筋混凝土工程”相应子目。

（四）本节除现浇水磨石楼地面外，均按干混砂浆编制。

（五）地毯子目按单层编制，设计有衬垫时，执行地毯衬垫子目。

（六）木龙骨子目中不包括防火，设计要求时，执行“本章第四节 油漆、涂料、裱糊工程”相应子目。

（七）楼梯面层子目包括踏步、休息平台和楼梯踢脚线，不包括楼梯底面及踏步侧面装饰，楼梯底面装饰执行“本章第三节 天棚工程”相应子目，踏步侧边装饰执行“本章第二节 墙、柱面装饰与隔断、幕墙工程”中零星装饰相应子目。

（八）台阶、坡道嵌边以及侧面≤$0.5m^2$ 镶贴块料面层执行零星装饰项目，底层抹灰执行“本章第二节 墙、柱面装饰与隔断、幕墙工程”中零星抹灰子目。

二、工程量计算规则

（一）找平层按设计图示尺寸以面积计算。

（二）整体面层、装配式楼地面按设计图示尺寸以面积计算。扣除凸出地面构筑物、设备基础、室内管道、地沟等所占面积，不扣除墙厚≤120mm及≤$0.3m^2$ 柱、垛、附墙烟囱及孔洞所占面积。门洞、空圈、暖气包槽、壁龛的开口部分不增加面积。

（三）块料面层、橡塑面层、其他材料面层按设计图示尺寸以面积计算。门洞、空圈、暖气包槽、壁龛的开口部分并入相应的工程量内。防静电地板按设计图示水平投影面积计算。

（四）踢脚线、装配式踢脚线按设计图示尺寸以长度计算。

（五）楼梯面层按设计图示（包括踏步、休息平台及≤500mm的楼梯井）水平投影面积计算。楼梯与楼地面相连时，算至梯口梁内侧边沿；无梯口梁者，算至最上一层踏步边沿加 300mm。

（六）楼地面分隔线、楼梯防滑条按设计图示尺寸以长度计算。

（七）台阶按设计图示（包括最上层踏步边沿加 300mm）水平投影面积计算。

（八）坡道、散水按设计图示水平投影面积计算。

（九）零星装饰按设计图示尺寸以面积计算。

（十）车库标线按设计图示尺寸以面积计算。

（十一）广角镜安装、标志标识牌按设计图示数量计算。

（十二）车挡、减速带按设计图示尺寸以长度计算。

三、预算消耗量标准执行中应注意的问题

（一）楼地面

地面的基本构造为面层、垫层和地基；楼面的基本构造层为面层和楼板。根据使用和构造要求可增设相应的构造层（结合层、找平层、防水层、保温隔热层等），其层次如图 3-1所示。

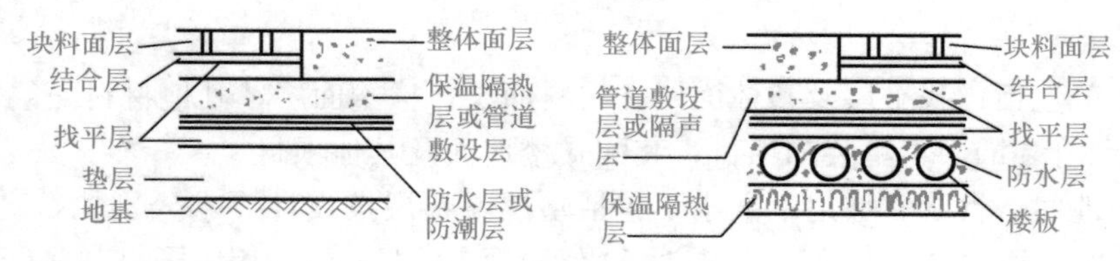

图 3-1　楼地面构造示意

楼地面各构造层次的作用如下：

面层：直接承受各种物理和化学作用的表面层，分整体和块料两类。

结合层：面层与下层的连结层，分胶凝材料和松散材料两类。

找平层：在垫层、楼板或轻质松散材料上起找平或找坡作用的构造层。

防水层：防止楼地面上液体透过面层的构造层。

防潮层：防止地基潮气透过地面的构造层，应与墙身防潮层相连接。

保温隔热层：改变楼地面热工性能的构造层。设在地面垫层上、楼板上或吊顶内。

隔声层：隔绝楼面撞击声的构造层。

管道敷设层：敷设设备暗管线的构造层（无防水层的地面也可敷设在垫层内）。

垫层：承受并传递楼地面荷载至地基或楼板的构造层，分刚性、柔性两类。

基层：楼板或地基（当土层不够密实时须做加强处理）。

1. 整体面层楼地面

预算消耗量标准包括 DS 砂浆楼地面、细石混凝土楼地面、水磨石楼地面、自流平楼地面等，其构造如图 3-2、图 3-3 所示。

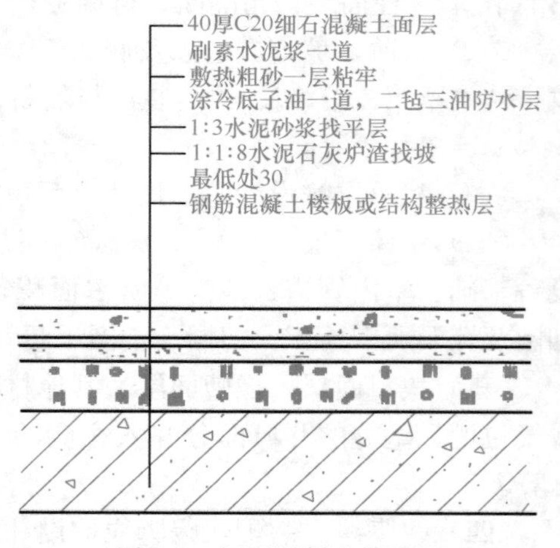

图 3-2　细石混凝土楼地面

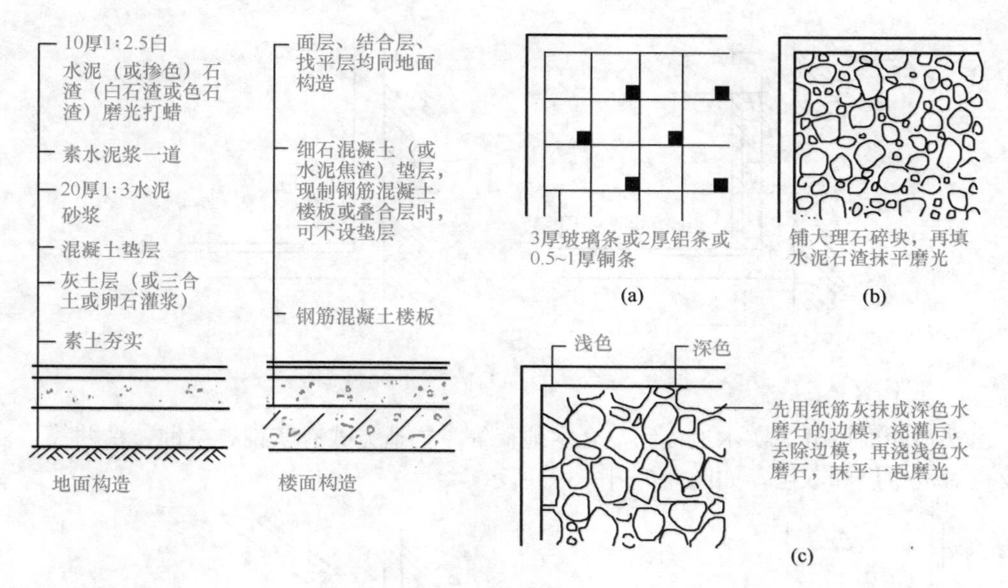

图 3-3　现制美术水磨石楼地面

（a）有分割条；（b）混合石渣；（c）无分割条

2．镶贴面层楼地面

包括镶贴石材、镶贴块料、玻璃装饰砖、陶瓷锦砖楼地面等，如图 3-4 所示。

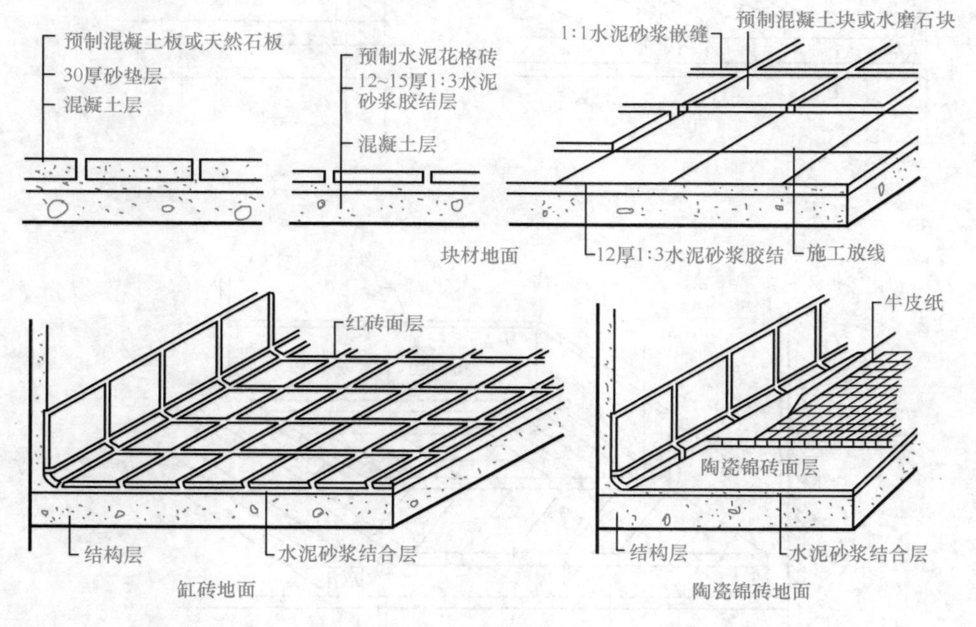

图 3-4　镶贴面层楼地面

3．橡塑楼地面

橡塑楼地面包括橡胶楼地面和塑料楼地面等，如图 3-5 所示。

4．木楼地面

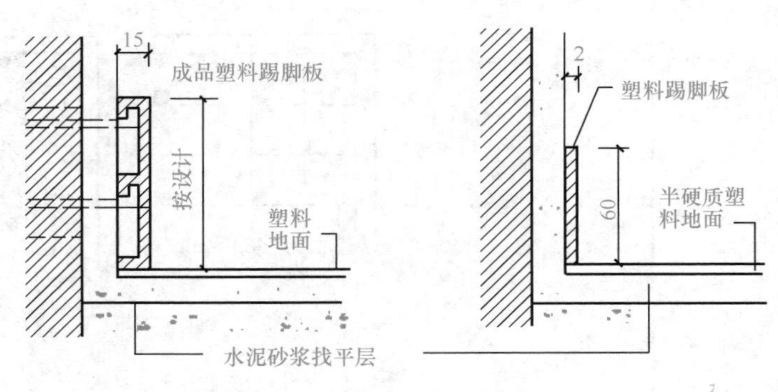

图 3-5　塑料楼地面

木楼地面面层分为实木地板和复合木地板等。构造方式有实铺、空铺、粘贴等。根据需要可做成单层和双层，如图 3-6～图 3-8 所示。

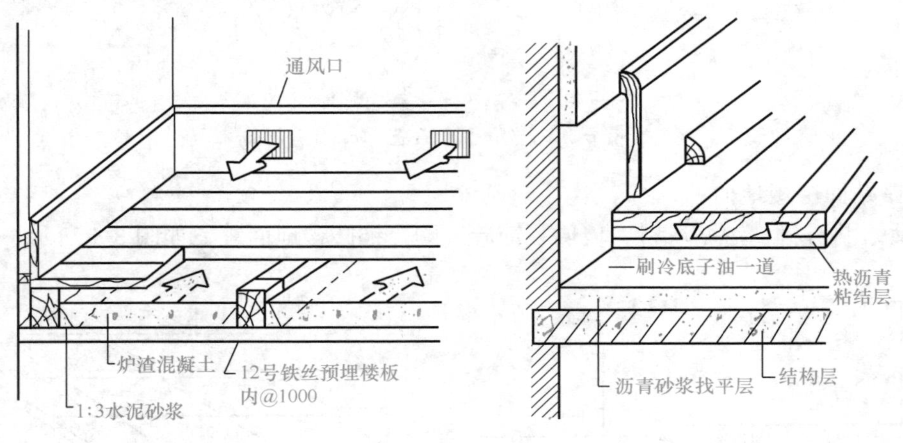

图 3-6　架空木地板地面　　图 3-7　实铺木地板地面

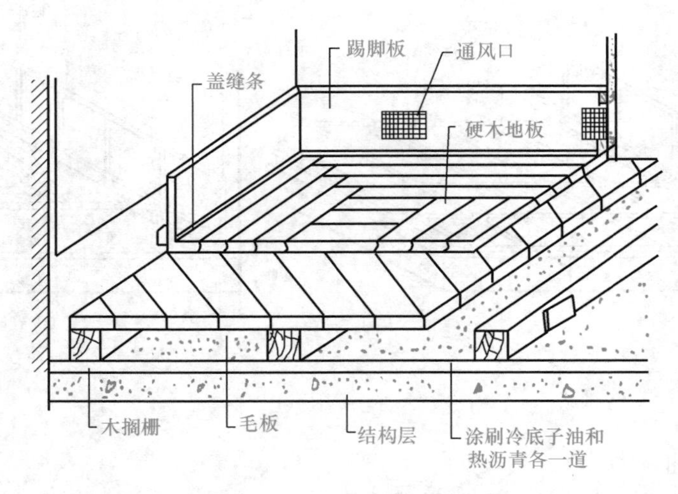

图 3-8　双层木地板交错铺设地面

注意：

（1）楼地面预算消耗量标准子目中不包括垫层，垫层按设计图示做法分别执行“第二章第四节 砌筑工程”和“第二章第五节 混凝土及钢筋混凝土工程”中相应预算消耗量标准子目。

（2）整体面层及混凝土散水预算消耗量标准子目中均包括一次压光的工料消耗。

（3）面层材料及价格可按设计要求调整材质及价格。相同材质的面层装饰材料可根据实际情况调整材料名称及价格。主材预算消耗量标准消耗量中已包括一般施工情况损耗（不含排砖损耗及非规格产品的加工损耗）。

（4）地毯预算消耗量标准只含面层铺装，基层套用相应基层子目。地毯面层子目按单层编制，设计有衬垫时，另执行地毯橡胶衬垫相应子目。

（5）木地板楼地面子目的面层铺装不包括油漆及防火涂料，设计要求时，另执行油漆、涂料、裱糊工程中相应预算消耗量标准子目。

（6）镶贴石材块料子目中磨边倒角等材料消耗应综合在相应材料消耗量中。

（二）踢脚

为了防止在清扫时污染墙面，室内地面与墙面接触处，应设置高 100～150mm 的踢脚板，其材料一般与地面材料相同，踢脚按构造、施工的方式不同，包括 DS 砂浆踢脚、石材踢脚、块料踢脚、塑料板踢脚、橡胶踢脚、木质踢脚、金属和防静电踢脚、踢脚木基层等，如图 3-9 所示。

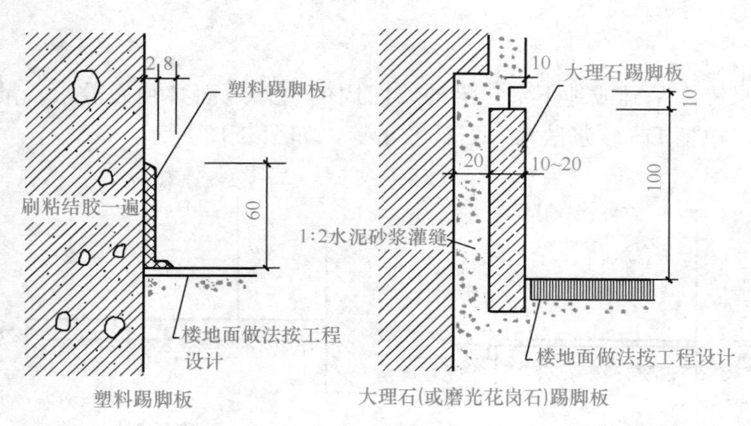

图 3-9　踢脚

注意，预算消耗量标准中踢脚子目按面层材料铺装编制，踢脚木基层另执行相应预算消耗量标准子目。

（三）台阶、坡道和散水

1. 台阶

一般建筑物的室内地面都高于室外地面，为了便于出入，设置台阶，在台阶和出入口之间一般设置平台作为缓冲。台阶面层按构造、施工的方式不同，包括 DS 砂浆台阶、块料及碎拼块料台阶、石材块料台阶、剁斧石和条石。台阶构造形式如图 3-10 所示。

2. 坡道

为了便于车辆进出，室内外门前常做坡道。也有台阶和坡道并用，平台两侧做坡道，

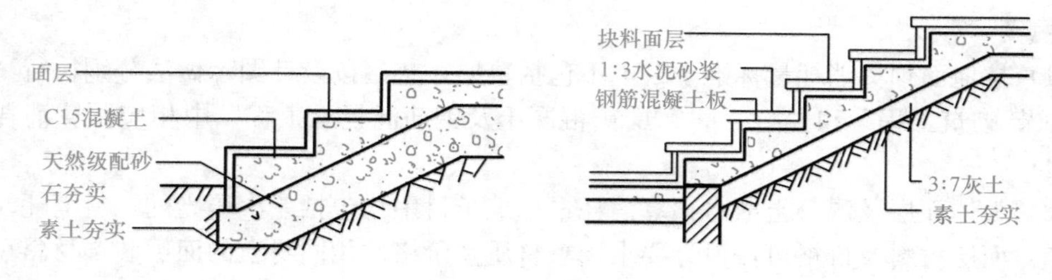

图 3-10 台阶构造形式

平台正面做台阶或在台阶两侧做坡道。坡道面层按构造、施工的方式不同，包括石材坡道、块料（地砖）坡道、DS砂浆坡道、细石混凝土坡道、防滑涂料坡道，如图 3-11 所示。

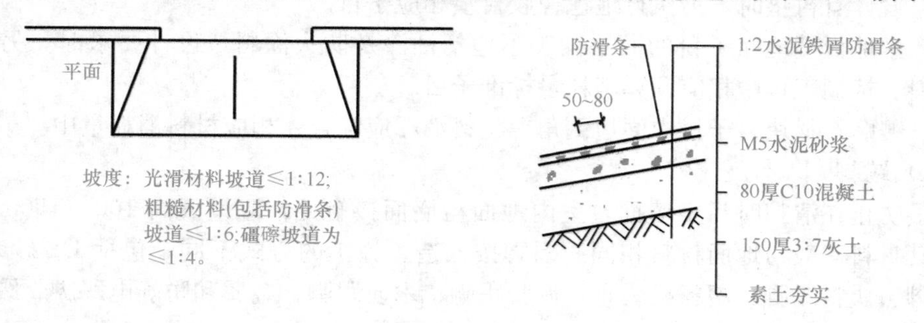

图 3-11 坡道

3. 散水

为防止雨水渗入基础或地下室，沿外墙四周的室外地面必须做散水。散水层按构造、施工方式不同，包括 DS 砂浆散水、石材散水等，如图 3-12 所示。

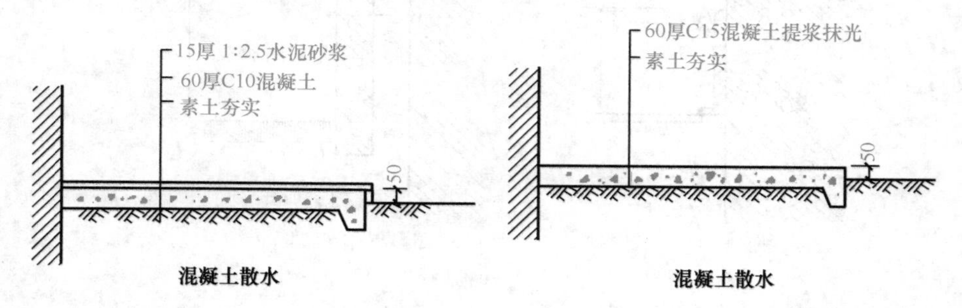

图 3-12 散水

注意，台阶、坡道、散水预算消耗量标准子目中不包括垫层，垫层按设计图示做法分别执行“第二章第四节 砌筑工程”和“第二章第五节 混凝土及钢筋混凝土工程”中相应预算消耗量标准子目。

（四）楼梯

楼梯面层预算消耗量标准子目中，包括踏步、休息平台和楼梯踢脚线，但不包括楼梯底面及踏步侧边装饰，楼梯底面装饰执行“本章第三节 天棚工程”中相应预算消耗量标准子目，踏步侧边装饰执行“本章第二节 墙、柱面装饰与隔断、幕墙工程”中零星装饰的相应预算消耗量标准子目。

（五）砂浆规定

根据现行有关政策规定，北京市绝大部分区域均要求使用干拌砂浆（干拌砂浆总代号为“D”）或预拌砂浆，所以结合实际情况，除现浇水磨石楼地面外，均按干拌砂浆编制，设计砂浆品种与预算消耗量标准不同时，可以换算。

【例 3-1】某二层砖混结构宿舍楼，首层平面图如图 3-13 所示，已知内外墙厚度均为 240mm，二层以上平面图除 M2 的位置为 C2 外，其他均与首层平面图相同，层高均为 3.00m，楼板厚度为 130mm，女儿墙顶标高 6.60m，室外设计地坪为−0.45m，混凝土地面垫层厚度为 60mm，楼梯井宽度为 400mm。M1、M2 的洞口宽度分别为：1200mm、1500mm。门窗框宽度均为 100mm，沿外墙外边线安装或内墙中心线安装。外墙采用仿石涂料，内墙采用耐擦洗涂料。试计算以下装饰工程的工程量：①混凝土地面垫层；②地面 20mm 厚 DS 砂浆找平层；③60mm 厚混凝土面层；④20mm 厚 DS 楼梯面层；⑤DP 砂浆踢脚线；⑥DS 砂浆台阶面层；⑦60mm 厚混凝土散水面层。

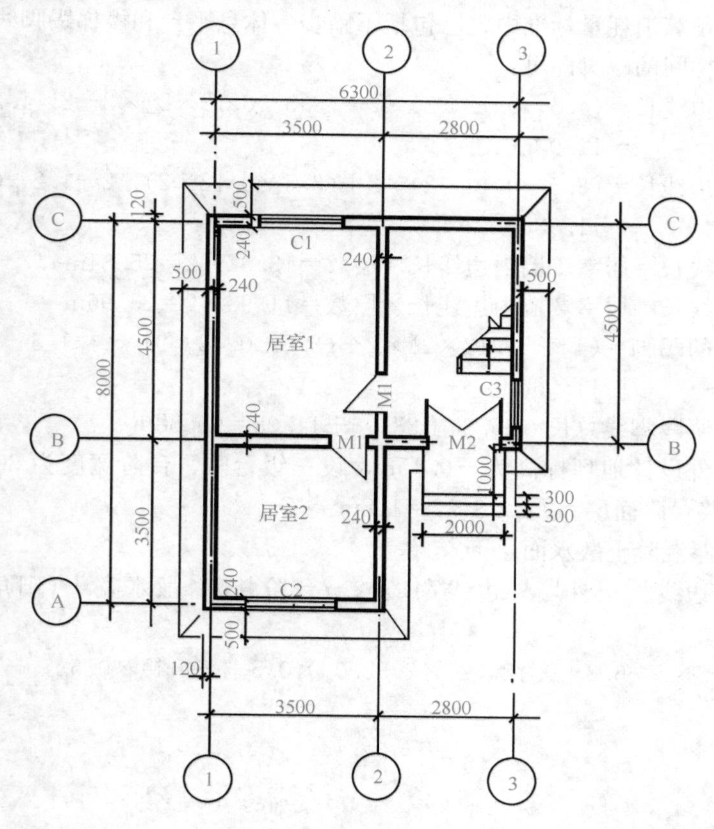

图 3-13　首层平面图

【解】

(1) 混凝土地面垫层

一层建筑面积 $S_1=[(8.0+0.24)\times(3.5+0.24)+2.8\times(4.5+0.24)]=44.09\text{m}^2$

一层外墙中心线 $L_{中}=(6.3+8.0)\times2=28.6\text{m}$

一层内墙净长线 $L_{内}=(4.5-0.12\times2)+(3.5-2\times0.12)=7.52\text{m}$

一层主墙间净面积 $=S_1-(L_{中}\times$外墙厚$+L_{内}\times$内墙厚)

$=44.09-(28.6\times0.24+7.52\times0.24)$

$=35.42m^2$

混凝土地面垫层工程量=一层室内主墙间净面积×垫层厚度

$=35.42\times0.06$

$=2.13m^3$

(2) 地面20mm厚DS砂浆找平层=一层室内主墙间净面积 $=35.42m^2$

(3) 60mm厚混凝土地面面层=一层室内主墙间净面积 $=35.42m^2$

(4) 20mm厚DS楼梯面层=楼梯间净水平投影面积=楼梯间净长×楼梯间净宽

$=(4.5-0.12\times2)\times(2.8-0.12\times2)$

$=10.91m^2$

(5) DP砂浆踢脚线

因楼梯装饰预算消耗量标准中，已包括了踏步、休息平台和楼梯踢脚线，所以只需计算居室和首层楼梯间的踢脚即可：

居室1墙内边线长 $=(4.5-0.12\times2)\times2+(3.5-0.12\times2)\times2-2\times1.2+0.07\times4$

$=12.92m$

居室2墙内边线长 $=(3.5-0.12\times2)\times2+(3.5-0.12\times2)\times2-1.2+0.07\times2$

$=11.98m$

居室1踢脚线长=居室1墙内边线长×层数 $=12.92\times2=25.84m$

居室2踢脚线长=居室2墙内边线长×层数 $=11.98\times2=23.96m$

首层楼梯间的踢脚 $=(4.5-0.12\times2)\times2+(2.8-0.12\times2)\times2-1.5-1.2+0.07\times2$

$=11.08m$

居室水泥砂浆踢脚线总长 $=25.84+23.96+11.08=60.88m$

(6) 因为室外设计地坪标高为 $-0.45m$，设三级台阶、台阶宽度为300mm，高度为150mm，DS砂浆台阶面层 $=0.3\times3\times2=1.8m^2$

(7) 60mm厚混凝土散水面层

=[(外墙外边线长＋外墙外边线宽)×2－台阶长]×散水宽＋(阳角数－阴角数)×0.52

$=[(8+0.12\times2+6.3+0.12\times2)\times2-2.0]\times0.5+(5-1)\times0.52$

$=14.78m^2$

第二节　墙、柱面装饰与隔断、幕墙工程

一、说明

（一）本节包括：墙面抹灰，柱（梁）面抹灰，零星抹灰，墙面块料面层，柱（梁）面镶贴块料，镶贴零星块料，墙饰面，柱（梁）饰面，幕墙工程，隔断，装配式墙面。

（二）墙面抹灰、柱（梁）面抹灰、零星抹灰。

1. 一般抹灰按基层处理、底层抹灰、面层抹灰分别编制。

2. 装饰抹灰不包括基层处理及底层抹灰，发生时执行一般抹灰相应子目。

3. 圆形柱、异形柱抹灰执行柱（梁）面抹灰相应子目，人工乘以系数1.15，材料乘以系数1.03。

4. 单个抹灰面积≤0.5m^2 的项目执行零星抹灰相应子目。

5. 抹灰子目包括规范要求的不同墙体材料交接处的加强网。

（三）墙面块料面层、柱（梁）面镶贴块料、镶贴零星块料。

1. 粘贴块料底层做法执行墙面一般抹灰的基层和底层抹灰相应子目。

2. 单个镶贴面积≤0.5m^2 的项目执行镶贴零星块料相应子目。

（四）墙饰面、柱（梁）饰面。

1. 墙饰面、柱（梁）饰面不包括保温房，设计要求时，执行“第二章第十节 保温、隔热、防腐工程”相应子目。

2. 墙面、柱（梁）面装饰板子目按龙骨、衬板、面层分别编制。

3. 装饰柱按柱基座、柱帽，成品装饰柱分别编制。

4. 墙面及柱（梁）面层涂料执行“本章第四节 油漆、涂料、裱糊工程”相应子目。

5. 附墙的柱、梁、垛、烟囱侧壁与墙面做法不同时，分别执行相应子目。

6. 雨篷、挑檐，飘窗顶面执行“第二章第九节 屋面及防水工程”相应子目；雨篷、挑檐、飘窗底面及阳台顶面装饰执行“本章第三节 天棚工程”相应子目；阳台地面执行“本章第一节 楼地面装饰工程”相应子目。

7. 雨篷、挑檐立板高度≤500mm时，执行零星装饰相应子目；高度>500mm时，执行外墙装饰相应子目。

（五）幕墙工程。

1. 幕墙工程按成品龙骨、五金件、面层分别编制。

2. 曲面、呼吸式幕墙的面层执行相应子目，人工乘以系数1.05。

3. 幕墙中基层保温、防火执行“第二章第十节 保温、隔热、防腐工程”相应子目。

4. 幕墙中预埋铁件执行“第二章第五节 混凝土及钢筋混凝土工程”相应子目。

5. 带肋玻璃幕墙按全玻璃幕墙及玻璃龙骨（肋）分别编制。

（六）隔断。

1. 隔墙子目中不包括墙基，墙基按设计要求执行相应子目。

2. 龙骨式隔墙的衬板、面板子目是按单面编制的，设计为双面时工程量乘以2。

3. 龙骨式隔墙按龙骨、隔墙板分别编制。

4. 厕浴隔断、淋浴隔断门特殊五金安装执行“第二章第八节 门窗工程”相应子目。

5. 隔断设计为两种材质时分别执行相应子目。厕浴门的材质与隔断不同时，分别执行相应子目。

（七）装配式墙面。

1. 墙面、柱（梁）面装饰板及隔墙按龙骨、面层分别编制。

2. 隔墙子目不包括填充层，设计要求时，执行“第二章第十节 保温、隔热、防腐工程”相应子目。

二、工程量计算规则

（一）墙面抹灰及找平层按设计图示尺寸以面积计算。不扣除踢脚线、挂镜线和墙与构件交接处的面积及单个≤0.3m^{2}孔洞面积，门窗洞口和孔洞侧壁及顶面不增加面积。附墙的柱、梁、垛、烟囱侧壁及飘窗凸出墙面的竖向部分并入相应的墙面面积内。有吊顶的内墙抹灰，设计无要求时，其高度算至吊顶底面另加 100mm。

（二）柱（梁）面抹灰及找平层按设计图示尺寸以面积计算。牛腿及柱基座并入相应柱（梁）抹灰工程量中。

（三）零星抹灰按设计图示尺寸以面积计算。

（四）墙面块料面层、柱（梁）面镶贴块料及镶贴零星块料。

1. 墙、柱、梁及零星镶贴块料面层按设计图示镶贴的外表面积计算。

2. 门墩石按设计图示数量计算。

（五）墙饰面、柱（梁）饰面。

1. 墙面装饰板及衬板按设计图示尺寸以面积计算。不扣除单个≤0.3m^2的孔洞所占面积。

2. 柱（梁）面装饰板及衬板按设计图示饰面外围尺寸以面积计算。柱墩并入相应柱工程量内。柱帽与柱做法相同时并入相应柱工程量内。

3. 装饰板墙面、柱（梁）面中的龙骨按设计图示结构尺寸以面积计算。

4. 成品装饰柱、柱基座、柱帽按设计图示数量计算。

（六）幕墙工程。

1. 幕墙型钢龙骨、铝合金龙骨按设计图示尺寸以质量计算；幕墙玻璃龙骨按米计量。

2. 不锈钢拉锁按米计量，其余幕墙五金按设计图示数量计算。

3. 幕墙面层按设计图示尺寸以面积计算。

4. 玻璃幕墙按设计图示框外围尺寸以面积计算。不扣除与幕墙同种材质的窗所占面积。

5. 全玻（无框玻璃）幕墙按设计图示尺寸以面积计算。

（七）隔断。

1. 隔断按设计图示框外围尺寸以面积计算，不扣除单个≤0.3m^2的孔洞所占面积。

2. 半玻璃隔断按玻璃边框的外边线图示尺寸以面积计算。

3. 厕浴隔断按隔断板图示尺寸以面积计算。

4. 隔墙龙骨及面板按设计图示尺寸以面积计算。

（八）装配式墙面。

1. 墙面装饰板及龙骨均按设计图示尺寸以面积计算；墙面装饰板不扣除单个≤0.3m^2的孔洞所占面积。

2. 装饰线按设计图示尺寸以长度计算。

3. 隔墙龙骨按设计图示框外围尺寸以面积计算。

4. 挡水坝按设计图示尺寸以长度计算。

5. PE 膜按设计图示尺寸以面积计算。

三、预算消耗量标准执行中应注意的问题

（一）墙、柱面装饰

墙、柱面装饰主要包括抹灰、块料面层和饰面面层，块料面层又根据材质划分为石材和普通块料。其中，石材根据施工方式，又分为粘贴、挂贴和干挂，其构造如图 3-14 所示。

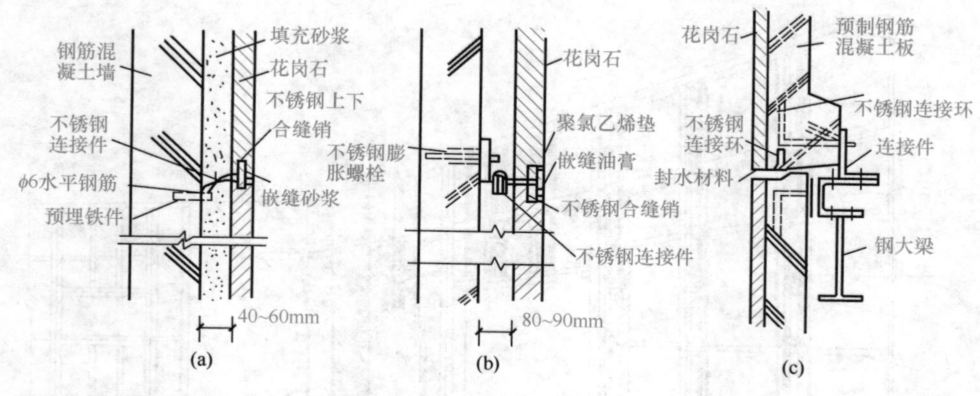

图 3-14　花岗岩石板安装构造示意

注意：

1. 墙面、柱（梁）面一般抹灰、零星抹灰均按基层处理、底层抹灰和面层抹灰分别编制，执行时按设计要求分别套用相应预算消耗量标准子目。装饰抹灰基层及底层抹灰执行一般抹灰相应预算消耗量标准子目。

2. 一般抹灰是指抹干拌砂浆（DP 砂浆、DP-G 砂浆）和现场拌合砂浆（水泥砂浆、混合砂浆、粉刷石膏砂浆、天然安石粉）；装饰抹灰是指干粘石、水刷石、剁斧石、假面砖、仿面砖等。

3. 粘贴块料底层做法执行墙面一般抹灰的基层和底层相应预算消耗量标准子目。

4. 墙和柱饰面的预算消耗量标准子目中均不包括保温层，设计要求时，执行“第二章第十节 保温、隔热、防腐工程”中的相应预算消耗量标准子目。

5. 墙面及柱（梁）面层涂料执行“本章第四节 油漆、涂料、裱糊工程”相应预算消耗量标准子目。

（二）隔墙与隔断

1. 隔墙

隔墙起空间分割作用，轻钢龙骨隔墙是常见的一种隔墙形式，如图 3-15 所示。

注意：

(1) 隔墙预算消耗量标准中不包括墙基（砖地垄带或混凝土地垄带），墙基按设计要求，执行“第二章第四节 砌筑工程”或“第二章第五节 混凝土及钢筋混凝土工程”相应预算消耗量标准子目。

(2) 龙骨式隔墙的衬板、面板子目预算消耗量标准是按单面编制的，设计为双面时工程量乘以 2。

2. 隔断

隔墙与隔断均起分割空间的作用，两者的区别在于，隔断不到顶，仅是限定空间范围，形式更加灵活。常见隔断如图 3-16～图 3-19 所示。

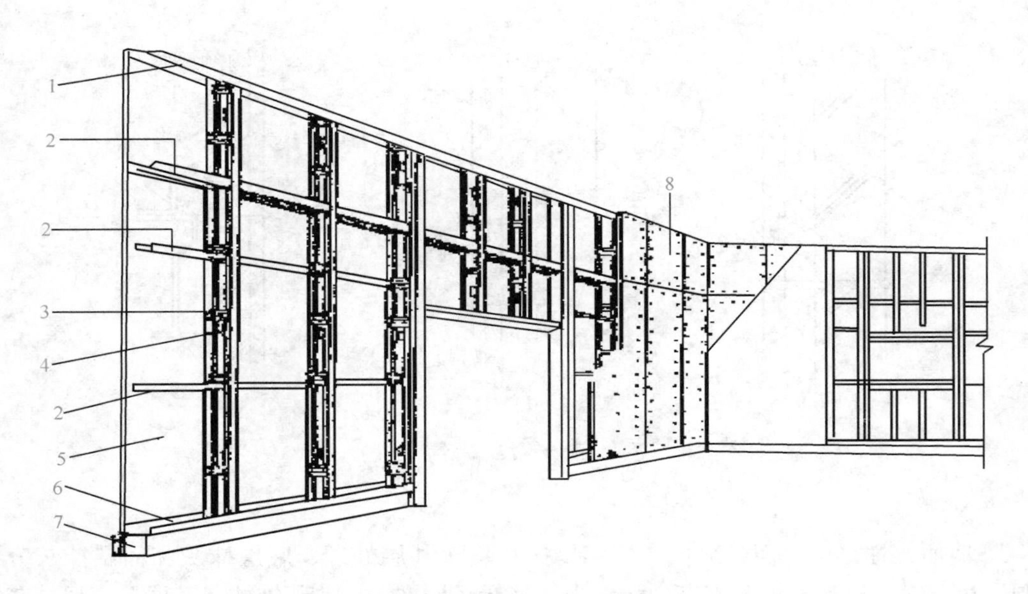

图 3-15 轻钢龙骨隔墙安装示意

1—沿顶龙骨；2—横撑龙骨；3-支撑长；4—贯通孔；
5—石膏板；6—沿地龙骨；7—混凝土踢脚座；8—石膏

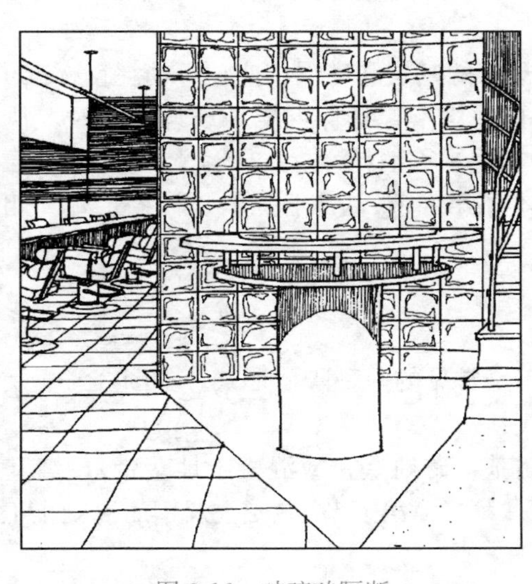

图 3-16 玻璃砖隔断

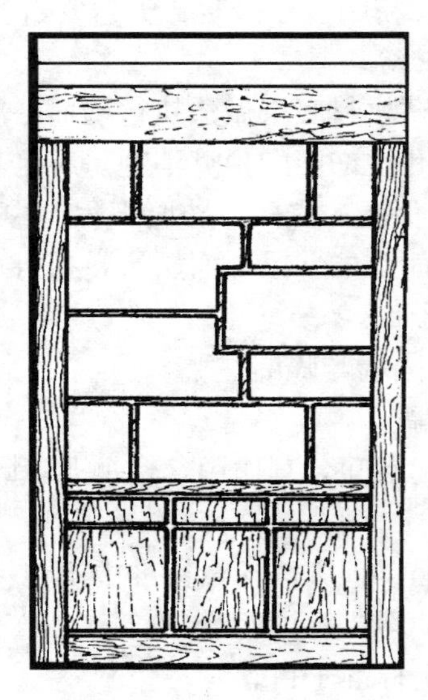

图 3-17 博古架

注意：隔断门的特殊五金安装执行“第二章第八节 门窗工程”相应预算消耗量标准子目。

（三）幕墙工程

幕墙是悬挂于主体结构上的轻质外围护墙。按幕面材料划分为玻璃、金属、陶土板幕墙等；按构造划分为框格式和墙板式幕墙；按施工和安装方式划分为元件式和单元式幕墙。其结构如图 3-20、图 3-21 所示。

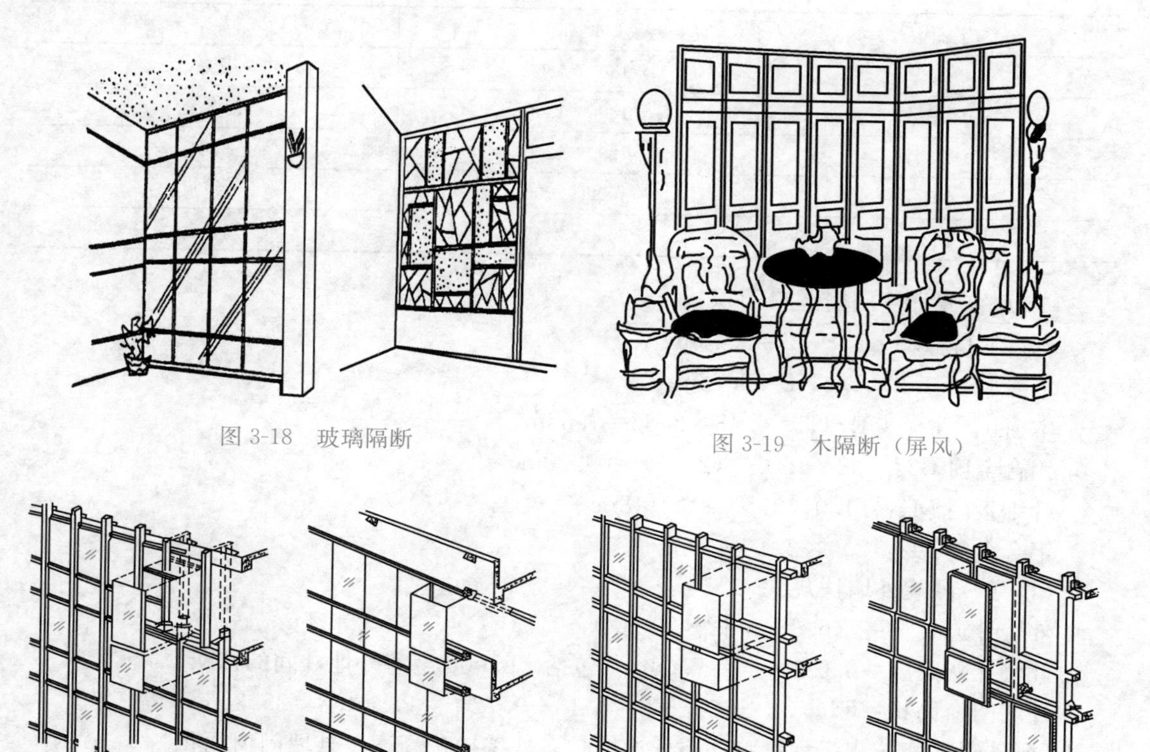

图 3-18　玻璃隔断

图 3-19　木隔断（屏风）

(a)　(b)　(c)　(d)

图 3-20　框格式幕墙

（a）竖框式（竖框主要受力，竖框外露）；（b）横框式（横框主要受力，横框外露）；

（c）框格式（竖框、横框外露成框格状态）；（d）隐框式（框格隐藏在幕面板后，又有包被式之称）

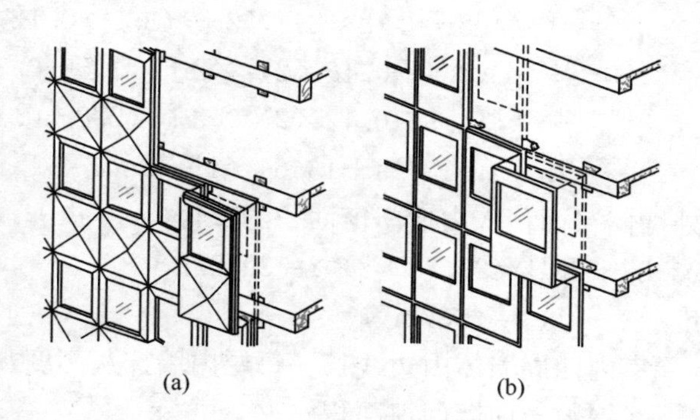

(a)　(b)

图 3-21　墙板式幕墙

（a）压型板式；（b）夹心板式

【例 3-2】在例 3-1 中门窗洞口尺寸及材料见表 3-1，楼板和屋面板均为混凝土现浇板，厚度为 130mm。试求：（1）外墙 DS 砂浆抹灰工程量；（2）内墙 DS 砂浆抹灰工程量。

门窗洞口尺寸表 表 3-1

门窗代号	尺寸（mm）	备注
C1	1800×1800	松木
C2	1800×1800	铝合金
C3	1200×1200	松木
M1	1000×2000	纤维板
M2	2000×2400	铝合金

【解】首先计算门窗洞口面积：

木窗 C1：1.8×1.8×2＝6.48m²

木窗 C3：1.2×1.2×2＝2.88m²

木窗工程量：C1＋C3＝6.48＋2.88＝9.36m²

铝合金窗 C2：1.8×1.8×（2＋1）＝9.72m²

纤维板门 M1：（1.0×2）×2×2＝8m²

铝合金门 M2：2.0×2.4＝4.8m²

（1）DS 砂浆外墙抹灰

外墙外边线长＝（6.3＋0.12×2＋8.0＋0.12×2）×2＝29.56m

外墙抹灰高度＝6.6＋0.45＝7.05m（包括±0.000 至室外地坪间的抹灰）

外墙门窗面积＝C1＋C2＋C3＋M2＝6.48＋9.72＋2.88＋4.8＝23.88m²

DS 砂浆外墙抹灰工程量＝外墙外边线长×外墙抹灰高度－外墙门窗面积

＝29.56×7.05－23.88

＝184.52m²

（2）DS 砂浆内墙抹灰

室内四周墙体内边线长＝居室 1 墙内边线长＋居室 2 墙内边线长＋楼梯间墙内边线长

＝［（4.5－0.12×2）×2＋（3.5－0.12×2）×2］

＋［（3.5－0.12×2）×2＋（3.5－0.12×2）×2］

＋［（4.5－0.12×2）×2＋（2.8－0.12×2）×2］

＝15.04＋13.04＋13.64＝41.72m

内墙门窗面积＝外墙门窗面积＋内墙门窗面积的 2 倍

＝23.88＋2M1＝23.88＋8×2＝39.88m²

每层内墙抹灰高度＝3－0.13＝2.87m

DS 砂浆内墙抹灰＝室内四周墙体内边线长×每层内墙抹灰高度

×层数－内墙门窗面积

＝41.72×2.87×2－39.88＝239.47－39.88＝199.59m²

第三节 天 棚 工 程

一、说明

（一）本节包括：天棚抹灰、天棚吊顶、天棚其他装饰、装配式天棚。

（二）天棚抹灰

1. 预制板粉刷石膏包括板底勾缝。

2. 檐口、雨篷、阳台，楼梯等底板抹灰执行天棚抹灰相应子目。

3. 梁与天棚板底抹灰材料不同时应分别计算，梁抹灰执行“本章第二节 墙、柱面装饰与隔断，幕墙工程”相应子目。

（三）天棚吊顶

1. 天棚吊顶按龙骨与面层分别编制。格栅吊顶、吊筒吊顶，悬挂吊顶天棚子目包括龙骨与面层。

2. 天棚吊顶子目中不包括高低错台、灯槽、藻井等，发生时另行计算，龙骨按跌级高度，执行错台附加龙骨子目。

3. 吊顶木龙骨子目包括防火涂料。

4. 吊顶龙骨的吊杆长度按≤0.8m 综合编制，设计＞0.8m 时，其超过部分按吊杆材质分别执行每增加 0.1m 子目，不足 0.1m 的按 0.1m 计算。

5. 吊顶转换层及吊顶反向支撑执行“第二章第六节 金属结构工程”相应子目。

6. 天棚面层子目按单层面板编制，设计要求为两层或两层以上时，按相应层数执行单层面板子目，人工乘以系数 0.85。

7. 铝单板等上翻边的吊顶饰面材料按 25mm 翻边编制。

8. 窗帘盒与吊顶面层材质相同时，执行天棚相应子目，基层和面层人工乘以系数 1.15。

（四）天棚其他装饰

1. 灯带按附加龙骨和面层分别执行相应子目。

2. 风口的子目包括开孔及附加龙骨，不包括风口面板。

3. 天棚子目已综合石膏板、木板面层上开灯孔、检修孔，在金属板、玻璃、石材面板上开孔，另行计算。

（五）装配式天棚

装配式天棚按龙骨与面层分别编制。

（六）本节不包括天棚的保温、装饰线、腻子、涂料、油漆等装饰做法，发生时另执行其他章节相应子目。

二、工程量计算规则

（一）天棚抹灰

1. 天棚抹灰按设计图示尺寸以水平投影面积计算。不扣除墙厚≤120mm 的墙、垛、柱、附墙烟囱、检查口和管道所占的面积，带梁天棚的梁两侧抹灰面积并入天棚面积内。

2. 板式楼梯底面抹灰按楼梯（包括梯段、休息平台、平台梁、连接梁以及≤500mm 宽的楼梯井）斜面积计算；无梁连接时，算至最上一级踏步沿加 300mm；单跑楼梯上下平台与楼梯段等宽部分并入楼梯。

（二）天棚吊顶

1. 天棚龙骨按设计图示尺寸以水平投影面积计算。不扣除墙厚≤120mm 的墙、垛、柱、附墙烟囱、检查口和管道、单个≤0.3m^2的孔洞所占面积。

2. 超长吊杆按其超过高度部分的水平投影面积计算。

3. 天棚基层和面层均按设计图示尺寸以展开面积计算。

4. 天棚中格栅吊顶、吊筒吊顶均按设计图示尺寸以水平投影面积计算。不扣除墙厚≤120mm 的墙、垛、柱、附墙烟囱、检查口和管道、单个≤0.3m²的孔洞所占面积。

5. 悬挂吊顶按设计图示尺寸以展开面积计算。

（三）天棚其他装饰

1. 灯带附加龙骨按设计图示尺寸以长度计算。

2. 灯带面层玻璃按设计图示尺寸以外围面积计算。

3. 高低错台附加龙骨按图示跌级长度计算。

4. 风口、检修口、吊顶面开孔按设计图示数量计算。

5. 雨篷吊挂饰面按设计图示尺寸以水平投影面积计算。

（四）装配式天棚

装配式天棚按设计图示尺寸以水平投影面积计算。不扣除墙厚≤120mm 的墙、垛、柱、附墙烟囱、检查口和管道、单个≤0.3m²的孔洞所占面积。

三、预算消耗量标准执行中应注意的问题

天棚工程分为天棚抹灰、天棚吊顶、天棚其他装饰，天棚抹灰综合了清理基层、底层抹灰和面层抹灰。天棚吊顶按龙骨与面层分别编制，执行相应预算消耗量标准子目，格栅吊顶、吊筒吊顶、悬挂吊顶天棚预算消耗量标准子目中已包括了龙骨与面层，不得重复计算，如图 3-22、图 3-23 所示。

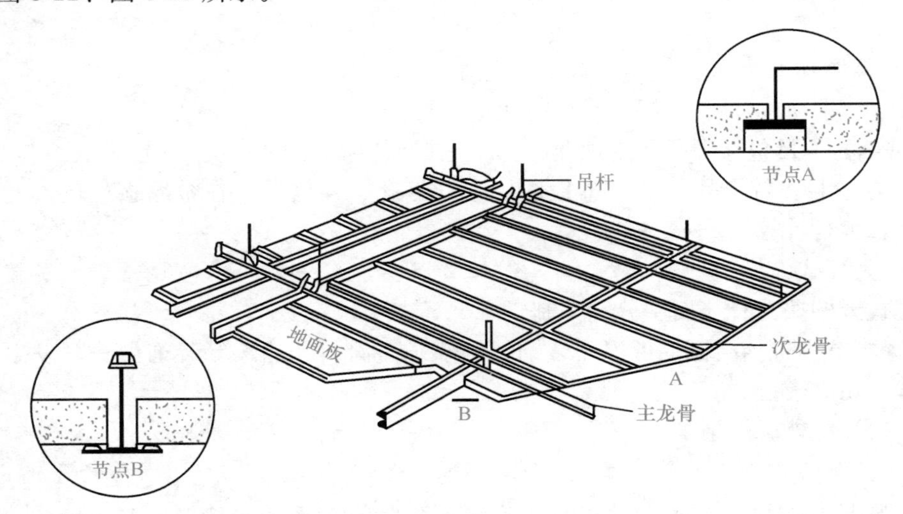

图 3-22 饰面板吊顶

【例 3-3】求例 3-1 中聚合物水泥砂浆天棚抹灰的工程量。

【解】一层天棚抹灰的工程量=居室主墙间净面积

=(3.5−0.12×2)×(4.5−0.12×2)+(3.5−0.12×2)×(3.5−0.12×2)

=13.89+10.63

=24.52m²

二层天棚抹灰的工程量=居室主墙间净面积+楼梯间净面积

=24.52+10.91

=35.42m²

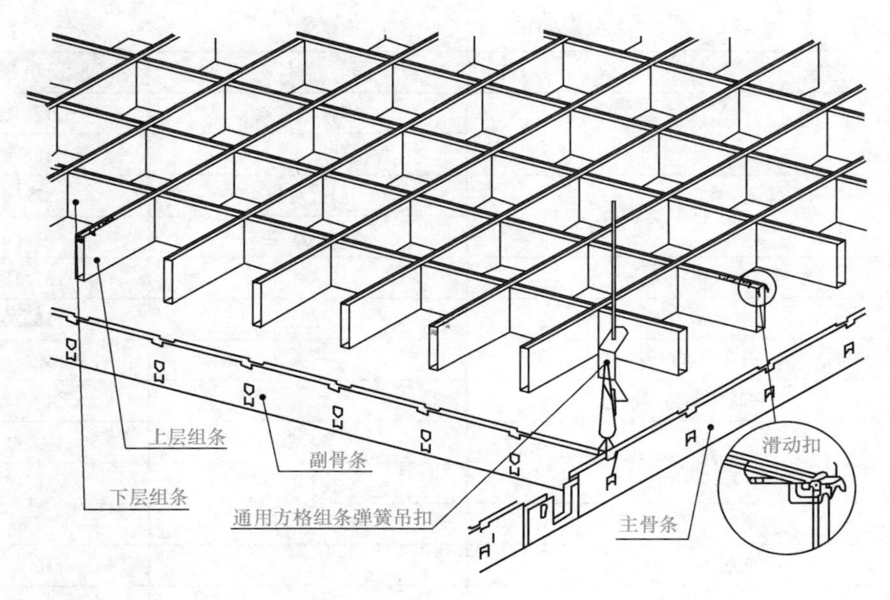

图 3-23　格栅吊顶

混凝土天棚抹灰的工程量＝一层天棚抹灰的工程量＋二层天棚抹灰的工程量

＝24.52＋35.42＝59.94m²

第四节　油漆、涂料、裱糊工程

一、说明

（一）本节包括：金属面油漆，抹灰面油漆，喷刷涂料，裱糊 4 节共 169 个子目。

（二）油漆、涂料按底层、中涂层和面层分别编制。

（三）镀锌铁皮零件表面积按设计图示尺寸计算，设计不详时可参照表 3-2 换算。

（四）金属结构构件表面积按设计图示尺寸计算，设计不详时可参照表 3-3 换算。

（五）柱面涂料执行墙面涂料相应子目，人工、材料乘以系数 1.10。

（六）满刮腻子子目仅适用于涂料、裱糊面层。

（七）涂料墙面及金属构件刷防火涂料不包括玻纤网格布和钢丝网，设计要求时，执行本章第二节墙、柱面装饰与隔断、幕墙工程相应子目。

（八）软包、硬包的衬板执行“本章第二节 墙、柱面装饰与隔断、幕墙工程”相应子目，分格条执行“本章第五节 其他装饰工程”相应子目。

（九）裱糊锦缎子目中不包括涂刷内墙防潮封闭底漆。

（十）单个涂刷面积≤0.5m²的项目执行零星项目涂料相应子目。

镀锌铁皮零件单位面积换算表　　　　表 3-2

名称	单位	檐沟	天沟	斜沟	烟囱泛水	白铁滴水	天窗窗台泛水	天窗侧面泛水	白铁滴水沿头	下水口	水斗	透气管泛水	漏斗
		m								个			
镀锌铁皮排水	m²	0.30	1.30	0.90	0.80	0.11	0.50	0.70	0.24	0.45	0.40	0.22	0.16

金属结构构件单位面积换算表 表 3-3

序号	项目		单位面积（m^2/t）
1	钢网架	螺栓球节点	17.19
		焊接球（板）节点	15.24
2	钢屋架	门式刚架	35.56
		轻钢屋架	52.85
3	钢托架		37.15
4	钢桁架		26.20
5	相贯节点钢管桁架		15.48
6	实腹式钢柱（H型）		12.12
7	空腹式钢柱	箱型	4.30
		格构式	16.25
8	钢管柱		4.85
9	实腹钢梁（H 型）		16.10
10	空腹式钢梁	箱型	4.61
		格构式	16.25
11	钢吊车梁		17.16
12	水平钢支撑		37.40
13	竖向钢支撑		16.04
14	刚拉条		44.34
15	钢檩条	热轧 H 型	49.33
		高频焊接口型	26.30
		冷弯 CZ 型	74.43
16	钢天窗架		52.28
17	钢挡风架		48.26
18	钢墙架	热轧 H 型	35.84
		高频焊接口型	26.30
		冷弯 CZ 型	74.43
19	钢平台		45.03
20	钢走道		43.05
21	钢梯		37.77
22	钢护栏		54.07

二、工程量计算规则

（一）金属面油漆按设计图示尺寸以展开面积计算。

（二）抹灰面油漆、喷刷涂料、裱糊按设计图示尺寸以面积计算。

（三）空花格、栏杆刷涂料按设计图示尺寸以单面外围面积计算。

（四）线条刷涂料按设计图示以长度计算。

【例 3-4】如图 3-24 所示，计算钢屋架的金属面油漆工程量。

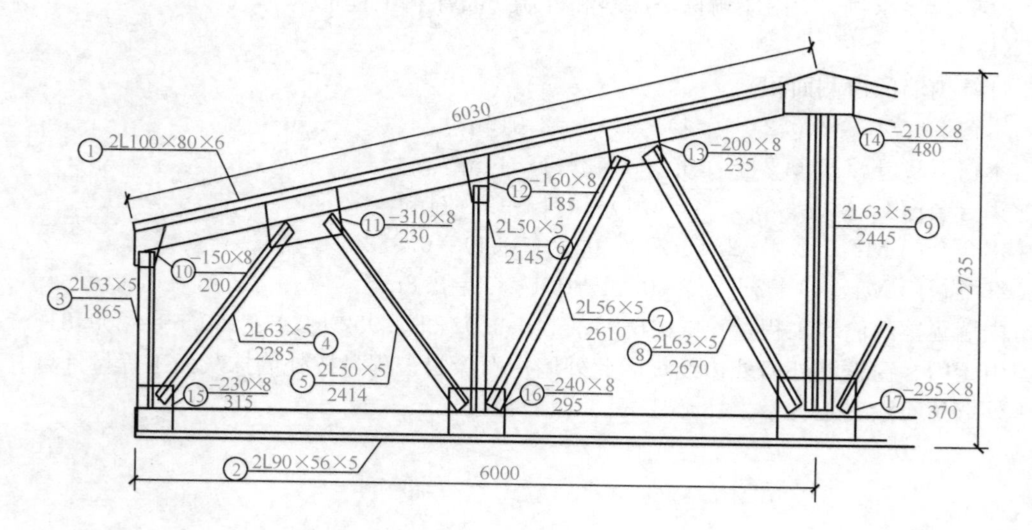

图 3-24 钢屋架

【解】钢屋架重量计算如下：

(1) 上弦 2∟100×80×6：∟100×80×6 的理论质量为 8.35kg/m

=8.35×6.03×2×2=201.4 (kg) =0.2014t

(2) 下弦 2∟90×56×5：∟90×56×5 的理论质量为 5.661kg/m

=5.661×6×2×2=135.9 (kg) =0.1359t

(3) 2∟63×5：∟63×5 的理论质量为 4.822kg/m

=4.822×1.865×2×2=36 (kg) =0.036t

(4) 2∟63×5：∟63×5 的理论质量为 4.822kg/m

=4.822×2.285×2×2=44 (kg) =0.044t

(5) 2∟50×5：∟50×5 的理论质量为 3.77kg/m

=3.77×2.414×2×2=36.4 (kg) =0.0364t

(6) 2∟50×5：∟50×5 的理论质量为 3.77kg/m

=3.77×2.145×2×2=32.3 (kg) =0.0323t

(7) 2∟56×5：∟56×5 的理论质量为 4.251kg/m

=4.251×2.61×2×2=44.4 (kg) =0.0444t

(8) 2∟63×5：∟63×5 的理论质量为 4.822kg/m

=4.822×2.67×2×2=51.5 (kg) =0.0515t

(9) 2∟63×5：∟63×5 的理论质量为 4.822kg/m

=4.822×2.445×2=23.6 (kg) =0.0236t

钢屋架金属总重量= (0.2014+0.1359+0.036+0.044+0.0364+0.0323+0.0444+0.0515+0.0236) =0.6055t

参考表 3-3，轻钢屋架的单位面积为 52.85m^2/t

金属面油漆工程量=0.6055×52.85=32.00m^2

【例 3-5】求例 3-1 内墙耐擦洗涂料和外墙仿石涂料工程量。

【解】

计算内墙门窗侧面积：

木窗 C1：1.8×(0.24－0.1)×4×2＝2.016m^2

木窗 C3：1.2×(0.24－0.1)×4×2＝1.344m^2

铝合金窗 C2：1.8×(0.24－0.1)×4×3＝3.024m^2

铝合金门 M2：(2.4＋2.4＋2)×(0.24－0.1)＝0.952m^2

纤维板门 M1：(1＋2＋2)×(0.24－0.1)×4＝2.8m^2

内墙耐擦洗涂料工程量：2.016＋1.344＋3.024＋0.952＋2.8＋199.59＝209.816m^2

由于门、窗框贴外墙外边线，因此外墙仿石涂料工程量按外墙抹灰面工程量计算。

外墙仿石涂料工程量：184.52m^2

第五节　其他装饰工程

一、说明

（一）本节包括：柜类、货架，装饰线，扶手、栏杆、栏板装饰，暖气罩，浴厕配件，旗杆，招牌、灯箱，美术字 8 小节共 132 个子目。

（二）柜类、货架。

1. 柜、台、架等按工厂制品、现场安装编制，工厂制品包括五金配件。

2. 柜类、货架尺寸标注格式为高×长×宽（其中高度包括支架高度，以“mm”为计量单位）。

（三）装饰线按不同材质及形式分别编制，适用于内外墙面、柱面、柜橱、天棚及设计有装饰线条的部位。其中：

1. 板条：指板的正面与背面均为平面而无造型者。

2. 平线：指其背面为平面，正面为各种造型的线系。如图 3-25 所示。

3. 槽线：指用于嵌缝的 U 形线条。

4. 角线：指线条背面为三角形，正面有造型的阴、阳角装饰线条。如图 3-26 所示。

5. 角花：指呈直角三角形的工艺造型装饰件。

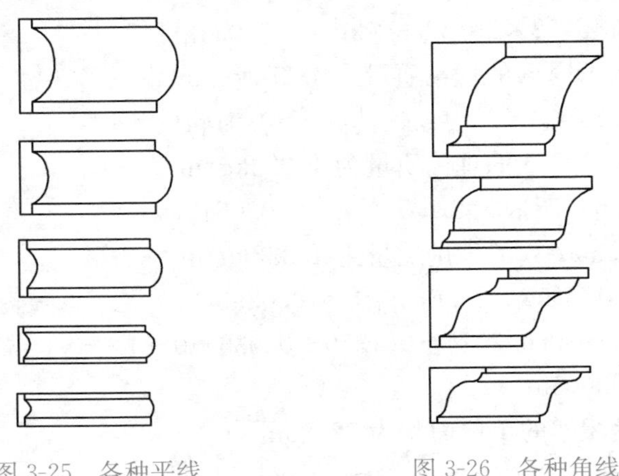

图 3-25　各种平线　　图 3-26　各种角线

6. 欧式装饰线：指具有欧式风格的各种装饰线。

（四）空调和挑板的栏杆（板），执行通廊栏杆（板）的相应子目。

（五）旗杆包括预埋铁件、高强螺栓。

（六）招牌、灯箱、美术字不包括与结构相连的钢结构支架。

（七）招牌、标箱。

安装在墙面的平面体执行平面招牌，箱式招牌、竖式标箱是指固定在墙面的六面体。

（八）灯箱、美术字不包括光源。

二、工程量计算规则

（一）柜类、货架按设计图示数量计算。

（二）装饰线。

1. 装饰线按设计图示尺寸以长度计算。

2. 角花、石膏灯盘、石膏灯圈、欧式装饰线山花浮雕、门窗头拱形雕刻按设计图示数量计算。

（三）扶手、栏杆、栏板装饰。

1. 栏杆（板）按设计图示扶手中心线长度（包括弯头长度）乘以栏杆（板）高度以面积计算。栏杆（板）高度从结构上表面算至扶手底面。嵌入结构部分不另外增加。

2. 无障碍设施栏杆按设计图示扶手中心线长度（包括弯头长度）计算。嵌入结构部分不另增加。

3. 扶手按设计图示扶手中心线长度（包括弯头长度）计算。嵌入结构部分不另外增加。

（四）暖气罩按设计图示数量计算。

（五）浴厕配件。

1. 浴厕配件按设计图示数量计算。

2. 洗漱台按设计图示尺寸以台面外接矩形面积计算。不扣除孔洞、挖弯、削角所占面积，挡板、吊沿板面积并入台面面积内。

3. 镜子按设计图示尺寸以面积计算。

（六）旗杆按设计图示数量计算。

（七）招牌、灯箱。

1. 平面招牌（基层）按设计图示尺寸以正立面边框外围面积计算。凸凹造型部分不增加面积。

2. 箱式招牌和竖式标箱的基层按外围图示尺寸以体积计算。

3. 招牌、灯箱的面层按设计图示尺寸以展开面积计算。

（八）美术字、房间名牌按设计图示数量计算。

三、预算消耗量标准执行中应注意的问题

（一）装饰线条

装饰线条起装饰作用，适用于内外墙面、柱面、柜橱、天棚及设计有装饰线的地方。按不同材质和形式分为板条、平线、槽线、欧式装饰线等，如图 3-27 所示。其工程量均按设计图示尺寸以长度计算。

（二）栏杆、栏板

栏杆和栏板常见于楼梯、阳台等处，起保护安全的作用，如图 3-28、图 3-29 所示。

其工程量按扶手中心线水平投影长度乘以栏杆（板）高度以面积计算。栏杆（板）高度从结构上表面算至扶手底面。

图 3-27　天棚装饰线

图 3-28　楼梯栏杆

图 3-29　阳台栏杆

图 3-30　暖气罩与窗台合二为一

（三）暖气罩

在北方的家庭装修中，经常会看到木质暖气罩台面和窗台合为一体的现象，此时，立面执行暖气罩预算消耗量标准子目；平面执行暖气罩台面预算消耗量标准子目。暖气罩如图 3-30 所示。

复　习　题

1. 地面、楼面的工程量如何计算？
2. 台阶、坡道、散水、踢脚的工程量如何计算？
3. 天棚的工程量如何计算？
4. 内外墙面抹灰的工程量如何计算？
5. 隔墙、隔断的工程量如何计算？
6. 玻璃幕墙的工程量如何计算？
7. 阳台、雨罩、挑檐抹灰执行预算消耗量标准中的哪一项？

8. 内、外墙裙的工程量如何计算？

9. 选择题

(1) 楼梯面层预算消耗量标准子目中不包括(　　)。

A. 楼梯踏步　　B. 休息平台

C. 楼梯踢脚线　　D. 楼梯底面及踏步侧边装饰

(2) 楼地面整体面层按设计图示尺寸以面积计算，不扣除(　　)。

A. 凸出地面构筑物　　B. 设备基础

C. 室内管道、地沟　　D. 间壁墙（墙厚≤120mm）

(3) 内墙抹灰面积按其长度乘以高度计算。其高度表述错误的是(　　)。

A. 无墙裙的，高度按室内楼地面至天棚底面计算

B. 有墙裙的，高度按墙裙顶至天棚底面计算

C. 有吊顶的，其高度算至吊顶底面另加 200mm

D. 有吊顶的，其高度算至吊顶底面另加 100mm

(4) 以下表述错误的是(　　)。

A. 天棚抹灰不扣除间壁墙、垛、柱、附墙烟囱、检查口和管道所占的面积

B. 带梁天棚的梁两侧抹灰面积并入天棚面积内

C. 板式楼梯底面抹灰按斜面积计算

D. 锯齿形楼梯地板抹灰按水平投影面积计算

(5) 吊顶天棚按设计图示尺寸以水平投影面积计算，应扣除(　　)。

A. 间壁墙、检查口　　B. 附墙烟囱

C. 柱垛和管道　　D. 与天棚相连的窗帘盒所占的面积

第四章　措施项目预算消耗量标准和费用指标

本章学习重点：措施项目的计算；费用指标的组成和计价规则。

本章学习要求：熟悉措施项目的计算；熟悉费用指标的组成和计价规则；了解施工排水降水的计算规则。

本章以2021年北京市《房屋建筑与装饰工程预算消耗量标准（下册）》和《北京工程造价信息》为依据，讲解措施项目预算消耗量和费用指标的组成以及计价规则。

第一节　现浇混凝土模板及支架

一、说明

1. 柱、梁、墙、板的支模高度（室外设计地坪或板面至板底之间的高度）按3.6m编制。超过3.6m的部分，按超过部分整体面积执行模板支撑高度3.6m以上每增1m相应子目，不足1m时按1m计算。

2. 带肋带型基础肋高＞1.5m时，肋和基础分别执行墙和带形基础相应子目。

3. 筏板基础的基础梁凸出板顶高度≤1.5m时，执行基础梁子目；高度＞1.5m时，执行墙相应子目。

4. 箱形基础分别执行筏板基础、柱、墙、梁、板相应子目，框架式设备基础执行相应基础、柱（墙）、梁、板相应子目。

5. 斜柱执行异形柱子目。

6. 中心线为弧线的梁执行弧形、拱形梁子目。

7. 框架结构中主梁及不与板相连的次梁（单梁，井字梁）模板执行梁子目，其余次梁模板执行有梁板子目。

8. 电梯井外侧模板执行墙相应子目，内侧模板执行电梯井壁墙子目。

9. 设计为抗渗混凝土的墙体，执行墙模板和止水螺栓子目。

10. 与同层楼板不同标高的飘窗板，执行阳台板模板子目；同标高的飘窗板，执行板模板子目。

11. 现浇混凝土板的坡度＞10°时，执行斜板子目。

12. 阳台、雨篷、挑檐包括高度≤0.2m立板，立板高度＞0.2m时，立板模板与平板侧模板合并执行栏板子目。

13. 花池、池漕、扶手、台阶两端的挡墙以及未列出的项目，单件体积≤0.1m^3时执行小型构件子目，＞0.1m^3时执行其他构件子目。

14. 装配式混凝土结构中，墙或柱等预制垂直构件间现浇混凝土按各肢截面高度与厚度比，执行墙、短肢剪力墙或柱相应子目。预制混凝土板连接处的现浇混凝土模板按缝宽，执行板或补板缝相应子目。

15. 架空式混凝土台阶执行楼梯子目。

16. 其他。

(1) 复合模板、木支撑、对拉螺栓等按摊销编制。

(2) 钢管、轮扣、钢包木支撑、各种扣件、拖撑等按租赁编制。

(3) 铝合金模板按成套模板和支撑体系租赁编制，包括模板、销钉、支撑、对拉螺栓等。

二、工程量计算规则

混凝土模板及支架按模板与现浇混凝土构件的接触面积计算。

1. 筏板中的集水井（沟）、电梯井、高低错台侧壁的模板并入筏形基础工程量中。

2. 柱

(1) 柱模板及支架按周长乘以柱高以面积计算。不扣除柱与梁连接重叠部分的面积，牛腿的模板面积并入柱模板工程量中。

(2) 柱高从柱基或板上表面算至上一层楼板上表面，无梁板算至柱帽底部标高。

(3) 构造柱按图示外露部分的最大宽度乘以柱高以面积计算。

3. 梁

(1) 梁模板及支架按与现浇混凝土构件的接触面积计算。不扣除梁与梁连接重叠部分的面积。梁侧的出沿并入梁模板工程量中。

(2) 梁长的规定：

① 梁与柱连接时，梁长算至柱侧面。

② 梁与墙连接时，梁长算至墙侧面。如墙为砌块（砖）墙时，伸入墙内的梁头和梁垫的面积并入梁的工程量中。次梁长算至主梁侧面。

③ 圈梁：外墙按中心线，内墙按净长线计算。

4. 墙模板及支架按与现浇混凝土构件的接触面积计算。不扣除单个≤$0.3m^2$的孔洞所占面积，洞侧壁模板不增加。附墙柱侧面积并入墙模板工程量中。

(1) 墙高的规定：

① 墙与板连接时，外墙面高度由楼板表面算至上一层楼板（或梁）上表面，内墙面高度由楼板上表面算至上一层楼板（或梁）下表面。

② 墙顶与宽出墙体的梁同向上下连接时，墙高算至梁底。

(2) 止水螺栓按设计有抗渗要求的现浇混凝土墙的模板工程量计算。

5. 板

板模板及支架模板按与现浇混凝土构件的接触面积计算。不扣除单个≤$0.3m^2$的孔洞所占面积，洞侧壁模板不增加。

(1) 柱帽并入无梁板工程量。

(2) 斜板按斜面积计算。

6. 复合模板支撑高度>3.6m 时，按超过部分面积计算工程量。

7. 后浇带按模板与后浇带的接触面积计算。

8. 其他

(1) 阳台、雨篷、挑檐按图示外挑部分水平投影面积计算。阳台、平台、雨篷、挑檐的平板侧模按图示面积计算。

(2) 楼梯按（包括休息平台、平台梁、斜梁和楼层板的连接梁）水平投影面积计算，不扣除宽度≤500mm 的楼梯井所占面积。楼梯踏步、踏步板、平台梁等侧面模板面积不另计算，深入墙内部分亦不增加。

（3）旋转式楼梯按下式计算：

$$S = \pi \times (R^2 - r^2) \times n$$

式中：R——楼梯外径；

r——楼梯内径；

n——层数（或 n=旋转角度/360°）。

（4）小型构件或其他现浇构件按图示接触面积计算。

（5）混凝土台阶（不包括梯带），按图示水平投影面积计算，台阶两端的挡墙或花池另行计算并入相应的工程量中。

三、预算消耗量标准执行中应注意的问题

混凝土结构的模板工程，是混凝土成型施工中十分重要的组成部分。模板依其形式不同，可分为整体式模板、定型模板、工具式模板、翻转模板、滑动模板、胎模等。依其所用的材料不同，可分为木模板、钢木模板、钢模板、铝合金模板、塑料模板、玻璃钢模板等。大中城市以组合式钢模板及钢木模板为多。

（1）木模板

木模板多适用于小型、异型（弧形）构件，面板通常使用木板材和木方现场加工拼装组成，如图 4-1、图 4-2 所示。

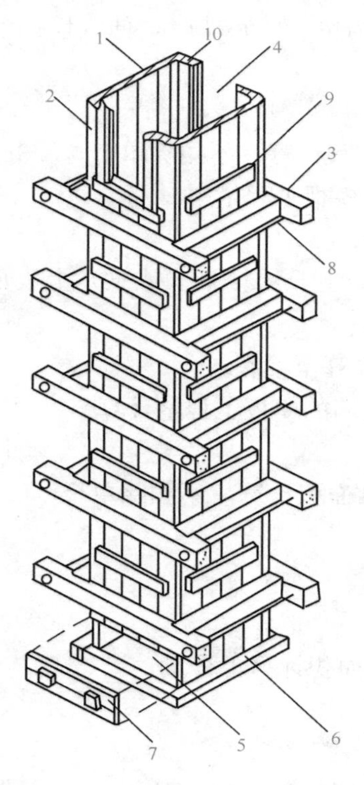

图 4-1 柱子的木模板

1—内拼板；2—外拼板；3—桩箍；4—梁缺口；5—清理孔；6—木框；7—盖板；8—拉紧螺栓；9—拼条；10—三角木条

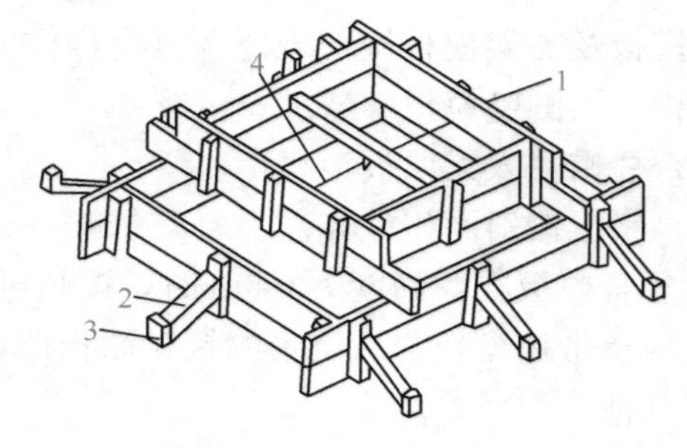

图 4-2 阶梯型基础木模板

1—拼板；2—斜撑；3—木桩；4—铁丝

（2）组合钢模板

适用于直形构件。面板通常使用 60 系列、15～30 系列、10 系列的组合钢模板，如图 4-3所示。

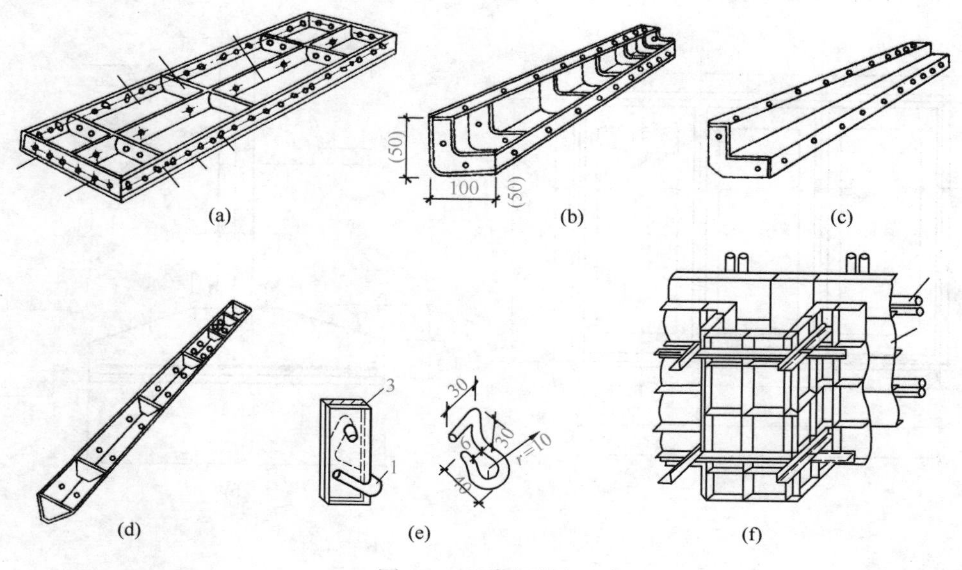

图 4-3 组合钢模板

（a）平模；（b）阳角模；（c）阴角模；（d）连接角模；（e）U 形卡；（f）附墙柱模

（3）定型大钢模板

适用于现浇钢筋混凝土剪力墙。面板为工厂制全钢模板，集模板、支撑、对拉固定、操作平台于一体的大型模板，如图 4-4 所示。

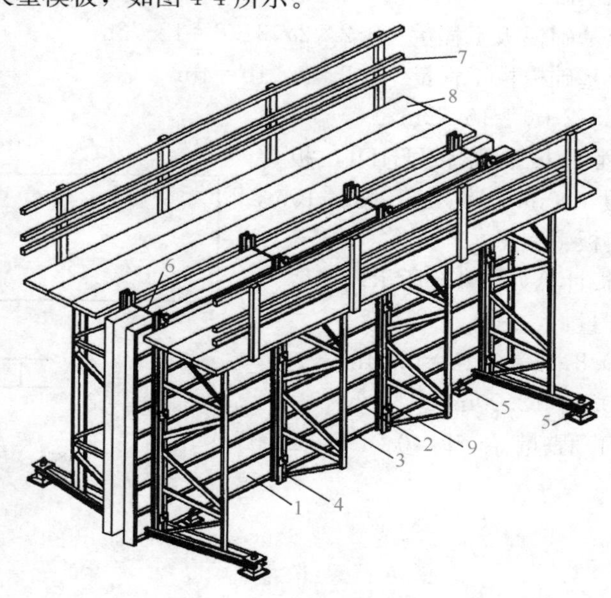

图 4-4 定型大钢模板

1—面板；2—次肋；3—支撑桁架；4—主肋；5—调整螺旋；
6—卡具；7—栏杆；8—脚手板 9—对销螺栓

混凝土模板工程量按模板与现浇混凝土构件的接触面积计算。

【例 4-1】某三层砖混结构基础平面及断面图如图 4-5 所示，砖基础为一步大放脚，砖基础下部为钢筋混凝土基础。试求钢筋混凝土基础模板工程量。

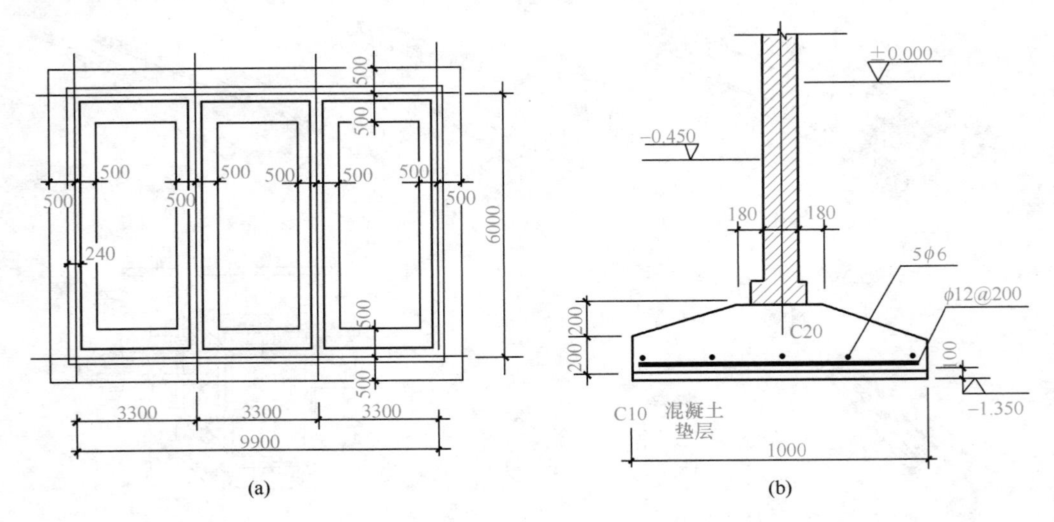

图 4-5　某三层砖混结构基础平面及剖面图

(a) 基础平面图；(b) 基础剖面图

【解】模板工程量

外墙钢筋混凝土基础中心线长＝（9.9＋6.0）×2＝31.8m

内墙钢筋混凝土基础长＝（6.0－1÷2×2）×2＝10m

外墙钢筋混凝土基础模板工程量＝0.2×2×31.8＝12.72m^2

内墙钢筋混凝土基础模板工程量＝0.2×2×10＝4m^2

模板工程量＝12.72＋4＝16.72m^2

【例 4-2】某工程平板后浇带 HJD1，板厚 150mm，后浇带宽度 800mm，后浇带长度 15m，试计算楼板后浇带模板工程量。

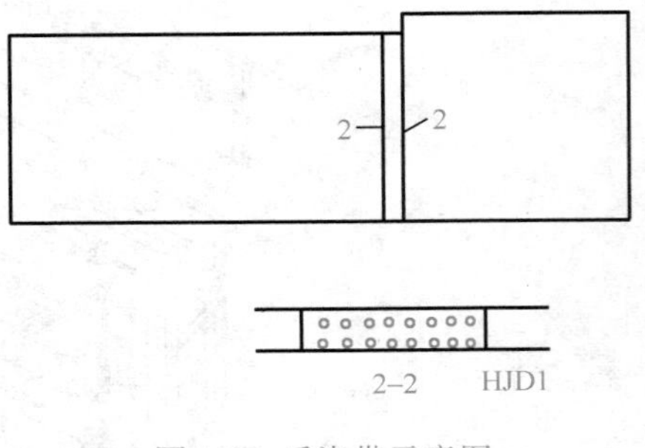

图 4-6　后浇带示意图

【解】后浇带模板计算如图 4-6 所示。

后浇带模板工程量：

立边（端头）：0.8×2×0.15＝0.24m^2

底模：15.00×0.8＝12.00m^2

后浇带模板工程量合计：0.24＋12.00＝12.24m^2

第二节　施工排水、降水工程

一、说明

1. 排水、降水方式分为明沟排水、管井降水、轻型井点降水。施工排水、降水方式按设计要求或根据地质水文勘察资料确定。

2. 截止水帷幕执行“第二章第二节 地基处理与边坡支护工程”相应子目；疏干井、观测井执行管井成井、降水相应子目。

3. 管井成井子目按反循环钻机编制，成井机械或管井材料不同时，可替换。

4. 管井成井子目按设计共径 600mm 编制。

5. 降水周期按设计要求确定。设计要求不明确时，按开始降水之日起至基础回填验收的全部日历天数确定。

6. 成井的土方或泥浆外运，执行“第二章第一节 土石方工程”相应子目。设计采用砂石、水泥等材料填井的，可另行补充材料。

7. 基坑明沟排水适用于地下潜水和非承压水的施工排水工程。

二、工程量计算规则

1. 管井成井、轻型井点成井按设计图示井深以长度计算。

2. 管井降水按设计的井口数量乘以降水周期以口·天计算。

3. 轻型井点降水按设计井点组数（每组按 25 口井计算，不足 25 口，按一组计算；大于 25 口按增加系数计算费用）乘以降水周期以组·天计算。

4. 基坑明沟排水按设计沟道图示长度（不扣除集水井所占长度）计算。

三、预算消耗量标准执行中应注意的问题

1. 地下降水是指采用一定的施工手段，将地下水降到槽底以下一定的深度，目的是改善槽底的施工条件，稳定槽底，稳定边坡，防止塌方或滑坡以及地基承载力下降。

2. 降水周期按照设计要求的降水日历天数计算，这里的降水周期是指正常施工条件下自开始降水之日到基础回填完毕的全部日历天数。如设计要求延长降水周期，其费用另行计算。

3. 降水方法

降低地下水位的方法根据土层性质和允许降水深度的不同，包括井点降水和明沟排水，其中井点降水又分为轻型井点、喷射井点、深井井点、电渗井点。如图 4-7～图 4-9 所示。

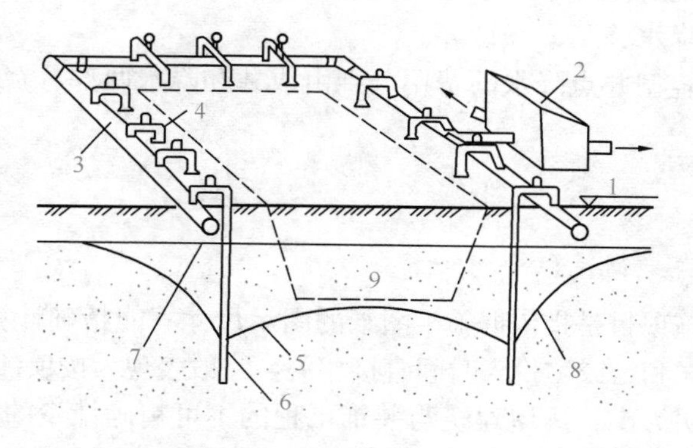

图 4-7 管井井点示意图

1—地面；2—水泵房；3—总管；4—弯联管；5—井点管；6—滤管；
7—原有地下水位线；8—降低后地下水位线；9—基坑

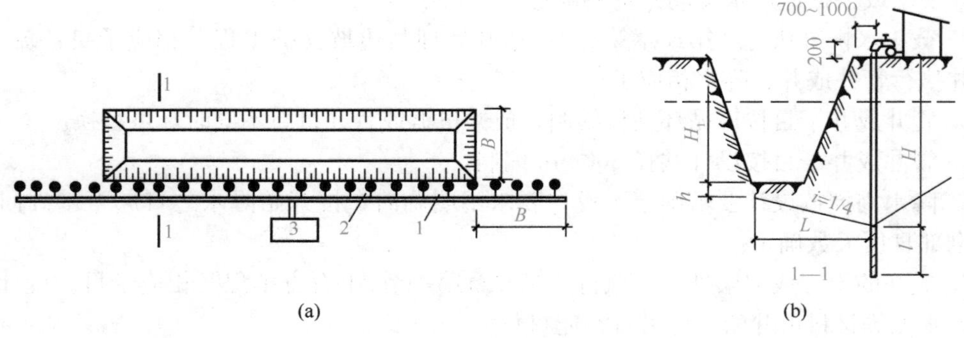

图 4-8 单排线状井点示意图

（a）平面布置；（b）高程布置

1—总管；2—井点管；3—抽水设备

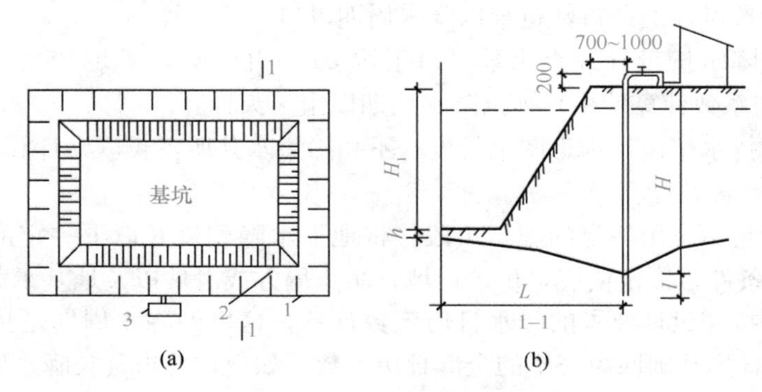

图 4-9 环状井点示意图

（a）平面布置；（b）高程布置

1—总管；2—井点管；3—泵站

注意：

（1）具体工程中施工排水、降水方式应根据地质水文勘察资料和设计要求确定。其费用应根据设计确定的降水施工方案计算。

（2）管井降水、轻型井点降水的费用分别由成井和降水两部分费用组成。

第三节 费 用 指 标

一、不可精确计量措施项目的组成

不可精确计量措施项目是指依据施工图纸的图示尺寸不能精确计算工程量的措施项目，其费用大小与施工方案和（或）投入时间直接相关，一般表现为按项计价。费用组成内容另有说明的，以具体说明为准。房屋建筑与装饰工程的不可精确计量的措施项目包括脚手架费、垂直运输费、冬雨季施工增加费、工程水电费、现场管理费等共 7 项。组成内容如下：

1. 脚手架费包括满足施工所需的脚手架及附属设施的搭设、拆除、运输、使用和维护费用，以及脚手架购置费的摊销（或租赁）等费用，不包括脚手架底座以下的基础加固及安全文明施工费用中的防护架、防护网及施工现场安全通道。

1）综合脚手架费包括结构（含砌体）、外装修施工的脚手架和吊篮，不包括设备安装脚手架；

2）室内装修脚手架包括室内层高>3.6m 的内墙面装修、吊顶和天棚装修脚手架。

2. 垂直运输费包括满足施工所需的各种垂直运输机械和设备安装、拆除、运输、使用和维护费用，以及固定装置、基础制作安装及其拆除等费用，包括垂直运输机械租赁、一次进出场、安拆、附着、接高和塔式起重机基础等费用，不包括塔式起重机基础的地基处理费用。此外，垂直运输费包括因檐高的差异增加的施工机械台班费用和建筑物超高引起的机械降效费用，其中塔式起重机基础包括基础土方的开挖、运输、回填，钢筋混凝土基础的钢筋、混凝土、模板，预埋铁件、预埋支腿（或预埋节）的摊销费用。

3. 冬雨季施工增加费包括冬季或雨季施工需增加的临时设施、防滑、排除雨雪、人工及施工机械降效等费用。

4. 二次搬运费包括因施工场地条件限制而发生的材料、构配件、半成品等一次运输不能到达堆放地点，必须进行二次或多次搬运所发生的费用。

5. 原有建筑物及设备保护费包括防止施工中损坏、玷污原有建筑物、设备、陈设、树木、绿地、文物及展示牌等采取的支搭、遮盖、拦挡等保护措施费用。

6. 工程水电费包括现场施工、办公和生活等消耗的全部水费、电费，含安全文明施工、夜间施工和及场地照明以及施工机械等消耗的水电费。

7. 现场管理费指施工企业项目部在组织施工过程中所需的费用，包括现场管理及服务人员工资、现场办公费、差旅交通费、劳动保护费、低值易耗品摊销费、工程质量检测配合费、财产保险费和其他等，不包括临时设施费。

二、不可精确计量措施项目的计价规则

1. 综合脚手架费、垂直运输费、冬雨季施工增加费、工程水电费按建筑面积计算。

2. 室内装修脚手架按吊顶部分或天棚净空的水平投影面积计算，不扣除柱、垛、≤0.3m²的洞口所占面积。

不可精确计量措施项目可以参考表 4-1 报价。

不可精确计量措施项目费用指标　　　　表 4-1

<table>
<tr><th rowspan="2">序号</th><th rowspan="2" colspan="3">措施项目名称</th><th rowspan="2">单位</th><th colspan="2">指标</th></tr>
<tr><th>一般计税</th><th>简易计税</th></tr>
<tr><td rowspan="5">1</td><td rowspan="5">脚手架费</td><td rowspan="3">综合脚手架</td><td>钢筋混凝土结构</td><td rowspan="2">元/m²</td><td rowspan="2">38～68</td><td rowspan="2">40.9～73.2</td></tr>
<tr><td>型钢混凝土结构</td></tr>
<tr><td>钢结构</td><td>元/m²</td><td>10～38</td><td>10.8～40.9</td></tr>
<tr><td rowspan="2">室内装修脚手架</td><td>层高≤4.5m</td><td>元/m²</td><td>10～22</td><td>10.8～23.7</td></tr>
<tr><td>每增 1m</td><td>元/m²</td><td>4～8</td><td>4.3～8.6</td></tr>
<tr><td>2</td><td colspan="3">垂直运输费</td><td>元/m²</td><td>48～68</td><td>51.4～72.8</td></tr>
<tr><td>3</td><td colspan="3">冬雨季施工增加费</td><td>元/m²</td><td>2～6</td><td>2.2～6.5</td></tr>
<tr><td>4</td><td colspan="3">工程水电费</td><td>元/m²</td><td>18～30</td><td>19.6～32.7</td></tr>
<tr><td>5</td><td colspan="3">现场管理费</td><td>%</td><td>3.7～4.5</td><td>3.4～4.2</td></tr>
</table>

注：综合脚手架、装修脚手架和垂直运输不适用于体育场馆、影剧院等大跨度钢结构。

三、费用项目

费用项目包括企业管理费、利润和总承包服务费共3项。

1. 企业管理费指施工企业总部在组织施工生产和经营管理中所需的费用，包括总部的管理及服务人员工资、办公费、差旅交通费、固定资产折旧费、工具用具使用费、劳动保险和职工福利费、劳动保护费、工会经费、职工教育经费、财产保险费、税金（含附加税费）和其他等，不包括现场管理费。

2. 利润指施工企业完成承包工程获得的盈利。

3. 总承包服务费包括施工总承包人为配合、协调发包人的专业工程发包，提供施工现场的配合、协调和现有施工设施的使用便利，竣工资料汇总等服务，以及对发包人自行供应材料运至现场指定地点后的点交、保管、协调等服务的费用。

企业管理费、利润应依据拟定的施工组织设计及其措施方案等自主测算，参考《北京工程造价信息（建设工程）》发布的费用指标合理确定（表4-2）；编制最高投标限价时，企业管理费、利润的费率不得低于《北京工程造价信息（建设工程）》发布的费用指标中间值。

费用项目指标　　表4-2

<table>
<tr><th rowspan="2">序号</th><th rowspan="2" colspan="2">费用项目名称</th><th rowspan="2">单位</th><th colspan="2">指标</th></tr>
<tr><th>一般计税</th><th>简易计税</th></tr>
<tr><td rowspan="7">1</td><td rowspan="7">企业管理费</td><td>房屋建筑工程与装饰工程</td><td rowspan="7">%</td><td rowspan="5">4.5～5.5</td><td rowspan="5">4.2～5.1</td></tr>
<tr><td>通用安装工程</td></tr>
<tr><td>市政工程</td></tr>
<tr><td>构筑物工程</td></tr>
<tr><td>仿古工程</td></tr>
<tr><td>园林绿化工程</td><td rowspan="2">4.0～5.0</td><td rowspan="2">3.7～4.6</td></tr>
<tr><td>城市轨道交通工程</td></tr>
<tr><td>2</td><td colspan="2">利润</td><td>%</td><td>3.5～6.5</td><td>3.3～6.1</td></tr>
<tr><td>3</td><td colspan="2">总承包服务费</td><td>%</td><td>1.5～2.5</td><td>1.4～2.3</td></tr>
</table>

四、其他费用和税金

1. 安全文明施工费包括环境保护费、文明施工费、安全施工费和临时设施费，应执行《关于印发〈北京市建设工程安全文明施工费管理办法（试行）〉的通知》（京建法〔2019〕9号）和《关于印发配套2021年〈预算消耗量标准〉计价的安全文明施工费等费用标准的通知》（京建发〔2021〕404号）的规定（表4-3）。编制最高投标限价时，《北京工程造价信息（建设工程）》发布相应费用指标的措施项目，应依据费用指标合理确定，但不得低于相应费用指标的中间值。

安全文明施工费　　表 4-3

项目名称		房屋建筑与装饰工程					
		一般计税方式			简易计税方式		
		达标	绿色	样板	达标	绿色	样板
计费基数		以按《预算消耗量标准》计取的人工费+机械费之和为基数					
费率（%）		23.53	25.36	28.22	24.42	26.32	29.30
其中	安全施工	5.19	5.71	6.39	5.37	5.93	6.63
	文明施工	5.22	5.80	6.71	5.40	6.01	6.96
	环境保护	4.67	5.04	5.38	4.87	5.22	5.59
	临时设施	8.45	8.81	9.75	8.78	9.16	10.12

注：除装配式钢结构工程外，其他钢结构工程按建筑装饰工程执行。

项目名称		土石方，地基处理与边坡支护，施工排水、降水工程					
		一般计税方式			简易计税方式		
		达标	绿色	样板	达标	绿色	样板
计费基数		以按《预算消耗量标准》计取的人工费+机械费之和为基数					
费率（%）		25.88	27.89	31.05	26.86	28.95	32.23
其中	安全施工	5.70	6.28	7.03	5.91	6.52	7.29
	文明施工	5.74	6.38	7.38	5.94	6.61	7.66
	环境保护	5.14	5.54	5.92	5.35	5.75	6.15
	临时设施	9.30	9.69	10.72	9.66	10.07	11.13

注：土石方，地基处理与边坡支护，施工排水、降水工程的费用标准适用于独立发包的工程。

项目名称		装饰装修工程					
		一般计税方式			简易计税方式		
		达标	绿色	样板	达标	绿色	样板
计费基数		以按《预算消耗量标准》计取的人工费+机械费之和为基数					
费率（%）		18.00	19.40	21.59	18.67	20.13	22.41
其中	安全施工	3.97	4.37	4.89	4.11	4.53	5.07
	文明施工	3.99	4.43	5.13	4.13	4.60	5.33
	环境保护	3.57	3.86	4.11	3.72	4.00	4.27
	临时设施	6.47	6.74	7.46	6.71	7.00	7.74

注：装饰装修工程费用标准适用于独立发包的工程。

项目名称		装配式房屋建筑工程					
		一般计税方式			简易计税方式		
		达标	绿色	样板	达标	绿色	样板
计费基数		以按《预算消耗量标准》计取的人工费+机械费之和为基数					
费率（%）		27.29	29.41	32.74	28.32	30.52	33.99
其中	安全施工	6.02	6.62	7.41	6.23	6.87	7.69
	文明施工	6.05	6.72	7.78	6.26	6.97	8.08
	环境保护	5.42	5.85	6.24	5.65	6.06	6.48
	临时设施	9.80	10.22	11.31	10.18	10.62	11.74

续表

项目名称		装配式钢结构					
		一般计税方式			简易计税方式		
		达标	绿色	样板	达标	绿色	样板
计费基数		以按《预算消耗量标准》计取的人工费＋机械费之和为基数					
费率（%）		30.34	32.71	36.41	31.49	33.96	37.79
其中	安全施工	6.69	7.37	8.24	6.93	7.65	8.55
	文明施工	6.73	7.48	8.66	6.96	7.76	8.98
	环境保护	6.02	6.50	6.94	6.28	6.74	7.21
	临时设施	10.90	11.36	12.57	11.32	11.81	13.05

2. 施工垃圾场外运输和消纳费包括建设工程除弃土（石）方和渣土项目外，施工产生的建筑废料和废弃物、办公生活垃圾、现场临时设施拆除废弃物和其他弃料等的运输和消纳。应执行《关于建筑垃圾运输处置费用单独列项计价的通知》（京建法〔2017〕27号）和京建发〔2021〕404号文的规定。见表4-4。

施工垃圾场外运输和消纳费费率表 表4-4

序号	项目名称		计费基数	施工垃圾场外运输和消纳费费率（%）	
				五环内	五环外
1	房屋建筑与装饰工程		以按《预算消耗量标准》计取的人工费＋机械费之和为基数	1.4	1.1
2	仿古建筑工程			1.0	0.9
3	通用安装工程			1.3	0.9
4	市政工程			1.8	1.7
5	园林绿化工程			1.5	1.1
6	构筑物工程			1.7	1.3
7	城市轨道交通工程	高架工程		1.1	1.0
8		地下工程		1.1	0.8
9		盾构工程		0.5	0.4
10		轨道工程		0.8	0.7
11		设备系统工程		1.0	0.9

3. 规费指企业按照国家及北京市的法律、法规规定，为职工和工人缴纳的社会保险费和住房公积金，包括基本养老保险费、基本医疗保险费、失业保险费、工伤保险费、生育保险费、残疾人就业保障金及住房公积金等，不包括工人个人应缴纳的社会保险费和住房公积金。应按北京市相关规定并执行京建发〔2021〕404号文要求。见表4-5。

规费费率表 表 4-5

序号	项目名称		计费基数	规费费率（%）
1	房屋建筑与装饰工程		以按《预算消耗量标准》计取的人工费为基数	20.1
2	仿古建筑工程			17.5
3	通用安装工程			19.7
4	市政工程			22.4
5	园林绿化工程			14.5
6	构筑物工程			17.6
7	城市轨道交通工程	土建、轨道		19.8
8		通信、信号、供电、智能与控制系统、机电		24.9

4. 税金包括按国家税法规定应计入工程造价的增值税，按国家规定的计税方式和相应税率计取。

五、计价规则和程序

1. 安全文明施工费的下限费用标准以 2021 年《北京市建设工程计价依据——预算消耗量标准》（以下简称《预算消耗量标准》）计取的人工费＋机械费之和为基数乘以费率计算。

2. 施工垃圾场外运输和消纳费以《预算消耗量标准》计取的人工费＋机械费之和为基数乘以费率计算。

3. 现场管理费以《预算消耗量标准》计取的费用（不含设备费）＋安全文明施工费＋施工垃圾场外运输和消纳费＋不可精确计量措施项目费用（不含现场管理费）之和为基数乘以费率计算。

4. 企业管理费以《预算消耗量标准》计取的费用（不含设备费）＋安全文明施工费＋施工垃圾场外运输和消纳费＋不可精确计量措施项目费用（含现场管理费）之和为基数乘以费率计算。

5. 利润以《预算消耗量标准》计取的费用（不含设备费）＋安全文明施工费＋施工垃圾场外运输和消纳费＋不可精确计量措施项目费用＋企业管理费总和为基数乘以费率计算。

6. 规费以《预算消耗量标准》计取的人工费的为基数乘以费率计算。

7. 总承包服务费以专业工程造价（含税）为基数乘以费率计算。

8. 税金以税前造价为基数乘以相应税率或征收率计算。

9. 建筑面积按《建筑工程建筑面积计算规范》GB/T 50353—2013 计算。

10. 应用费用指标确定建筑安装工程费的，各项费用项目的计价程序详见表 4-6。

建筑安装工程费的计价程序表　　表 4-6

<table>
<tr><th>序号</th><th>项目</th><th>计算式</th><th>备注</th></tr>
<tr><td>1</td><td>依据《预算消耗量标准》计取的费用</td><td>人工费＋材料费＋机械费</td><td></td></tr>
<tr><td>1.1</td><td>其中：人工费</td><td></td><td></td></tr>
<tr><td>1.2</td><td>其中：机械费</td><td></td><td></td></tr>
<tr><td>1.3</td><td>其中：设备费</td><td></td><td></td></tr>
<tr><td>2</td><td>安全文明施工费</td><td>(1.1＋1.2)×相应费率</td><td>按相关规定，费用应根据措施方案等自主测算确定，且不低于下限费用标准</td></tr>
<tr><td>3</td><td>施工垃圾场外运输和消纳费</td><td>(1.1＋1.2)×相应费率</td><td></td></tr>
<tr><td>4</td><td>不可精确计量措施项目费</td><td>按费用指标的计价规则计算</td><td rowspan="4">按相关规定，费用应根据措施方案等自主测算确定。最高投标限价中，各项费用应按不低于相应费用指标的中间值计取</td></tr>
<tr><td>5</td><td>企业管理费</td><td>(1－1.3＋2＋3＋4)×相应费率</td></tr>
<tr><td>6</td><td>利润</td><td>(1－1.3＋2＋3＋4＋5)×相应费率</td></tr>
<tr><td>7</td><td>总承包服务费</td><td>专业工程造价(含税)×相应费率</td></tr>
<tr><td>8</td><td>规费</td><td>(1.1)×相应费率</td><td></td></tr>
<tr><td>9</td><td>税前造价</td><td>1＋2＋3＋4＋5＋6＋7＋8</td><td></td></tr>
<tr><td>10</td><td>税金</td><td>(9)×相应税率/征收率</td><td></td></tr>
<tr><td>11</td><td>工程造价</td><td>9＋10</td><td></td></tr>
</table>

复　习　题

一、简答题

1. 简述混凝土墙、柱、梁和板模板工程量计算规则。

2. 简述施工降水工程量计算中关于降水周期该如何确定。

3. 不可精确计量的措施项目有哪些？

4. 按建筑面积计算的费用有哪些？

二、选择题

(1) 下列关于柱模板高度计算，说法正确的是(　　)。

A. 有梁板下的柱，柱高应从板上表面算至上一层楼板上表面

B. 无梁板下的柱，柱高应从柱基上表面算至上一层柱帽上表面

C. 框架柱，柱高应从柱基下表面算至上层楼板上表面

D. 构造柱的高度自柱基上表面算至构造柱顶面

(2) 下列关于柱帽模板工程量计算叙述正确的是(　　)。

A. 现浇混凝土无梁板按板和柱帽体积之和计算

B. 现浇混凝土无梁板的柱高，应自柱基下表面至柱帽上表面之间的高度计算

C. 柱饰面按设计图示饰面外围尺寸以面积计算，柱帽并入相应柱饰面工程量内

D. 现浇混凝土柱，依附柱上的牛腿和柱帽，并入柱身体积计算

(3) 下列选项中关于梁长的规定错误的一项是(　　)。

A. 梁与柱连接时，梁长算至柱侧面

B. 梁与墙连接时，梁长算至墙侧面

C. 梁与砌块墙连接时，伸入墙内的梁头算入梁的工程量

D. 外墙圈梁按净长线计算

(4) 下列选项中关于模板计算错误的是(　　)。

A. 雨篷按外挑水平投影面积计算

B. 深入墙内的楼梯需计算模板面积

C. 现浇构件按实际面积计算

D. 混凝土台阶按图示水平投影面积计算

E. 花池应另行计算并入相应的工程量中

第五章　建 筑 工 程 计 价

本章学习重点：建筑安装工程费的组成和计算；建筑面积计算规则；单位工程施工图预算的编制；建筑工程最高投标限价和投标报价的编制；工程变更、工程索赔、合同价款调整、竣工结算。

本章学习要求：掌握建筑安装工程费的组成；掌握建筑面积计算；熟悉建筑安装工程费的计算；熟悉工程变更估价；熟悉合同价款的调整；熟悉建设工程价款结算；了解工程费用索赔。

第一节　建筑安装工程费用的组成

建筑安装工程费按照工程造价形成由分部分项工程费、措施项目费、其他项目费、规费、税金组成，分部分项工程费、措施项目费、其他项目费包含人工费、材料费、施工机具使用费、企业管理费和利润（见图 5-1）。

一、分部分项工程费

分部分项工程费是指各专业工程的分部分项工程应予列支的各项费用。

1. 专业工程：是指按现行国家计量规范划分的房屋建筑与装饰工程、仿古建筑工程、通用安装工程、市政工程、园林绿化工程、矿山工程、构筑物工程、城市轨道交通工程、爆破工程等各类工程。

2. 分部分项工程：是指按现行国家计量规范对各专业工程划分的项目。如房屋建筑与装饰工程划分的土石方工程、地基处理与桩基工程、砌筑工程、钢筋及钢筋混凝土工程等。

各类专业工程的分部分项工程划分见现行国家或行业计量规范。分部分项工程费按综合单价计价，综合单价包括人工费、材料费、施工机具使用费、企业管理费、利润和一定的风险。

（一）人工费：是指按工资总额构成规定，支付给从事建筑安装工程施工的生产工人和附属生产单位工人的各项费用。内容包括：

1. 计时工资或计件工资：是指按计时工资标准和工作时间或对已做工作按计件单价支付给个人的劳动报酬。

2. 奖金：是指对超额劳动和增收节支支付给个人的劳动报酬。如节约奖、劳动竞赛奖等。

3. 津贴补贴：是指为了补偿职工特殊或额外的劳动消耗和因其他特殊原因支付给个人的津贴，以及为了保证职工工资水平不受物价影响支付给个人的物价补贴。如流动施工津贴、特殊地区施工津贴、高温（寒）作业临时津贴、高空津贴等。

4. 加班加点工资：是指按规定支付的在法定节假日工作的加班工资和在法定日工作

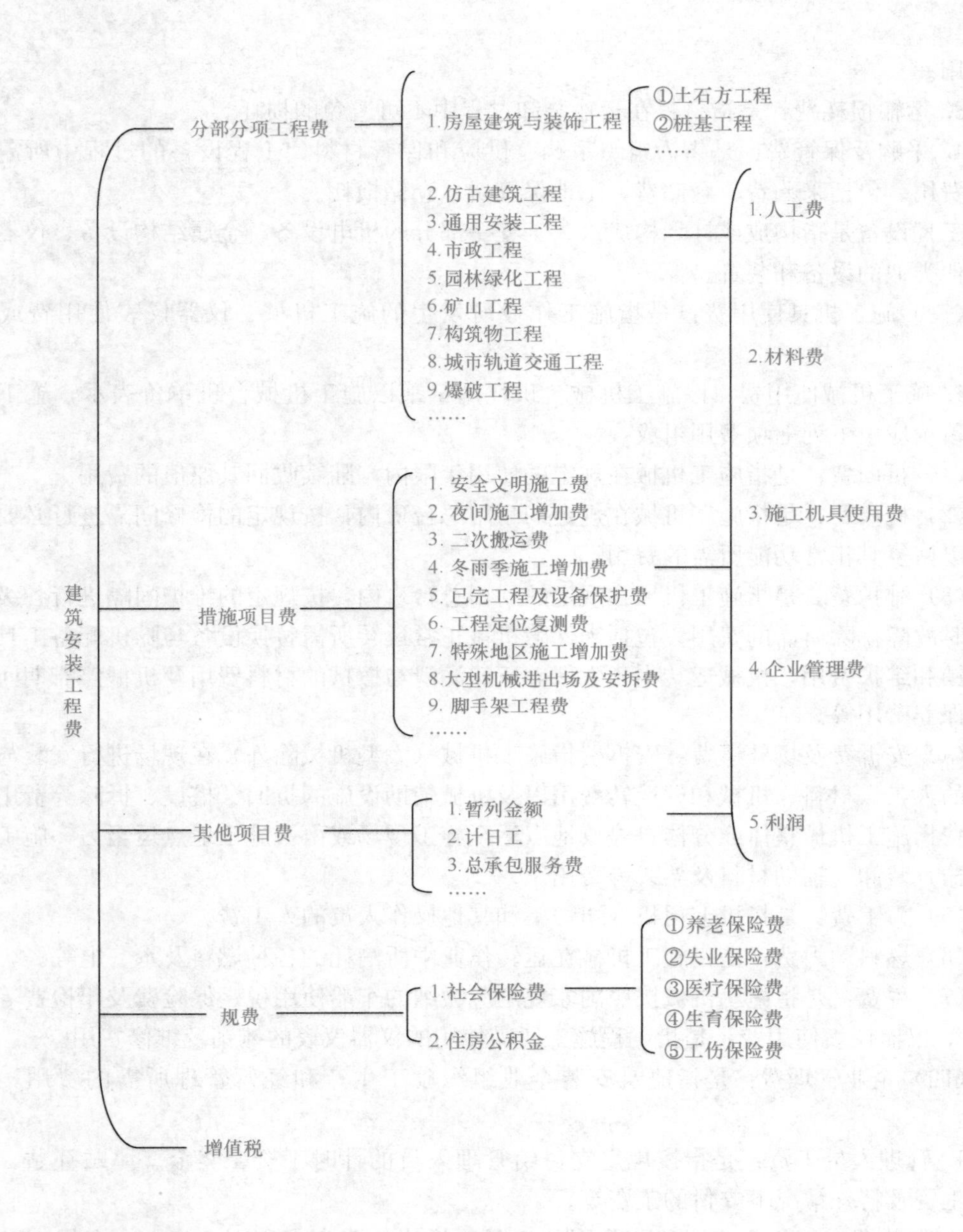

图 5-1　建筑安装工程费用组成表

时间外延时工作的加点工资。

5. 特殊情况下支付的工资：是指根据国家法律、法规和政策规定，因病、工伤、产假、计划生育假、婚丧假、事假、探亲假、定期休假、停工学习、执行国家或社会义务等原因按计时工资标准或计时工资标准的一定比例支付的工资。

（二）材料费：是指施工过程中耗费的原材料、辅助材料、构配件、零件、半成品或成品、工程设备的费用。内容包括：

1. 材料原价：是指材料、工程设备的出厂价格或商家供应价格。

2. 运杂费：是指材料、工程设备自来源地运至工地仓库或指定堆放地点所发生的全部费用。

3. 运输损耗费：是指材料在运输装卸过程中不可避免的损耗。

4. 采购及保管费：是指为组织采购、供应和保管材料、工程设备的过程中所需要的各项费用。包括采购费、仓储费、工地保管费、仓储损耗。

工程设备是指构成或计划构成永久工程一部分的机电设备、金属结构设备、仪器装置及其他类似的设备和装置。

（三）施工机具使用费：是指施工作业所发生的施工机械、仪器仪表使用费或其租赁费。

1. 施工机械使用费：以施工机械台班耗用量乘以施工机械台班单价表示，施工机械台班单价应由下列七项费用组成：

（1）折旧费：是指施工机械在规定的使用年限内，陆续收回其原值的费用。

（2）检修费：是指施工机械在规定的耐用总台班内，按规定的检修间隔进行必要的检修，以恢复其正常功能所需的费用。

（3）维护费：是指施工机械在规定的耐用总台班内，按规定的维护间隔进行各级维护和临时故障排除所需的费用。包括为保障机械正常运转所需替换设备与随机配备工具附具的摊销和维护费用，机械运转中日常保养所需润滑与擦拭的材料费用及机械停滞期间的维护和保养费用等。

（4）安拆费及场外运费：安拆费指施工机械（大型机械除外）在现场进行安装与拆卸所需的人工、材料、机械和试运转费用以及机械辅助设施的折旧、搭设、拆除等费用；场外运费指施工机械整体或分体自停放地点运至施工现场或由一施工地点运至另一施工地点的运输、装卸、辅助材料及架线等费用。

（5）人工费：是指机上司机（司炉）和其他操作人员的人工费。

（6）燃料动力费：是指施工机械在运转作业中所消耗的各种燃料及水、电等。

（7）税费：是指施工机械按照国家规定应缴纳的车船使用税、保险费及年检费等。

2. 仪器仪表使用费：是指工程施工所需使用的仪器仪表的摊销及维修费用。

（四）企业管理费：是指建筑安装企业组织施工生产和经营管理所需的费用。内容包括：

1. 管理人员工资：是指按规定支付给管理人员的计时工资、奖金、津贴补贴、加班加点工资及特殊情况下支付的工资等。

2. 办公费：是指企业管理办公用的文具、纸张、账表、印刷、邮电、书报、办公软件、现场监控、会议、水电、烧水和集体取暖降温（包括现场临时宿舍取暖降温）等费用。

3. 差旅交通费：是指职工因公出差、调动工作的差旅费、住勤补助费，市内交通费和误餐补助费，职工探亲路费，劳动力招募费，职工退休、退职一次性路费，工伤人员就医路费，工地转移费以及管理部门使用的交通工具的油料、燃料等费用。

4. 固定资产使用费：是指管理和试验部门及附属生产单位使用的属于固定资产的房屋、设备、仪器等的折旧、大修、维修或租赁费。

5. 工具用具使用费：是指企业施工生产和管理使用的不属于固定资产的工具、器具、家具、交通工具和检验、试验、测绘、消防用具等的购置、维修和摊销费。

6. 劳动保险和职工福利费：是指由企业支付的职工退职金、按规定支付给离休干部的经费，集体福利费、夏季防暑降温、冬季取暖补贴、上下班交通补贴等。

7. 劳动保护费：是企业按规定发放的劳动保护用品的支出。如工作服、手套、防暑降温饮料以及在有碍身体健康的环境中施工的保健费用等。

8. 检验试验费：是指施工企业按照有关标准规定，对建筑以及材料、构件和建筑安装物进行一般鉴定、检查所发生的费用，包括自设试验室进行试验所耗用的材料等费用。不包括新结构、新材料的试验费，对构件做破坏性试验及其他特殊要求检验试验的费用和建设单位委托检测机构进行检测的费用，对此类检测发生的费用，由建设单位在工程建设其他费用中列支。但对施工企业提供的具有合格证明的材料进行检测不合格的，该检测费用由施工企业支付。

9. 工会经费：是指企业按《工会法》规定的全部职工工资总额比例计提的工会经费。

10. 职工教育经费：是指按职工工资总额的规定比例计提，企业为职工进行专业技术和职业技能培训，专业技术人员继续教育、职工职业技能鉴定、职业资格认定以及根据需要对职工进行各类文化教育所发生的费用。

11. 财产保险费：是指施工管理用财产、车辆等的保险费用。

12. 财务费：是指企业为施工生产筹集资金或提供预付款担保、履约担保、职工工资支付担保等所发生的各种费用。

13. 税金：是指企业按规定缴纳的房产税、车船使用税、土地使用税、印花税等。

14. 城市维护建设税：是国家为了加强城乡的维护建设，扩大和稳定城市、乡镇维护建设资金来源，规定凡缴纳增值税、消费税的单位和个人，都应当依照规定缴纳城市维护建设税。城市维护建设税税率分别为：纳税人所在地为市区者，税率为7%；纳税人所在地为县镇者，税率为5%；纳税人所在地为农村者，税率为1%。

15. 教育费附加：是对缴纳增值税、消费税的单位和个人征收的一种附加费。其作用是为了发展地方性教育事业、扩大地方教育经费的资金来源。以纳税人实际缴纳的增值税、消费税的税额为计费依据，教育费附加的征收率为3%。

16. 地方教育附加：按照《关于统一地方教育附加政策有关问题的通知》(财综〔2010〕98号) 要求，各地统一征收地方教育附加，地方教育附加征收标准为单位和个人实际缴纳的增值税和消费税税额的2%。

17. 其他：包括技术转让费、技术开发费、投标费、业务招待费、绿化费、广告费、公证费、法律顾问费、审计费、咨询费、保险费等。

（五）利润：是指施工企业完成所承包工程获得的盈利。

二、措施项目费

措施项目费是指为完成建设工程施工，发生于该工程施工前和施工过程中的技术、生活、安全、环境保护等方面的费用。内容包括：

1. 安全文明施工费

（1）环境保护费：是指施工现场为达到环保部门要求所需要的各项费用。

（2）文明施工费：是指施工现场文明施工所需要的各项费用。

（3）安全施工费：是指施工现场安全施工所需要的各项费用。

（4）临时设施费：是指施工企业为进行建设工程施工所必须搭设的生活和生产用的临

时建筑物、构筑物和其他临时设施费用。包括临时设施的搭设、维修、拆除、清理费或摊销费等。

(5) 建筑工人实名制管理费。

2. 夜间施工增加费：是指因夜间施工所发生的夜班补助费、夜间施工降效、夜间施工照明设备摊销及照明用电等费用。

3. 二次搬运费：是指因施工场地条件限制而发生的材料、构配件、半成品等一次运输不能到达堆放地点，必须进行二次或多次搬运所发生的费用。

4. 冬雨季施工增加费：是指在冬季或雨季施工需增加的临时设施、防滑、排除雨雪，人工及施工机械效率降低等费用。

5. 已完工程及设备保护费：是指竣工验收前，对已完工程及设备采取的必要保护措施所发生的费用。

6. 工程定位复测费：是指工程施工过程中进行全部施工测量放线和复测工作的费用。

7. 特殊地区施工增加费：是指工程在沙漠或其边缘地区、高海拔、高寒、原始森林等特殊地区施工增加的费用。

8. 大型机械设备进出场及安拆费：是指机械整体或分体自停放场地运至施工现场或由一个施工地点运至另一个施工地点，所发生的机械进出场运输及转移费用及机械在施工现场进行安装、拆卸所需的人工费、材料费、机械费、试运转费和安装所需的辅助设施的费用。

9. 脚手架工程费：是指施工需要的各种脚手架搭、拆、运输费用以及脚手架购置费的摊销（或租赁）费用。

措施项目及其包含的内容详见各类专业工程的现行国家或行业计量规范。

三、其他项目费

1. 暂列金额：是指建设单位在工程量清单中暂定并包括在工程合同价款中的一笔款项。用于施工合同签订时尚未确定或者不可预见的所需材料、工程设备、服务的采购，施工中可能发生的工程变更、合同约定调整因素出现时的工程价款调整以及发生的索赔、现场签证确认等的费用。

2. 计日工：是指在施工过程中，施工企业完成建设单位提出的施工图纸以外的零星项目或工作所需的费用。

3. 总承包服务费：是指总承包人为配合、协调建设单位进行的专业工程发包，对建设单位自行采购的材料、工程设备等进行保管以及施工现场管理、竣工资料汇总整理等服务所需的费用。

四、规费

规费是指按国家法律、法规规定，由省级政府和省级有关权力部门规定必须缴纳或计取的费用。包括：

1. 社会保险费

(1) 养老保险费：是指企业按照规定标准为职工缴纳的基本养老保险费。

(2) 失业保险费：是指企业按照规定标准为职工缴纳的失业保险费。

(3) 医疗保险费：是指企业按照规定标准为职工缴纳的基本医疗保险费。

(4) 生育保险费：是指企业按照规定标准为职工缴纳的生育保险费。

（5）工伤保险费：是指企业按照规定标准为职工缴纳的工伤保险费。

2. 住房公积金：是指企业按规定标准为职工缴纳的住房公积金。

五、增值税

建筑安装工程费用的增值税是指国家税法规定应计入建筑安装工程造价内的增值税销项税额。税前工程造价为人工费、材料费、施工机具使用费、企业管理费、利润和规费之和，各费用项目均以不包含增值税（可抵扣进项税额）的价格计算。

第二节 建筑安装工程费用的计算方法和计价程序

一、各项费用计算方法

（一）人工费

计算方法一：

$$人工费 = \Sigma(工日消耗量 \times 日工资单价) \tag{5-1}$$

其中：

$$日工资单价 = \frac{生产工人平均月工资(计时、计件)+平均月(奖金+津贴补贴+特殊情况下支付的工资)}{年平均每月法定工作日} \tag{5-2}$$

注：式（5-1）、式（5-2）主要适用于施工企业投标报价时自主确定人工费，也是工程造价管理机构编制计价定额确定定额人工单价或发布人工成本信息的参考依据。

计算方法二：

$$人工费=\Sigma（工程工日消耗量\times日工资单价） \tag{5-3}$$

其中：日工资单价是指施工企业平均技术熟练程度的生产工人在每工作日（国家法定工作时间内）按规定从事施工作业应得的日工资总额。

工程造价管理机构确定日工资单价应通过市场调查、根据工程项目的技术要求，参考实物工程量人工单价综合分析确定，最低日工资单价不得低于工程所在地人力资源和社会保障部门所发布的最低工资标准的：普工 1.3 倍、一般技工 2 倍、高级技工 3 倍。

工程计价定额不可只列一个综合工日单价，应根据工程项目技术要求和工种差别，适当划分多种日人工单价，确保各分部工程人工费的合理构成。

注：式（5-3）适用于工程造价管理机构编制计价定额时确定定额人工费，是施工企业投标报价的参考依据。

（二）材料费

1. 材料费

$$材料费 = \Sigma(材料消耗量 \times 材料单价) \tag{5-4}$$

$$材料单价 =[(材料原价 + 运杂费) \times〔1 + 运输损耗率(\%)〕] \times[1 + 采购保管费率(\%)] \tag{5-5}$$

2. 工程设备费

$$工程设备费 = \Sigma(工程设备量 \times 工程设备单价) \tag{5-6}$$

$$工程设备单价 = (设备原价 + 运杂费) \times[1 + 采购保管费率(\%)] \tag{5-7}$$

（三）施工机具使用费

1. 施工机械使用费

$$施工机械使用费 = \Sigma(施工机械台班消耗量 \times 机械台班单价) \tag{5-8}$$

其中：机械台班单价＝台班折旧费＋台班检修费＋台班维护费＋台班安拆费及场外运费＋台班人工费＋台班燃料动力费＋台班车船税费 (5-9)

注：工程造价管理机构在确定计价定额中的施工机械使用费时，应根据《建筑施工机械台班费用计算规则》结合市场调查编制施工机械台班单价。施工企业可以参考工程造价管理机构发布的台班单价，自主确定施工机械使用费的报价，如租赁施工机械，公式为：施工机械使用费＝∑（施工机械台班消耗量×机械台班租赁单价）。

2. 仪器仪表使用费

$$\text{仪器仪表使用费} = \text{工程使用的仪器仪表摊销费} + \text{维修费} \tag{5-10}$$

（四）企业管理费费率

1. 以分部分项工程费为计算基础

$$\text{企业管理费费率}(\%) = \frac{\text{生产工人年平均管理费}}{\text{年有效施工天数} \times \text{人工单价}} \times \text{人工费占分部分项工程费比例}(\%) \tag{5-11}$$

2. 以人工费和机械费合计为计算基础

$$\text{企业管理费费率}(\%) = \frac{\text{生产工人年平均管理费}}{\text{年有效施工天数} \times (\text{人工单价} + \text{每一工日机械使用费})} \times 100\% \tag{5-12}$$

3. 以人工费为计算基础

$$\text{企业管理费费率}(\%) = \frac{\text{生产工人年平均管理费}}{\text{年有效施工天数} \times \text{人工单价}} \times 100\% \tag{5-13}$$

注：式（5-11）～式（5-13）适用于施工企业投标报价时自主确定管理费，是工程造价管理机构编制计价定额确定企业管理费的参考依据。

工程造价管理机构在确定计价定额中企业管理费时，应以定额人工费或（定额人工费＋定额机械费）作为计算基数，其费率根据历年工程造价积累的资料，辅以调查数据确定，列入分部分项工程和措施项目中。

（五）利润

1. 施工企业根据企业自身需求并结合建筑市场实际自主确定，列入报价中。

2. 工程造价管理机构在确定计价定额中利润时，应以定额人工费或（定额人工费＋定额机械费）作为计算基数，其费率根据历年工程造价积累的资料，并结合建筑市场实际确定，以单位（单项）工程测算，利润在税前建筑安装工程费的比重，可按不低于5%且不高于7%的费率计算。利润应列入分部分项工程和措施项目中。

（六）规费

社会保险费和住房公积金应以定额人工费为计算基础，根据工程所在地省、自治区、直辖市或行业建设主管部门规定费率计算。

社会保险费和住房公积金＝∑（工程定额人工费×社会保险费和住房公积金费率） (5-14)

式中：社会保险费和住房公积金费率可以每万元发承包价的生产工人人工费和管理人员工资含量与工程所在地规定的缴纳标准综合分析取定。

（七）增值税

在中华人民共和国境内销售服务、无形资产或者不动产的单位和个人，为增值税纳税人，应当按照营业税改征增值税试点实施办法缴纳增值税，不缴纳营业税。

单位以承包、承租、挂靠方式经营的，承包人、承租人、挂靠人（以下统称承包人）以发包人、出租人、被挂靠人（以下统称发包人）名义对外经营并由发包人承担相关法律责任的，以该发包人为纳税人。否则，以承包人为纳税人。纳税人分为一般纳税人和小规模纳税人。应税行为的年应征增值税销售额超过财政部和国家税务总局规定标准的纳税人为一般纳税人；未超过规定标准的纳税人为小规模纳税人。

纳税人销售货物、劳务、服务、无形资产、不动产（以下统称应税销售行为），应纳税额为当期销项税额抵扣当期进项税额后的余额。应纳税额计算公式：

$$应纳税额 = 当期销项税额 - 当期进项税额 \tag{5-15}$$

当期销项税额小于当期进项税额不足抵扣时，其不足部分可以结转下期继续抵扣。

纳税人发生应税销售行为，按照销售额和增值税暂行条例规定的税率计算收取的增值税额，为销项税额。销项税额计算公式：

$$销项税额 = 销售额 \times 税率 \tag{5-16}$$

销售额为纳税人发生应税销售行为收取的全部价款和价外费用，但是不包括收取的销项税额。销售额以人民币计算。纳税人以人民币以外的货币结算销售额的，应当折合成人民币计算。纳税人购进货物、劳务、服务、无形资产、不动产支付或者负担的增值税额，为进项税额。进项税额计算公式：

$$进项税额 = 买价 \times 扣除率 \tag{5-17}$$

下列进项税额准予从销项税额中抵扣：

（1）从销售方取得的增值税专用发票上注明的增值税额。

（2）从海关取得的海关进口增值税专用缴款书上注明的增值税额。

（3）购进农产品，除取得增值税专用发票或者海关进口增值税专用缴款书外，按照农产品收购发票或者销售发票上注明的农产品买价和10%的扣除率计算的进项税额，国务院另有规定的除外。

（4）自境外单位或者个人购进劳务、服务、无形资产或者境内的不动产，从税务机关或者扣缴义务人取得的代扣代缴税款的完税凭证上注明的增值税额。准予抵扣的项目和扣除率的调整，由国务院决定。纳税人购进货物、劳务、服务、无形资产、不动产，取得的增值税扣税凭证不符合法律、行政法规或者国务院税务主管部门有关规定的，其进项税额不得从销项税额中抵扣。

下列项目的进项税额不得从销项税额中抵扣：

（1）用于简易计税方法计税项目、免征增值税项目、集体福利或者个人消费的购进货物、劳务、服务、无形资产和不动产；

（2）非正常损失的购进货物，以及相关的劳务和交通运输服务；

（3）非正常损失的在产品、产成品所耗用的购进货物（不包括固定资产）、劳务和交通运输服务；

（4）国务院规定的其他项目。

建筑安装工程费用的增值税是指国家税法规定应计入建筑安装工程造价内的增值税销项税额。增值税的计税方法，包括一般计税方法和简易计税方法。一般纳税人发生应税行为适用一般计税方法计税。小规模纳税人发生应税行为适用简易计税方法计税。

1. 一般计税方法

当采用一般计税方法时，建筑业增值税税率为9%。计算公式为：

$$增值税销项税额 = 税前造价 \times 9\% \tag{5-18}$$

税前造价为人工费、材料费、施工机具使用费、企业管理费、利润和规费之和，用项目均不包含增值税可抵扣进项税额的价格计算。

2. 简易计税方法

简易计税方法的应纳税额，是指按照销售额和增值税征收率计算的增值税额，不扣进项税额。当采用简易计税方法时，建筑业增值税征收率为3%。计算公式为：

$$增值税 = 税前造价 \times 3\% \tag{5-19}$$

税前造价为人工费、材料费、施工机具使用费、企业管理费、利润和规费之和，用项目均以包含增值税进项税额的含税价格计算。

二、建筑安装工程计价公式

（一）分部分项工程费

$$分部分项工程费 = \Sigma(分部分项工程量 \times 综合单价) \tag{5-20}$$

式中：综合单价包括人工费、材料费、施工机具使用费、企业管理费和利润以及一定范围的风险费用（下同）。

（二）措施项目费

1. 国家计量规范规定应予计量的措施项目，其计算公式为：

$$措施项目费 = \Sigma(措施项目工程量 \times 综合单价) \tag{5-21}$$

2. 国家计量规范规定不宜计量的措施项目计算方法为：

（1）安全文明施工费

$$安全文明施工费 = 计算基数 \times 安全文明施工费费率(\%) \tag{5-22}$$

计算基数应为定额基价（定额分部分项工程费＋定额中可以计量的措施项目费）、定额人工费或（定额人工费＋定额机械费），其费率由工程造价管理机构根据各专业工程的特点综合确定。

（2）夜间施工增加费

$$夜间施工增加费 = 计算基数 \times 夜间施工增加费费率(\%) \tag{5-23}$$

二次搬运费

$$二次搬运费 = 计算基数 \times 二次搬运费费率(\%) \tag{5-24}$$

冬雨季施工增加费

$$冬雨季施工增加费 = 计算基数 \times 冬雨季施工增加费费率(\%) \tag{5-25}$$

（3）已完工程及设备保护费

$$已完工程及设备保护费 = 计算基数 \times 已完工程及设备保护费费率(\%) \tag{5-26}$$

式（5-22）～式（5-26）措施项目的计费基数应为定额人工费或（定额人工费＋定额机械费），其费率由工程造价管理机构根据各专业工程特点和调查资料综合分析后确定。

（三）其他项目费

1. 暂列金额由发包人根据工程特点，按有关计价规定估算，施工过程中由发包人掌握使用、扣除合同价款调整后如有余额，归发包人。

2. 计日工由发包人和承包人按施工过程中的签证计价。

3. 总承包服务费由发包人在最高投标限价中根据总包服务范围和有关计价规定编制，投标人投标时自主报价，施工过程中按签约合同价执行。

（四）规费和税金

发包人和承包人均应按照省、自治区、直辖市或行业建设主管部门发布标准计算规费和税金，不得作为竞争性费用。

三、建筑安装工程计价程序

建筑安装工程计价程序见表5-1～表5-3。

建设单位工程最高投标限价计价程序　　表5-1

工程名称：　　标段：

序号	内容	计算方法	金额（元）
1	分部分项工程费	按计价规定计算	
1.1			
1.2			
1.3			
1.4			
1.5			
2	措施项目费	按计价规定计算	
2.1	其中：安全文明施工费	按规定标准计算	
3	其他项目费		
3.1	其中：暂列金额	按计价规定估算	
3.2	其中：专业工程暂估价	按计价规定估算	
3.3	其中：计日工	按计价规定估算	
3.4	其中：总承包服务费	按计价规定估算	
4	规费	按规定标准计算	
5	税金（扣除不列入计税范围的工程设备金额）	（1＋2＋3＋4）×规定税率	
招标控制价合计＝1＋2＋3＋4＋5			

施工企业工程投标报价计价程序　　表5-2

工程名称：　　标段：

序号	内容	计算方法	金额（元）
1	分部分项工程费	自主报价	
1.1			
1.2			
1.3			
1.4			

续表

序号	内容	计算方法	金额（元）
1.5			
2	措施项目费	自主报价	
2.1	其中：安全文明施工费	按规定标准计算	
3	其他项目费		
3.1	其中：暂列金额	按招标文件提供金额计列	
3.2	其中：专业工程暂估价	按招标文件提供金额计列	
3.3	其中：计日工	自主报价	
3.4	其中：总承包服务费	自主报价	
4	规费	按规定标准计算	
5	税金（扣除不列入计税范围的工程设备金额）	（1+2+3+4）×规定税率	
投标报价合计=1+2+3+4+5			

竣工结算计价程序

表 5-3

工程名称：　　　　　　　　　　标段：

序号	汇总内容	计算方法	金额（元）
1	分部分项工程费	按合同约定计算	
1.1			
1.2			
1.3			
1.4			
1.5			
2	措施项目	按合同约定计算	
2.1	其中：安全文明施工费	按规定标准计算	
3	其他项目		

续表

序号	汇总内容	计算方法	金额（元）
3.1	其中：专业工程结算价	按合同约定计算	
3.2	其中：计日工	按计日工签证计算	
3.3	其中：总承包服务费	按合同约定计算	
3.4	索赔与现场签证	按发承包双方确认数额计算	
4	规费	按规定标准计算	
5	税金（扣除不列入计税范围的工程设备金额）	（1+2+3+4）×规定税率	
竣工结算总价合计=1+2+3+4+5			

第三节　建筑面积计算规则

一、建筑面积的概念及作用

建筑面积是指建筑物（包括墙体）所形成的楼地面面积，包括使用面积、辅助面积和结构面积。

使用面积：是指建筑物各层平面中直接为生产或生活使用的净面积之和。例如，住宅建筑中的各居室、客厅等。

辅助面积：是指建筑物各层平面中为辅助生产或辅助生活所占净面积之和。例如，住宅建筑中的楼梯、走道、厨房、厕所等。使用面积与辅助面积的总和称为有效面积。

结构面积：是指建筑物各层平面中的墙、柱等结构所占面积的总和。

建筑面积是在统一计算规则下计算出来的重要指标，是用来反映基本建设管理工作中其他技术指标的基础指标。国家用建筑面积指标的数量计算和控制建设规模；设计单位要按单位建筑面积的技术经济指标评定设计方案的优劣；物质管理部门按照建筑面积分配主要材料指标；统计部门要使用建筑面积指标进行各种数据统计分析；施工企业用每年开、竣工建筑面积表达其工作成果；建设单位要用建筑面积计算房屋折旧或收取房租。因此学习和掌握建筑面积的计算规则是十分重要的。

二、计算建筑面积的规定

《建筑工程建筑面积计算规范》GB/T 50353—2013 自 2014 年 7 月 1 日起实施。该规范为工业与民用建筑工程面积的统一计算方法，适用于新建、扩建、改建的工业与民用建筑工程建设全过程的建筑面积计算，包括工业厂房、仓库、公共建筑、居住建筑、农业生产用房、车站等建筑面积的计算。建筑物透视图如图 5-2 所示。

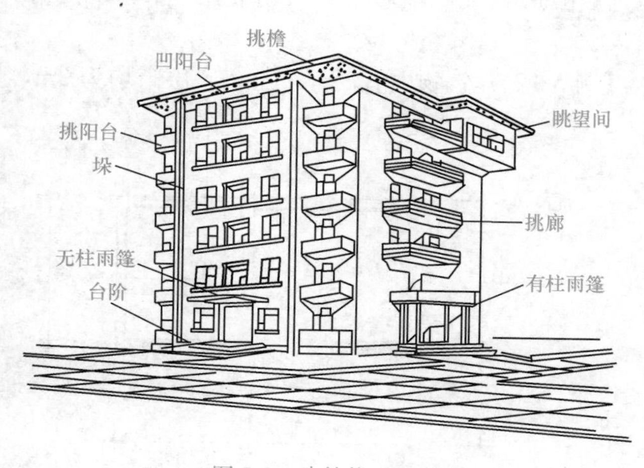

图 5-2　建筑物透视图

1. 建筑物的建筑面积应按自

然层外墙结构外围水平面积之和计算。

注：自然层是指按楼地面结构分层的楼层。

单层建筑物应按不同的结构高度计算其建筑面积，多层建筑物应分楼层按不同的结构高度分别计算其建筑面积。计算时，对建筑结构高度划分总体规定如下2条原则：

1）结构层高在2.20m及以上的，应计算全面积；结构层高在2.20m以下的，应计算1/2面积。

结构层高指楼面或地面结构层上表面至上部结构层上表面之间的垂直距离。建筑物最底层的结构层高，有基础底板的按基础底板上表面结构至上层楼面的结构标高之间的垂直距离；没有基础底板的按地面标高至上层楼面结构标高之间的垂直距离。最上一层的结构层高是其楼面结构标高至屋面板板面结构标高之间的垂直距离。

2）对于外壳倾斜结构下的建筑空间，结构净高在2.10m及以上的部位应计算全面积；结构净高在1.20m及以上至2.10m以下的部位应计算1/2面积；结构净高在1.20m以下的部位不应计算建筑面积。

计算建筑面积时，应将建筑空间按不同结构净高分别计算。结构净高指楼面或地面结构层上表面至上部结构层下表面之间的垂直距离。

建筑外壳倾斜的结构，如坡屋顶、场馆看台、斜围护结构（斜墙）等下面的建筑空间，因其上部结构多为斜板，在划分高度上，采用的是“结构净高”尺寸划定建筑面积的计算范围和对应规则，与其他正常平楼层按“结构层高”划分不同。

2. 建筑物内设有局部楼层时，对于局部楼层的二层及以上楼层，有围护结构的应按其围护结构外围水平面积计算，无围护结构的应按其结构底板水平面积计算。建筑物内的局部楼层如图5-3所示。

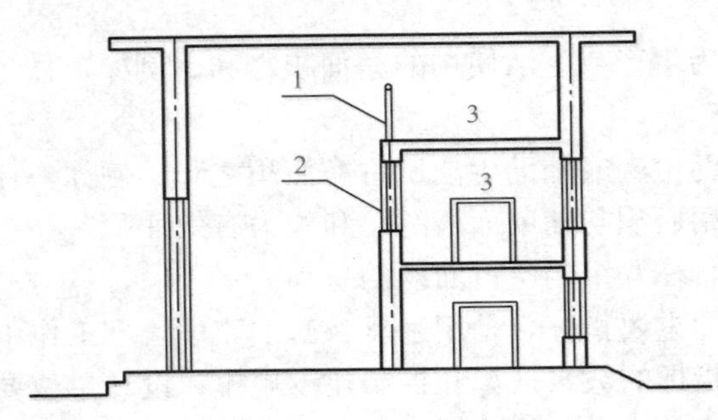

图5-3 建筑物内的局部楼层

1—围护设施；2—围护结构；3—局部楼层

注：围护结构指围合建筑空间四周的墙体、门、窗等。围护设施指为保障安全而设置的栏杆、栏板等围挡。

【例5-1】 建筑物内有局部2层楼，层高均为3m，如图5-4所示。其建筑面积为$a\times b+a'\times b'$。

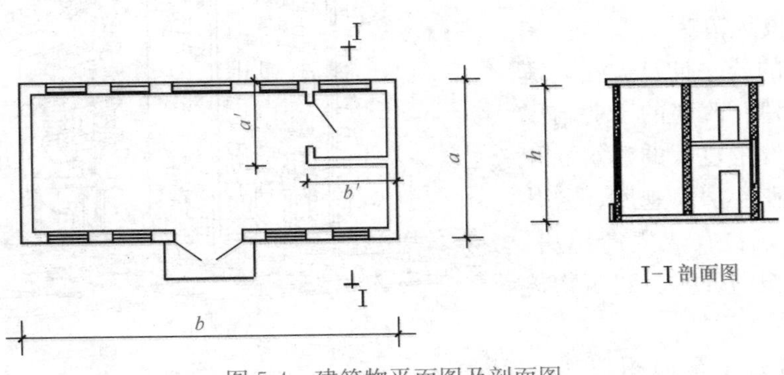

图5-4 建筑物平面图及剖面图

3. 场馆室内单独设置的有围护设施的悬挑看台，应按看台结构底板水平投影面积计算建筑面积。有顶盖无围护结构的场馆看台应按其顶盖水平投影面积的 1/2 计算面积。

4. 地下室、半地下室应按其结构外围水平面积计算。

出入口外墙外侧坡道有顶盖的部位，应按其外墙结构外围水平面积的 1/2 计算面积。

地下室指室内地平面低于室外地平面的高度超过室内净高的 1/2 的房间。半地下室指室内地平面低于室外地平面的高度超过室内净高的 1/3，且不超过 1/2 的房间。

出入口坡道分有顶盖出入口坡道和无顶盖出入口坡道。顶盖以设计图纸为准，无顶盖出入口坡道以及对后增加和建设单位自行增加的顶盖等，不计算建筑面积。顶盖不分材料种类（如钢筋混凝土顶盖、彩钢板顶盖、阳光板顶盖等）。出入口坡道顶盖的挑出长度，为顶盖结构外边线至外墙结构外边线的长度。地下室出入口如图 5-5 所示。

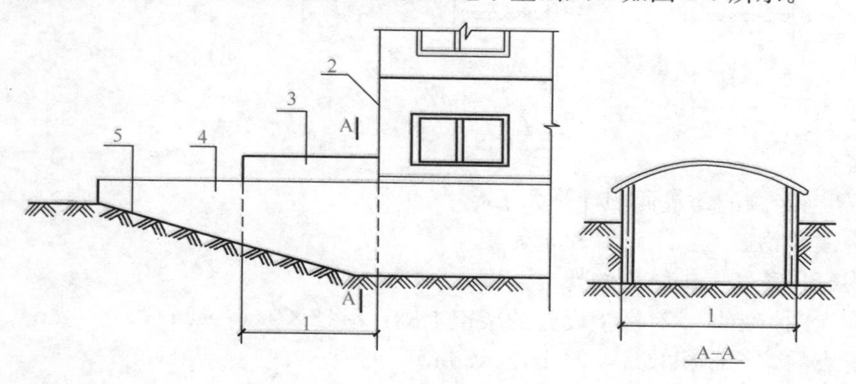

图 5-5　地下室出入口

1—计算 1/2 投影面积部位；2—主体建筑；3—出入口顶盖；
4—封闭出入口侧墙；5—出入口坡道

5. 建筑物架空层及坡地建筑物吊脚架空层，应按其顶板水平投影计算建筑面积。既适用于建筑物吊脚架空层、深基础架空层建筑面积的计算，也适用于目前部分住宅、学校教学楼等工程在底层架空或在二楼或以上某个甚至多个楼层架空，作为公共活动、停车、绿化等空间的建筑面积的计算。建筑物吊脚架空层如图 5-6 所示。

注：架空层是指仅有结构支撑而无外围护结构的开敞空间层。

6. 建筑物的门厅、大厅应按一层计算建筑面积，门厅、大厅内设置的走廊应按走廊结构底板水平投影面积计算建筑面积。大厅内走廊如图 5-7 所示。

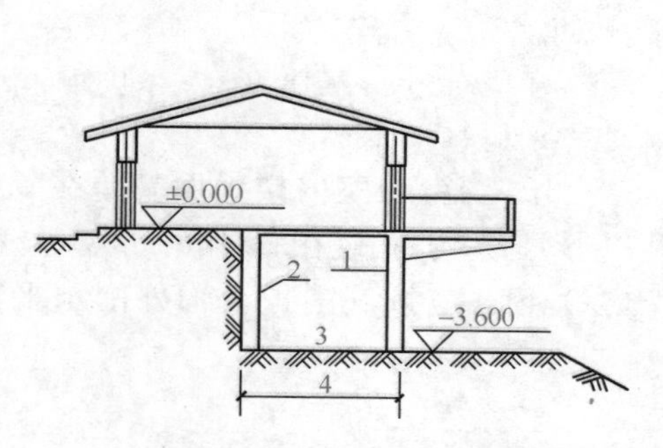

图 5-6　建筑物吊脚架空层

1—柱；2—墙；3—吊脚架空层；4—计算建筑面积部位

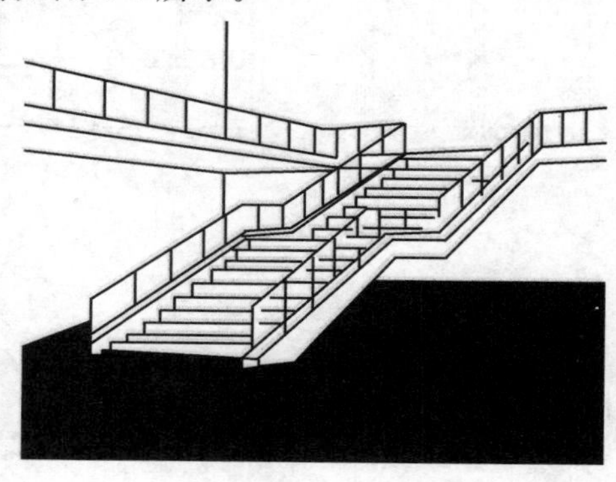

图 5-7　大厅内走廊

7. 建筑物间的架空走廊，有顶盖和围护结构的，应按其围护结构外围水平面积计算全面积；无围护结构、有围护设施的，应按其结构底板水平投影面积计算 1/2 面积。

注：架空走廊指专门设置在建筑物的二层或二层以上，作为不同建筑物之间水平交通的空间。

【例 5-2】计算图 5-8 架空走廊的建筑面积。

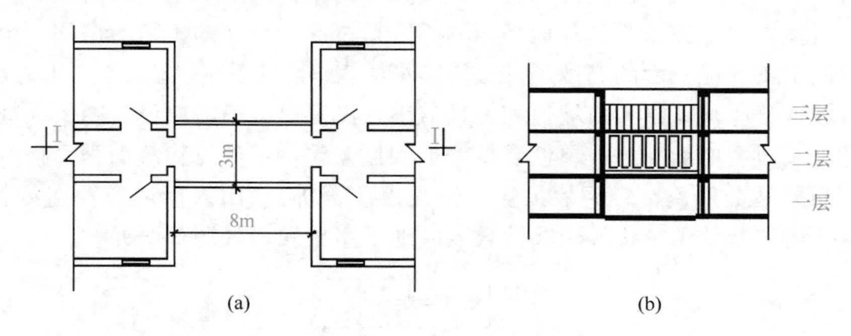

图 5-8 架空走廊示意图

(a) 平面图；(b) Ⅰ-Ⅰ剖面图

【解】架空走廊的建筑面积计算如下：

一层为建筑物通道：不计算建筑面积

二层为有顶盖和围护结构的架空走廊：$8\times3=24m^2$

三层为无围护结构、有围护设施的架空走廊：$8\times3\times0.5=12m^2$

架空走廊的建筑面积共计：$24+12=36m^2$

8. 立体书库、立体仓库、立体车库，有围护结构的，应按其围护结构外围水平面积计算建筑面积；无围护结构、有围护设施的，应按其结构底板水平投影面积计算建筑面积。无结构层的应按一层计算，有结构层的应按其结构层面积分别计算。

起局部分隔、存储等作用的书架层、货架层或可升降的立体钢结构停车层均不属于结构层，故该部分分层不计算建筑面积。

9. 有围护结构的舞台灯光控制室、附属在建筑物外墙的落地橱窗和门斗应按其围护结构外围水平面积计算建筑面积。门斗如图 5-9 所示。

注：落地橱窗指突出外墙面且根基落地的橱窗，如在商业建筑临街面设置的下槛落地、可落在室外地坪也可落在室内首层地板，用来展览各种样品的玻璃窗。门斗指建筑物入口处两道门之间的空间。

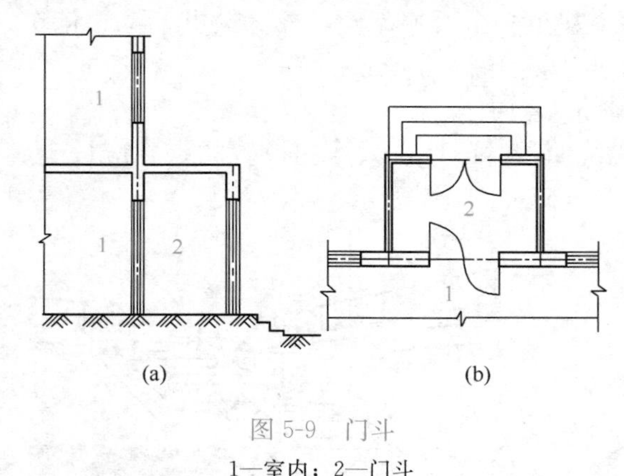

图 5-9 门斗

1—室内；2—门斗

10. 窗台与室内楼地面高差在 0.45m 以下且结构净高在 2.10m 及以上的凸（飘）窗，应按其围护结构外围水平面积计算 1/2 面积。

注：凸窗（飘窗）为房间采光和美化造型而设置的凸出建筑物外墙面的窗户。

11. 有围护设施的室外走廊（挑廊），应按其结构底板水平投影面积计算 1/2 面积；

有围护设施（或柱）的檐廊，应按其围护设施（或柱）外围水平面积计算 1/2 面积。檐廊如图 5-10 所示。

注：挑廊指挑出建筑物外墙的水平交通空间。檐廊指建筑物挑檐下的水平交通空间。

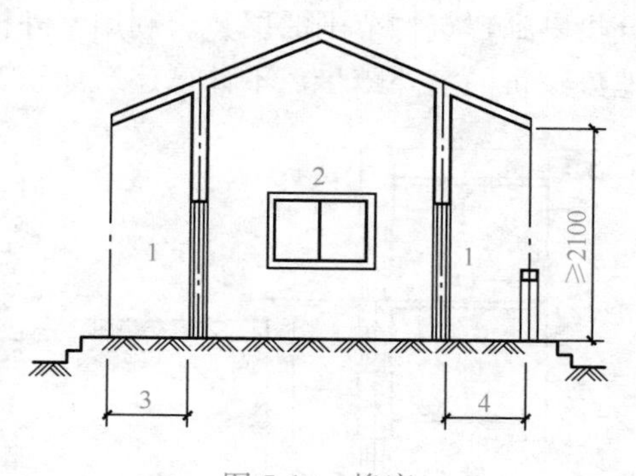

图 5-10 檐廊

1—檐廊；2—室内；3—不计算建筑面积部位；4—计算 1/2 建筑面积部位

12. 门廊应按其顶板的水平投影面积的 1/2 计算建筑面积；有柱雨篷应按其结构板水平投影面积的 1/2 计算建筑面积；无柱雨篷的结构外边线至外墙结构外边线的宽度在 2.10m 及以上的，应按雨篷结构板的水平投影面积的 1/2 计算建筑面积。

注：门廊指建筑物入口前有顶棚的半围合空间。

雨篷分为有柱雨篷（包括独立柱雨篷、多柱雨篷、柱墙混合支撑雨篷、墙支撑雨篷）和无柱雨篷（悬挑雨篷）。有柱雨篷，没有出挑宽度的限制，也不受跨越层数的限制，均计算建筑面积。无柱雨篷，其结构板不能跨层，并受出挑宽度的限制，设计出挑宽度大于或等于 2.10m 时才计算建筑面积。出挑宽度指雨篷结构外边线至外墙结构外边线的宽度，弧形或异形时，取最大宽度。

如凸出建筑物，且不单独设立顶盖，利用上层结构板（如楼板、阳台底板）进行遮挡，则不视为雨篷，不计算建筑面积。对于无柱雨篷，如顶盖高度达到或超过两个楼层时，也不视为雨篷，不计算建筑面积。

13. 围护结构不垂直于水平面的楼层，应按其底板面的外墙外围水平面积计算。

目前很多建筑设计追求新、奇、特，造型越来越复杂，很多时候根本无法明确区分什么是围护结构、什么是屋顶，因此对于斜围护结构（斜墙）与斜屋顶采用相同的计算规则，即只要外壳倾斜，就按结构净高划段，分别计算建筑面积。斜围护结构如图 5-11 所示。

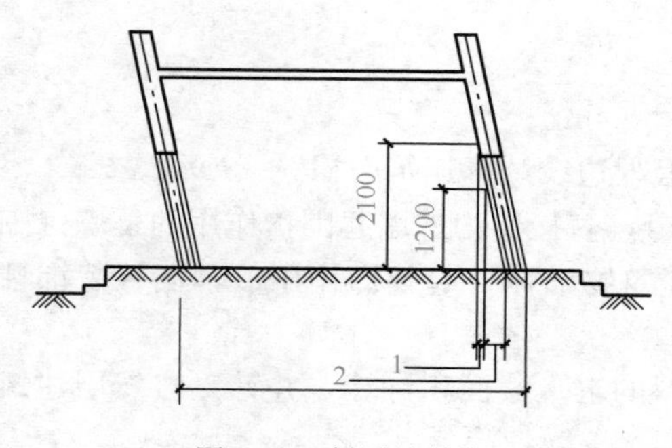

图 5-11 斜围护结构

1—计算 1/2 建筑面积部位；2—不计算建筑面积部位

14. 建筑物的室内楼梯、电梯井、提物井、管道井、通风排气竖井、烟道，应并入建筑物的自然层计算建筑面积。

有顶盖的采光井按一层计算面积。特别说明的是，其结构净高在 2.10m 及以上的，应计算全面积；结构净高在 2.10m 以下的，应计算 1/2 面积。

建筑物的楼梯间层数按建筑物的层数计算。有顶盖的采光井包括建筑物中的采光井和地下室采光井。地下室采光井如图 5-12 所示。

15. 室外楼梯应并入所依附建筑物自然层，并应按其水平投影面积的 1/2 计算建筑面积。

室外楼梯作为连接该建筑物层与层之间交通不可缺少的基本部件，无论从其功能、还是工程计价的要求来说，均需计算建筑面积。层数为室外楼梯所依附的楼层数，即梯段部分投影到建筑物范围的层数。利用室外楼梯下部的建筑空间不得重复计算建筑面积；利用地势砌筑的室外踏步，不计算建筑面积。

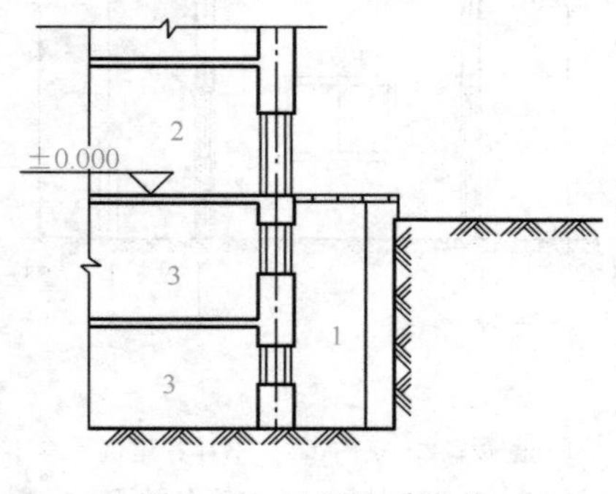

图 5-12 地下室采光井

1—采光井；2—室内；3—地下室

16. 在主体结构内的阳台，应按其结构外围水平面积计算全面积；在主体结构外的阳台，应按其结构底板水平投影面积计算 1/2 面积。

建筑物的阳台，不论其形式如何，均以建筑物主体结构为界分别计算建筑面积。

17. 有顶盖无围护结构的车棚、货棚、站台、加油站、收费站等，应按其顶盖水平投影面积的 1/2 计算建筑面积。

计算车棚、货棚、站台、加油站、收费站等的面积时，由于建筑技术的发展，出现许多新型结构，如柱不再是单纯的直立的柱，而出现正 V 形柱、倒 V 形柱等不同类型的柱，此时建筑面积应依据顶盖的水平投影面积的 1/2 计算。在车棚、货棚、站台、加油站、收费站内设有围护结构的管理室、休息室等的建筑面积，另按相应规则计算。

【例 5-3】如图 5-13 中，计算单排柱站台的建筑面积。

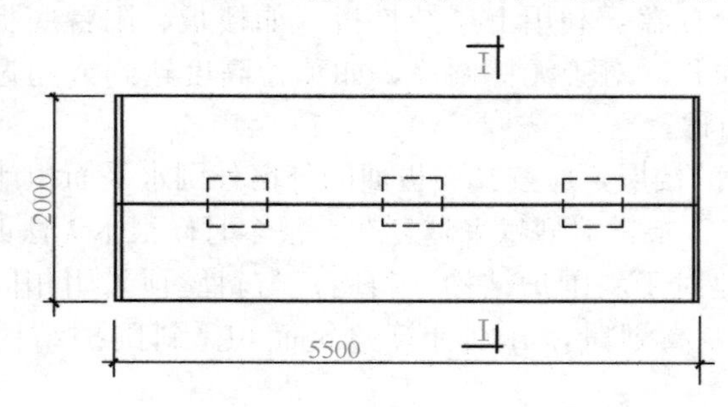

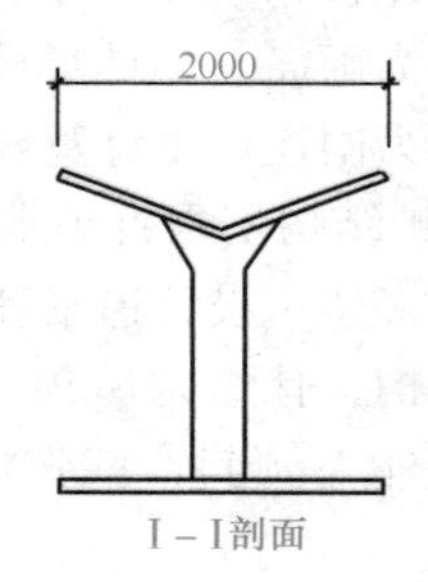

图 5-13 单排柱站台示意图

【解】单排柱站台的建筑面积＝2×5.5×1/2＝5.5m²

18. 以幕墙作为围护结构的建筑物，应按幕墙外边线计算建筑面积。

幕墙以其在建筑物中所起的作用和功能来区分，直接作为外墙起围护作用的幕墙（围护性幕墙），按其外边线计算建筑面积；设置在建筑物墙体外起装饰作用的幕墙（装饰性幕墙），不计算建筑面积。

19. 建筑物的外墙外保温层，应按其保温材料的水平截面积计算，并计入自然层建筑面积。

建筑物外墙外侧有保温隔热层的，保温隔热层以保温材料的净厚度乘以外墙结构外边线长度按建筑物的自然层计算建筑面积，其外墙外边线长度不扣除门窗和建筑物外已计算建筑面积构件（如阳台、室外走廊、门斗、落地橱窗等部件）所占长度。当建筑物外已计算建筑面积的构件（如阳台、室外走廊、门斗、落地橱窗等部件）有保温隔热层时，其保温隔热层也不再计算建筑面积。外墙是斜面者按楼面楼板处的外墙外边线长度乘以保温材料的净厚度计算。外墙外保温以沿高度方向满铺为准，某层外墙外保温铺设高度未达到全部高度时（不包括阳台、室外走廊、门斗、落地橱窗、雨篷、飘窗等），不计算建筑面积。保温隔热层的建筑面积是以保温隔热材料的厚度来计算的，不包含抹灰层、防潮层、保护层（墙）的厚度。建筑外墙外保温如图 5-14 所示。

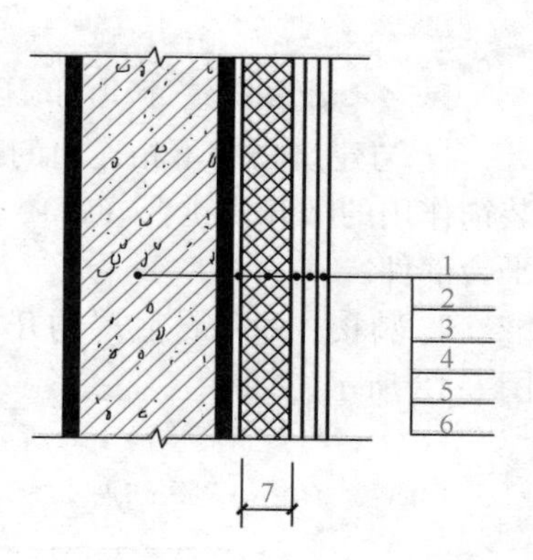

图 5-14　建筑外墙外保温

1—墙体；2—粘结胶浆；3—保温材料；4—标准网；5—加强网；6—抹面胶浆；7—计算建筑面积部位

20. 与室内相通的变形缝，应按其自然层合并在建筑物建筑面积内计算。对于高低联跨的建筑物，当高低跨内部连通时，其变形缝应计算在低跨面积内。

注：变形缝一般分为伸缩缝、沉降缝、防震缝三种。室内相通的变形缝是指暴露在建筑物内，在建筑物内可以看得见的变形缝。

如图 5-15 中，(a) 图的高跨宽为 b_1，(b) 图的高跨宽为 b_4。

21. 设在建筑物顶部的、有围护结构的楼梯间、水箱间、电梯机房等，结构层高在 2.20m 及以上的应计算全面积，结构层高在 2.20m 以下的，应计算 1/2 面积。

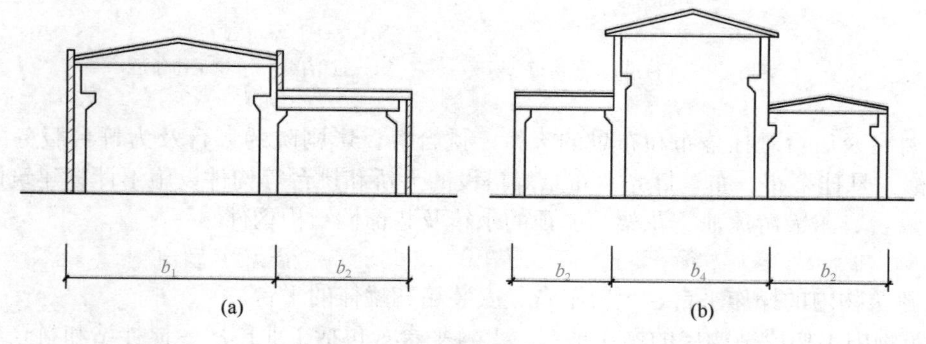

图 5-15　高低跨单层建筑物建筑面积计算示意图

22. 对于建筑物内的设备层、管道层、避难层等有结构层的楼层，结构层高在 2.20m 及以上的，应计算全面积；结构层高在 2.20m 以下的，应计算 1/2 面积。如图 5-16 所示。

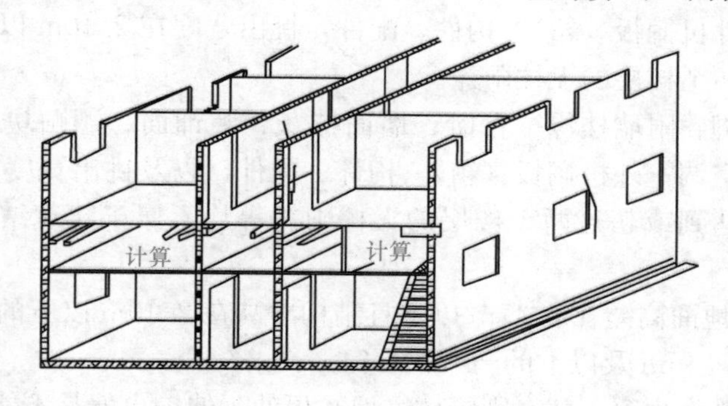

图 5-16　建筑物内的设备管道夹层示意图

注：设备层、管道层的具体功能虽与普通楼层不同，但在结构上及施工消耗上并无本质区别，且自然层为"按楼地面结构分层的楼层"，因此，设备、管道楼层归为自然层，其计算规则与普通楼层相同。

在吊顶空间内设置管道的，则吊顶空间部分不能被视为设备、管道层。

三、不计算建筑面积的项目

1. 与建筑物内不相连通的建筑部件。即依附于建筑物外墙外不与户室开门连通，起装饰作用的敞开式挑台（廊）、平台，以及不与阳台相通的空调室外机搁板（箱）等设备平台部件。

2. 骑楼、过街楼底层的开放公共空间和建筑物通道。骑楼如图 5-17 所示，过街楼如图 5-18 所示。

注：骑楼指建筑底层沿街面后退且留出公共人行空间的建筑物。过街楼指跨越道路上空并与两边建筑相连接的建筑物。建筑物通道为穿过建筑物而设置的空间。

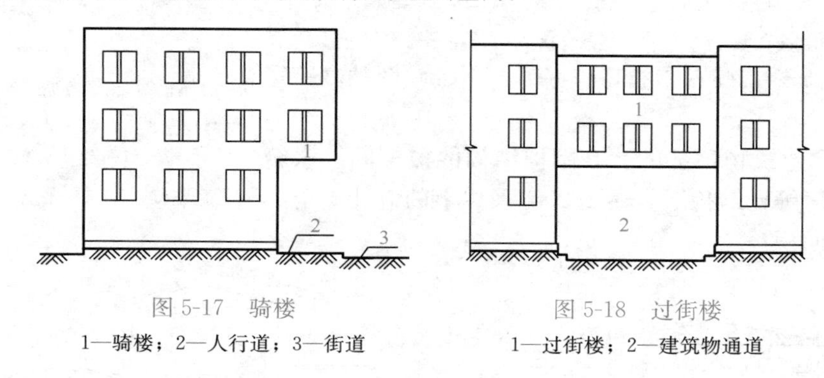

图 5-17　骑楼
1—骑楼；2—人行道；3—街道

图 5-18　过街楼
1—过街楼；2—建筑物通道

3. 舞台及后台悬挂幕布和布景的天桥、挑台等。影剧院的舞台及为舞台服务的可供上人维修、悬挂幕布、布置灯光及布景等搭设的天桥和挑台等构件设施不计算建筑面积。

4. 露台、露天游泳池、花架、屋顶的水箱及装饰性结构构件。

注：露台指设置在屋面、首层地面或雨篷上的供人室外活动的有围护设施的平台。

5. 建筑物内的操作平台、上料平台、安装箱和罐体的平台。

建筑物内不构成结构层的操作平台、上料平台（包括工业厂房、搅拌站和料仓等建筑中的设备操作控制平台、上料平台等），其主要作用为室内构筑物或设备服务的独立上人设施，因此不计算建筑面积。

6. 勒脚、附墙柱、垛、台阶、墙面抹灰、装饰面、镶贴块料面层、装饰性幕墙，主体结构外的空调室外机搁板（箱）、构件、配件，挑出宽度在 2.10m 以下的无柱雨篷和顶盖高度达到或超过两个楼层的无柱雨篷。

突出墙外的勒脚、附墙柱垛、台阶、墙面抹灰、装饰面、镶贴块料面层、装饰性幕墙，主体结构外的空调室外机搁板（箱）、构件、配件，以及挑出宽度在 2.10m 以下的无柱雨篷和顶盖高度达到或超过两个楼层的无柱雨篷等均不属于建筑结构，不应计算建筑面积。

7. 窗台与室内地面高差在 0.45m 以下且结构净高在 2.10m 以下的凸（飘）窗，窗台与室内地面高差在 0.45m 及以上的凸（飘）窗。

凸窗（飘窗）既作为窗，就有别于楼（地）板的延伸，也就是不能把楼（地）板延伸出去的窗称为凸窗（飘窗）。凸窗（飘窗）的窗台应只是墙面的一部分且距（楼）地面应有一定的高度。

8. 室外爬梯、室外专用消防钢楼梯。

室外钢楼梯需要区分具体用途，如专用于消防楼梯，则不计算建筑面积。如果是建筑物唯一通道，兼用于消防，则需要按室外楼梯计算建筑面积。

9. 无围护结构的观光电梯。

无围护结构的观光电梯本身属于设备，不宜计算建筑面积。

10. 建筑物以外的地下人防通道，独立的烟囱、烟道、地沟、油（水）罐、气柜、水塔、贮油（水）池、贮仓、栈桥等构筑物。

第四节　单位工程施工图预算的编制

一、工程量计算注意事项

确定工程项目和计算工程量，是编制预算的重要环节。工程项目划分得是否齐全，工程量计算的正确与否将直接影响预算的编制质量及速度。一般应注意以下几点：

1. 计算口径要一致

计算工程量时，根据施工图纸列出的分项工程的口径与定额中相应分项工程的口径相一致，因此在划分项目时一定要熟悉消耗量定额中该项目所包括的工程内容。如楼地面装饰工程中的楼梯面层，北京市 2021 年预算消耗量标准中，楼梯的工程量包括了踏步、休息平台和楼梯踢脚线，因此在计算踢脚线时，楼梯间的踢脚线就不应另列项目重复计算。

2. 计量单位要一致

按施工图纸计算工程量时，各分项工程的工程量计量单位，必须与消耗量定额中相应项目的计算单位一致，不能凭个人主观臆断随意改变。计算公式要正确，确定尺寸来源要注明部位或轴线。如现浇钢筋混凝土构造柱定额的计量单位是立方米，工程量的计量单位也应该是立方米。另外还要正确地掌握同一计量单位的不同含义，如阳台栏杆与楼梯栏杆虽然都是以延长“米”为计量单位，但按定额的含义，前者是图示长度，而后者是指水平投影长度。

3. 严格执行定额中的工程量计算规则

在计算工程量时，必须严格执行工程量计算规则，以免造成工程量计算中的误差，从而影响工程造价的准确性。如计算墙体工程量时应按立方米计算，并扣除门窗洞口面积，以及 $0.3m^2$ 以外的孔洞及钢筋混凝土圈梁、过梁、梁、挑梁、柱等所占的体积（其中门窗为门窗洞口的面积，而不是门窗框外围的面积）。定额中凡注明“×××以内（下）”者，均包括“×××”本身；注明“×××以外（上）”者，则不包括“×××”本身。

4. 计算必须要准确

在计算工程量时，计算底稿要整洁，数字要清楚，项目部位要注明，计算精度要一致。北京市 2021 年消耗量标准对工程量计算规则中的计量单位和工程量计算有效位数做了统一规定：

（1）“以体积计算”的工程量以“m^3”为计量单位，工程量保留小数点后两位数字；

（2）“以面积计算”的工程量以“m^2”为计量单位，工程量保留小数点后两位数字；

（3）“以长度计算”的工程量以“m”为计量单位，工程量保留小数点后两位数字；

（4）“以质量计算”的工程量以“t”为计量单位，工程量保留小数点后三位数字；

（5）“以数量计算”的工程量以“台、块、个、套、件、根、组、系统”为计量单位，工程量应取整数。

5. 尽量利用一数多用的计算原则，以加快计算速度

（1）重复使用的数值，要反复核对后再连续使用。否则据以计算的其他工程量也都错了。

（2）对计算结果影响大的数字，要严格要求其精确度，如长×宽，面积×高，则对长或高的数字，就要求正确无误，否则差值很大。

（3）计算顺序要合理，利用共同因数计算其他有关项目。

6. 核对门窗及洞口的数量

门窗和洞口要结合建筑平、立面图对照清点，列出数量、面积明细表，以备扣除门窗洞口面积、0.3m^2以外的洞口面积之用。

7. 计算时要做到不重不漏

为防止工程量计算中的漏项和重算，计算时应预先确定合理的计算顺序，通常采用以下几种方法：

（1）从平面图左上角开始，按顺时针方向逐步计算，绕一周后再回到左上角为止，这种方法适用于计算外墙、外墙基础、外墙装修、楼地面、天棚等工程量。

（2）按先横后竖、先上后下、先左后右，先外墙后内墙，先从施工图纵轴顺序计算，后从施工图横轴顺序计算。此种方法适用于计算内墙、内墙基础、各种间壁墙、保温墙等工程量。

（3）按图纸上注明不同类别的构件、配件的编号顺序进行计算，这种方法适用于计算打桩工程、钢筋混凝土柱、梁、板等构件，金属构件、钢木门窗及建筑构件等。如结构图示，柱 Z1……Zn，梁 L1……Ln，建筑图示，门窗编号 M1……Mn，C1……Cn，MC 等。

工程量的计算和汇总，都应该分层、分段（以施工分段为准）计算，分别计列分层分段的数量，然后汇总。这样既便于核算，又能满足其他职能部门业务管理上的需要。

为了便于整理核对，工程量计算顺序，使用时也可综合使用：

（1）按施工顺序。先计算建筑面积，再计算基础、结构、屋面、装修（先室内后室外）、台阶、散水、管沟、构筑物等。

（2）结合图纸，结构分层计算，内装修分层、分房间计算，外装修分立面计算。

（3）按预算定额分部顺序。

关于分部分项工程量汇总应根据定额和费用定额取费标准分别计算，首先将建筑工程与装饰工程区分开，一般按照定额的分部工程顺序来汇总。即：

（1）基础工程（含土石方、地基处理、桩基及边坡支护、垫层、基础、防水、回填土等）；

（2）结构工程（含砌筑、钢筋混凝土及混凝土、金属结构等）；

（3）屋面及防水工程（含保温、找坡、找平、防水、保护层、排水等）；

（4）室外道路停车场及管道工程；

（5）工程水电费、模板及支架、脚手架、垂直运输，高层建筑超高施工、施工排水及降水、安全文明施工等。

装饰工程可按下列顺序：

（1）门窗工程（含制作、安装、后塞口、玻璃安装、五金安装等）；

(2) 楼地面工程、天棚工程、墙面、柱面、隔断、幕墙；

(3) 油漆、涂料、裱糊等；

(4) 栏杆、栏板及扶手、装饰线、浴厕配件、暖气罩等；

(5) 工程水电费、脚手架、垂直运输、高层建筑超高、安全文明施工等。

无论采用哪种计算顺序或方法，都应以不漏项，不重复为原则。在实际工作中，可根据自己的习惯和经验灵活掌握。

二、施工图预算的编制依据

建筑工程一般都是由土建、采暖、给水排水、电气照明、煤气、通风等多专业单位工程所组成。因此，各单位工程预算编制要根据不同的预算定额及相应的费用定额等文件来进行。一般情况下，在进行施工图预算的编制之前应掌握以下主要文件资料：

(1) 国家、行业、地方有关规定。

(2) 相应工程造价管理机构发布的预算定额。预算定额及其有关文件是编制工程预算的基本资料和计算标准。它包括已批准执行的预算定额、费用定额、单位估价表、该地区的材料预算价格及其他有关文件。

(3) 施工图设计文件及相关标准图集和规范。设计文件是编制预算的主要工作对象。它包括经审批、会审后的设计施工图，设计说明书及设计选用的国标、市标和各种设备安装、构件、门窗图集、配件图集等。

(4) 项目相关文件、合同和协议等。

(5) 工程所在地的人工、材料、设备、施工机械的市场价格。

(6) 施工组织设计和施工方案。

经批准的施工组织设计是确定单位工程具体施工方法（如打护坡桩、进行地下降水等)、施工进度计划、施工现场总平面布置等的主要施工技术文件，这类资料在计算工程量、选套定额项目及费用计算中都有重要作用。

(7) 项目的管理模式、发包模式和施工条件。

(8) 其他应提供的资料。比如招标文件，招标文件中拟招标工程的范围决定了预算书的费用内容组成。

三、施工图预算的编制程序

编制施工图预算应在设计交底及会审图纸的基础上按以下步骤进行。

(一) 熟悉施工图纸和施工说明书。

熟悉施工图纸和施工说明书是编制工程预算的关键。因为设计图纸和设计施工说明书上所表达的工程构造、材料品种、工程做法及规格质量，为是编制工程预算提供并确定了所应该套用的工程项目。施工图纸中的各种设计尺寸、标高等，为计算每个工程项目的数量提供了基础数据。所以，只有在编制预算之前，对工程全貌和设计意图有了较全面、详尽地了解后，才能结合定额项目的划分原则，正确地划分各分部分项的工程项目，才能按照工程量计算规则正确地计算工程量及工程费用。如在熟悉设计图纸过程中发现不合理或错误的地方，应及时向有关部门反映，以便及时修改纠正。

在熟悉施工图纸和施工说明时，除应注意以上所讲的内容外，还应注意以下几点：

1. 按图纸目录检查各类图纸是否齐全，图纸编号与图名是否一致，设计选用的有关标准图集名称及代号是否明确。

2. 在对图纸的标高及尺寸的审查时，建筑图与结构图之间、主体图与大样图之间、土建图与设备图之间及分尺寸与总尺寸之间这些较易发生矛盾和错误的地方要特别注意。

3. 对图纸中采用有防水、吸声、散声、防火、耐酸等特殊要求的项目要单独进行记录，以便计算项目时引起注意。如采用了防射线混凝土，中空玻璃等特殊材料的项目及采用了进口材料、新产品材料、新技术工艺、非标准构配件等项目。

4. 如在施工图纸和施工说明中遇有与定额中的材料品种和规格质量不符或定额缺项时，应及时记录，以便在编制预算时进行调整、换算，或根据规定编制补充定额及补充单价并送有关部门审批。

（二）搜集各种编制依据及资料。

（三）熟悉施工组织设计和现场情况。

施工组织设计是施工单位根据工程特点及施工现场条件等情况编制的工程实施方案。由于施工方案的不同则直接影响工程造价，如需要进行地下降水、打护坡桩、机械的选择、模板类型的选择或因场地狭小引起材料多次搬运等都应在施工组织设计中确定下来，这些内容与预算项目的选用和费用的计算都有密切关系。因此预算人员熟悉施工组织设计及现场情况对提高编制预算质量是十分重要的。

（四）学习并掌握有关标准及规定。

消耗量定额及有关文件规定是编制预算的重要依据。随着建筑业新材料、新技术、新工艺的不断出现和推广使用，有关部门还常常对已颁布的定额进行补充和修改。因此预算人员学习和掌握所使用标准的内容及使用方法，弄清楚消耗量项目的划分及各项目所包括的内容、适用范围、计量单位、工程量计算规则以及允许调整换算项目的条件和方法等，以便在使用时能够较快地查找并正确地应用。

另外由于材料价格的调整，各地区也需要根据具体情况调整费用内容及取费标准，这些资料将直接体现在预算文件中。因此，学习掌握有关文件规定也是做好工程预算工作不可忽视的一个方面。

（五）确定工程项目计算工程量。

根据设计图纸、施工说明书、施工组织设计和预算定额的规定要求，先列出本工程的分部工程和分项工程的项目顺序表，逐项计算，遇有未预料的项目要随时补充调整，对定额缺项需要补充换算的项目要注明，以便另作补充单位估价或换算计算表。

（六）整理工程量，套用市场价格并计算综合单价价和主要材料用量，把计算好的各分项工程数量和计量单位按分部顺序分别填写到工程预算表中，然后再从消耗量定额中查出相应的分项工程定额编号、单价和定额材料用量。将工程量分别与单价、材料定额用量相乘，即可得出各分项工程的预算价和主要材料用量。然后按分部工程汇总，得到分部分项工程费和主要材料用量。

预算价是根据消耗量定额中规定的人工、材料、机械的数量，结合预算编制期的市场价格，按照有关规定计算出来的。这部分费用是编制预算中最核心、最关键的内容。

（七）计算其他各项费用、预算总造价和技术经济指标。

汇总得到定额分部分项工程费、措施项目费、其他项目费后，接着计算规费和税金，最后进行工程总造价的汇总。一般应遵照当地造价管理部门规定的统一计算程序表进行。总造价计算出来后，再计算出各单位工程每平方米建筑面积的造价指标。

（八）对施工图预算进行校核、填写编制说明、装订、签章及审批。工程预算书计算完毕首先经自审校核后，可根据工程的具体情况填写编制说明及预算书封面，装订成册，经复核后加盖公章送交有关部门审批。

四、单位工程施工图预算书的编制

单项工程预算书是由土建工程、给水排水、采暖、煤气工程、电气设备安装工程等几个单位工程预算书组成，现仅以土建工程单位工程预算书的编制方法叙述如下：

1. 填写工程量计算表

工程量计算可先列出定额编号、分项工程名称、单位、计算式等，填入表 5-4 中。

工程量计算表

表 5-4

工程名称： 第 页共 页

序号	工程项目	计算式	单位	数量
	建筑面积	…	m^2	
一、	土石方工程			
1.	平整场地	…	m^2	

（1）列出分项工程名称。根据施工图纸及预算定额规定，按照一定计算顺序，列出单位工程施工图预算的分项工程项目名称。

（2）列出计量单位、计算公式。按预算定额要求，列出计量单位和分项工程项目的计算公式。计算工程量，采用表格形式进行，可使计算步骤清楚，部位明确，便于核对，减少错误。

（3）汇总列出工程数量，计算出的工程量同项目汇总后，填入工程数量栏内，作为计取直接工程费的依据。

2. 编制单价措施项目造价表（表 5-5）

单价措施项目造价表

表 5-5

工程名称： 第 页共 页

定额编号	工程项目	工程量		预算价（元）		其中：人工费（元）	
		单位	数量	单价	合计	单价	合计
一	工程水电费						
二	综合脚手架费						
三	现浇混凝土模板及支架						
四	垂直运输费						
五	冬雨季施工增加费						
六	室内装修脚手架						
	合计						

注：以上表格中的费用金额即预算价。

3. 编制分部分项工程造价表（表5-6）

分部分项工程造价表　　表5-6

工程名称：　　第　页共　页

序号	定额编号	项目名称	工程量		预算价（元）		其中（元）	
			单位	数量	单价	合价	人工费	材料费

4. 编制分部分项工程费汇总表（表5-7）

分部分项工程费汇总表　　表5-7

工程名称：　　第　页共　页

序号	工程项目	预算价（元）	其中：人工费（元）
一	土石方工程		
二	地基处理与边坡支护工程		
三	桩基工程		
四	砌筑工程		
五	混凝土及钢筋混凝土工程		
六	金属结构工程		
七	木结构工程		
八	门窗工程		
九	屋面及防水工程		
十	保温、隔热、防腐工程		
十一	楼地面装饰工程		
十二	墙、柱面装饰与隔断、幕墙工程		
十三	天棚工程		
十四	油漆、涂料、裱糊工程		
十五	其他装饰工程		
合计			

5. 编制措施项目计算表（表5-8）

措施项目计算表

表 5-8

工程名称：

第　页共　页

序号	名称	计算基数	人工费	费用金额（元）	未计价材料费
一	单价措施				
1	工程水电费				
2	综合脚手架费				
3	现浇混凝土模板及支架				
4	垂直运输费				
5	冬雨季施工增加费				
6	室内装修脚手架				
二	总价措施				
1	安全文明施工				
2	夜间施工				
3	非夜间施工照明				
4	二次搬运				
5	地上、地下设施、建筑物的临时保护设施				
6	已完工程及设备保护				
	合计				

6. 编制单位工程费用表（表 5-9）

单位工程费用表

表 5-9

工程名称：

第　页共　页

序号	费用名称	费率	费用金额
1	分部分项工程费		
1.1	其中：人工费		
2	措施项目费		
2.1	其中：人工费		
2.2	其中：安全文明施工费		
3	其他项目费		
3.1	其中：总承包服务费		
3.2	其中：计日工		
3.2.1	其中：计日工人工费		
4	企业管理费		
5	利润		
6	规费		
6.1	社会保险费		
6.2	住房公积金费		
7	税金		
8	工程造价		

7. 施工图预算的编制说明

（1）工程概况

1）简要说明工程名称、地点、结构类型、层数、耐火等级和抗震等级；

2）建筑面积、层高、檐高、室内外高差；

3）基础类型及特点；

4）结构构件（柱、梁、板等）的断面尺寸和混凝土强度等级；

5）门窗规格及数量表（包括窗帘盒、窗帘轨和窗台板的做法）；

6）屋面、楼地面（包括楼梯装修）、墙面（外、内、女儿墙）、天棚、散水、台阶、雨罩的工程做法；

7）建筑配件的设置及数量；

8）参考图集：如《建筑构造通用集 88J1 或 88J1-X1》《88J5》等。

（2）编制依据

1）×××工程建筑施工图纸和结构施工图纸；

2）2021 年北京市建设工程计价依据——预算消耗量标准；

3）北京市建设工程造价管理处有关文件；

4）其他编制依据。

8. 填写建筑工程预算书的封面（表 5-10）

封面　　表 5-10

工程概预算书			
工程名称：		工程地点：	
建筑面积：		结构类型：	
工程造价：		单方造价：	
建设单位：		设计单位：	
施工单位：		编 制 人：	
审 核 人：		编制日期：	
建设单位：	（公章）	施工单位：	（公章）

第五节　建筑工程最高投标限价和投标报价的编制

一、最高投标限价

《中华人民共和国招标投标法实施条例》中规定的最高投标限价已取代《建设工程工程量清单计价规范》GB 50500—2013 中规定的招标控制价，因此，在本节以下内容中均表述为最高投标限价。

最高投标限价是招标人根据国家或省级、行业建设主管部门颁发的有关计价依据和办法，以及拟定的招标文件和招标工程量清单，结合工程具体情况编制的招标工程限定的最高造价。当招标人不设标底时，为了有利于客观、合理的评审投标报价和避免哄抬标价，造成国有资产流失，招标人应编制最高投标限价。其作用是招标人用于对招标工程发包规定的最高投标限价。

国有资金投资的建设工程招标，招标人必须编制最高投标限价。最高投标限价超过批准的概算时，招标人应将其报原概算审批部门审核。投标人的投标报价高于最高投标限价的应予废标。

对于最高投标限价及其规定，应注意从以下方面理解：

1）国有资金投资的建设工程招标，招标人必须编制最高投标限价，作为投标人的最高投标限价，招标人能够接受的最高交易价格。

2）最高投标限价超过批准的概算时，招标人应将其报原概算审批部门审核。

3）投标人的投标报价高于最高投标限价的，其投标应予以拒绝。

4）最高投标限价应由具有编制能力的招标人或受其委托具有相应资质的工程造价咨询人编制和复核。工程造价咨询人不得同时接受招标人和投标人对同一工程的最高投标限价和投标报价的编制。

5）最高投标限价应在招标文件中公布，不应上调或下浮，招标人应将最高投标限价及有关资料报送工程所在地工程造价管理机构备查。

（一）最高投标限价编制依据

最高投标限价应由具有编制能力的招标人或受其委托具有相应资质的工程造价咨询人根据下列依据编制：

(1)《建设工程工程量清单计价规范》GB 50500—2013；

(2) 招标文件（包括招标工程量清单）；

(3) 国家或省级、行业建设主管部门的有关规定；

(4) 建设工程设计文件及相关资料；

(5) 与建设项目相关的标准、规范、技术资料；

(6) 施工现场情况、工程特点及常规施工方案；

(7) 工程计价信息；

(8) 其他的相关资料。

（二）最高投标限价的编制

1. 分部分项工程和措施项目中的单价项目。应根据招标文件中的分部分项工程量清单项目的特征描述及有关要求，按照最高投标限价编制的依据确定综合单价计算。招标文件提供了暂估单价的材料，应按招标文件确定的暂估单价计入综合单价。

综合单价应包括招标文件中要求投标人所承担的风险内容及其范围（幅度）产生的风险费用。按照国际惯例，并根据我国工程建设的特点，发承包双方对工程施工阶段的风险宜采取如下分摊原则：

(1) 对于主要由市场价格波动导致的价格风险，一般材料和工程设备价格风险幅度考虑在±5%以内，施工机械使用费的风险幅度考虑在±10%以内。

(2) 发包人应承担的风险：国家法律、法规、规章或政策发生变化；省级或行业建设主管部门发布的人工费调整（承包人所报人工费或人工单价高于发布的除外）；政府定价或政府指导价管理的原材料（如水、电、燃油等）等价格调整。

(3) 由于承包人使用机械设备，施工技术以及组织管理水平等自身原因造成施工费用增加的（管理费超支或利润减少），应由承包人全部承担。

2. 措施项目中的总价项目。应根据拟定的招标文件和常规施工方案按照最高投标限价编制的依据计价，应包括除规费、税金以外的全部费用。措施项目中的安全文明施工费必须按国家或省级、行业建设主管部门的规定计算。

3. 其他项目。应按下列规定计价：

（1）暂列金额。应按照招标工程量清单中列出的金额填写。

暂列金额由招标人根据工程的复杂程度、设计深度、工程环境条件等，按有关计价规定进行估算确定，并应在招标工程量清单中列出。一般可按分部分项工程费的10%～15%作为参考。

（2）暂估价。暂估价中的材料、工程设备单价应按招标工程量清单中列出的单价计入综合单价。

材料、工程设备暂估价由招标人按工程造价管理机构发布的工程造价信息或参照市场价格确定，并应在招标工程量清单中列出。

（3）暂估价中的专业工程金额应按招标工程量清单中列出的金额填写。

专业工程暂估价由招标人分不同专业，按有关计价规定估算。

（4）计日工。应按招标工程量清单中列出的项目根据工程特点和有关计价依据确定综合单价计算。

计日工包括计日工人工、材料和施工机械。编制最高投标限价时，对计日工中的人工单价和施工机械台班单价应按省级、行业建设主管部门或其授权的工程造价管理机构公布的单价计算；材料应按工程造价管理机构发布的工程造价信息中的材料单价计算，工程造价信息未发布材料单价的材料，其价格应按市场调查确定的单价计算。

（5）总承包服务费。应根据招标工程量清单列出的内容和要求估算。

编制最高投标限价时，总承包服务费应按照省级或行业建设主管部门的规定计算。招标人可根据招标文件中列出的服务内容和向总承包人提出的要求参照下列标准计算：

1）招标人仅要求总承包人对其发包的专业工程提供现场配合、协调及竣工资料汇总等服务时，按发包的专业工程估算造价（不含设备费）的1.5%～2%计算；

2）招标人要求总承包人对其发包的专业工程既提供现场配合、协调及竣工资料汇总等服务，又为专业工程承包人提供现有施工设施（现场办公、水电、道路、脚手架、垂直运输）的使用时，按发包的专业工程估算造价（不含设备费）的3%～5%计算。

3）招标人自行供应材料、设备的，按招标人供应材料、设备价值的1%计算。

4. 规费和税金。规费和税金必须按国家或省级、行业建设主管部门的规定计算。

（三）最高投标限价无须保密。招标人应在招标文件中如实公布最高投标限价，包括最高投标限价各项费用（分部分项工程费、措施项目费、其他项目费、规费和税金）组成部分的详细内容。编制最高投标限价应注意以下问题。

（1）编制最高投标限价时，采用的市场价格应通过调查、分析确定，有可靠的信息来源。

（2）施工机械设备的选型直接关系到基价综合单价水平。

（3）不可竞争的措施项目和规费、税金等费用的计算均属于强制性条款，编制最高投标限价时应按国家有关规定计算。

（4）对于竞争性的措施费用的编制，应该首先编制施工组织设计或施工方案，然后依据经过专家论证后的施工方案，合理地确定措施项目与费用。

二、建设工程投标报价的计价方法

建筑安装工程费用项目按费用构成要素组成划分为人工费、材料费、施工机具使用费、企业管理费、利润、规费和税金。

分部分项工程量的单价为全费用综合单价。全费用单价综合计算完成分部分项工程所发生的人工费、材料费、施工机具使用费、企业管理费、利润、规费和税金。工程量乘以综合单价就直接得到分部分项工程的造价费用，再将各个分部分项工程的造价费用加以汇总就直接得到整个工程的总建造费用。

需要说明的是，"清单计价规范"中规定的综合单价是指完成一个规定计量单位的分部分项工程量清单项目或措施清单项目所需的人工费、材料费、施工机械使用费和企业管理费与利润，以及一定范围内的风险费用。两者存在差异，差异之处在于后者不包括规费和税金。我国目前建筑市场存在过度竞争的情况，保障规费和税金的计取是必要的。

国际工程中所谓的综合单价，一般是指全费用综合单价。

综合单价法按其所包含项目工作内容及工程计量方法的不同，又可分为以下三种表达形式：

1. 参照现行预算定额（或基础定额）对应子目所约定的工作内容、计算规则进行报价。

2. 按招标文件约定的工程量计算规则，以及按技术规范规定的每一分部分项工程所包括的工作内容进行报价。

3. 由投标人依据招标图纸、技术规范，按其计价习惯，自主报价，即工程量的计算方法、投标价的确定均由投标人根据自身情况决定。

一般情况下，综合单价法比工料单价法能更好地控制工程价格，使工程价格接近市场行情，有利于竞争，同时也有利于降低建设工程投资。

三、工程量清单招标的投标报价

工程的投标报价是投标人按照招标文件中规定的各种因素和要求，根据本企业的实际水平和能力、各种环境条件等，对承建投标工程所需的成本、拟获利润、相应的风险费用等进行计算后提出的报价。

投标人必须按招标工程量清单填报价格。填写的项目编码、项目名称、项目特征、计量单位、工程量必须与招标工程量清单一致。

（一）投标报价的编制原则

（1）投标报价由投标人自主确定，但必须执行《建设工程工程量清单计价规范》GB 50500—2013的强制性规定。投标价应由投标人或受其委托具有相应资质的工程造价咨询人编制。

（2）投标人的投标报价不得低于工程成本。

（3）投标人必须按招标工程量清单填报价格。

填写的项目编码、项目名称、项目特征、计量单位、工程量必须与招标工程量清单一致。

（4）投标报价要以招标文件中设定的承发包双方责任划分，作为设定投标报价费用项目和费用计算的基础。

（5）应该以施工方案、技术措施等作为投标报价计算的基本条件。

企业定额反映企业技术和管理水平，是计算人工、材料和机械台班消耗量的基本依据。

（二）投标报价编制依据。投标报价应由投标人，或受其委托具有相应资质的工程造价咨询人根据下列依据编制：

（1）《建设工程工程量清单计价规范》GB 50500—2013；

（2）招标文件（包括招标工程量清单）及其补充通知、答疑纪要、异议澄清或修正；

（3）建设工程设计文件及相关资料；

（4）施工现场情况、工程特点及投标时拟定的施工组织设计或施工方案；

（5）与建设项目相关的标准、规范等技术资料；

（6）投标人企业定额、工程造价数据、自行调查的价格信息等；

（7）其他的相关资料。

（三）投标前的工程询价

工程询价是投标人在投标报价前，根据招标文件的要求，对工程所需材料、工程设备等资源的质量、型号、价格、市场供应等情况进行全面系统的了解，以及调查人工市场价格和分包工程报价的工作。包括生产要素询价（材料询价、机械设备询价、人工询价）和分包询价。工程询价是投标报价的基础，为工程投标报价提供价格依据。所以，工程询价直接影响着投标人投标报价的精确性和中标后的经济收益。投标人要做好工程询价除了投标时必要的市场调查了解外，更重要的平时要做好工程造价信息的收集、整理和分析工作。

（四）复核工程量

采用工程量清单方式招标，工程量清单由招标人通过招标文件提供给投标人，其准确性（数量不算错）和完整性（不缺项漏项）由招标人负责。若工程量清单中存在漏项或错误，投标人核对后可以提出，并由招标人修改后通知所有投标人。投标人依据工程量清单进行投标报价，对工程量清单不负有核实义务，更不具有修改和调整的权利。投标人复核清单工程量的目的主要不是为了修改工程量清单，其目的是为了：

1. 编制施工组织设计、施工方案，选择合适的施工机械设备；

2. 中标后，承包人施工准备时能够准确地加工订货和施工物资采购；

3. 投标报价时可以运用不平衡报价技巧，使中标后能够获得更理想的收益。

（五）投标报价的编制

投标人在最终确定投标报价前，可先投标估价。投标估价是指投标人在施工总进度计划、主要施工方法、分包人和资源安排确定以后，根据自身工料实际消耗水平，结合工程询价结果，对完成招标工程所需要的各项费用进行分析计算，提出承建该工程的初步价格。

投标报价是投标人投标时响应招标文件要求所报出的对已标价工程量清单汇总后标明的总价。在工程采用招标发包过程中，由投标人按照招标文件的要求和招标工程量清单，根据工程特点，投标人对于该工程的投标策略，投标估价的基础上考虑投标人在该招标工程上的竞争地位、估价准确程度、风险偏好等，并结合自身的施工技术、装备和管理水平，以及在该工程上的预期利润水平，依据有关计价规定，自主确定的工程造价。投标报价是投标人希望达成工程承包交易的期望价格，它不能高于招标人设定的最高投标限价。

投标总价由分部分项工程费、措施项目费、其他项目费、规费和税金五部分合计组成。

1. 分部分项工程和措施项目中的单价项目。应根据招标文件和招标工程量清单项目中的特征描述确定综合单价计算。

分部分项工程和措施项目中的单价项目最主要的是确定综合单价。确定分部分项工程和措施项目中的单价项目综合单价的重要依据是清单项目的特征描述。投标人投标报价时应依据招标工程量清单项目的特征描述确定清单项目的综合单价，当出现招标工程量清单项目的特征描述与设计图纸不符时，投标人应以招标工程量清单的项目特征描述为准，确定投标报价的综合单价。

招标工程量清单中提供了暂估单价的材料、工程设备，按暂估的单价计入综合单价。招标文件中要求投标人承担的风险内容和范围，投标人应考虑进入综合单价。

2. 措施项目中的总价项目。应根据招标文件及投标时拟定的施工组织设计或施工方案按照规范规定自主确定。

由于各投标人拥有的施工装备、技术水平和采取的施工方法有所差别，招标人提出的措施项目清单是根据一般情况确定的，没有考虑不同投标人的“个性”。投标人投标时应根据自身编制的投标施工组织设计（或施工方案）确定措施项目，并对招标人提供的措施项目进行调整。

措施项目投标报价原则为：

（1）措施项目的内容应依据招标人提出的措施项目清单和投标人拟定的施工组织设计或施工方案。

（2）措施项目的计价方式无论单价项目，还是总价项目均应采用综合单价方式报价，即包括除规费、税金以外的全部费用。

（3）措施项目由投标人自主报价。但其中的安全文明施工费必须按国家或省级、行业建设主管部门的规定计算，不得作为竞争性费用。

3. 其他项目。

（1）暂列金额应按招标工程量清单中列出的金额填写，不得变动。

（2）暂估价不得变动和更改。材料、工程设备暂估价应按招标工程量清单中列出的单价计入综合单价；专业工程暂估价应按招标工程量清单中列出的金额填写。

（3）计日工应按招标工程量清单中列出的项目和数量，自主确定综合单价并计算计日工金额。

（4）总承包服务费应根据招标工程量清单中列出的内容和提出的要求自主确定。投标人根据招标工程量清单中列出的分包专业工程暂估价内容和供应材料、设备情况，提出的协调、配合与服务要求和施工现场管理需要等自主确定。

4. 规费和税金。必须按国家或省级、行业建设主管部门的规定计算，不得作为竞争性费用。

将以上各个项目的计算结果汇总后，填入表 5-11 中就得到投标报价。

单位工程最高投标限价/投标报价汇总表　　表 5-11

工程名称：　　标段：　　第　页　共　页

序号	汇总内容	金额（元）	其中：暂估价（元）
1	分部分项工程		
1.1			
1.2			
1.3			
1.4			
1.5			
2	措施项目		
2.1	其中：安全文明施工费		
3	其他项目		
3.1	其中：暂列金额		
3.2	其中：专业工程暂估价		
3.3	其中：计日工		
3.4	其中：总承包服务费		
4	规费		
5	税金		
最高投标限价（投标报价）合计=1+2+3+4+5			

实行工程量清单计价，投标人对招标人提供的工程量清单与计价表中所列的项目均应填写单价和合价，否则，将被视为此项费用已包含在其他项目的单价和合价中，在竣工结算时，此项目不得重新组价予以调整。

投标总价应当与分部分项工程费、措施项目费、其他项目费和规费、税金的合计金额一致。不能仅对投标总价优惠（让利），投标人对投标报价的任何优惠（让利）均应反映在相应清单项目的综合单价中。

投标人的投标报价不能高于最高投标限价，否则其投标作废。也不能明显低于最高投标限价（一般房屋建筑为低于最高投标限价的 6%），投标人应合理说明并提供相关证明材料，否则低于工程成本，其投标作废。

（六）不平衡报价法

不平衡报价法是指一个工程项目总价（估价）基本确定后，通过调整内部分项工程的单价，使既不提高总报价，不影响中标，又能在工程结算时获得更大的收益。工程实践中，投标人采取不平衡报价法的通常做法有：

1. 能够早日结算的项目，如前期措施费、基础工程、土石方工程等可以适当提高报价。“早收钱，多收钱”，以利于资金周转，提高资金时间价值。后期工程项目如设备安装、装饰装修等的报价可适当降低。

2. 经过对清单工程量复核，预计今后工程量会增加的项目，单价可适当提高；预计今后工程量可能减少的项目，则单价可适当降低。

3. 设计图纸不明确、工程内容说明不清，预计施工过程中会发生工程变更的项目，则可以降低一些单价。

4. 对发包人在施工中有可能会取消的有些项目，或有可能会指定分包的项目，报价可低点。

5. 发包人要求有些项目采用包干报价时，宜报高价。一则这类项目多半有风险，二则这类项目在完成后可全部按报价结算。

6. 有时招标文件要求投标人对工程量大的项目报“工程量清单综合单价分析表”，投标时可将人工费和机械费报高些，而材料费报低些。因为结算调价时，一般人工费和机械费选用“综合单价分析表”中的价格，而材料则往往采用市场价。

投标人采取不平衡报价法要注意单价调整时不能畸高或畸低。一般来说，单价调整幅度不宜超过±10%，只有当对施工单位具有特别优势的分项工程，才可适当增大调整幅度。否则在评标“清标”时，所报价格就会被认为不合理，影响投标人中标。

第六节　工程变更和索赔的管理

工程建设投资巨大，建设周期长，建设条件千差万别，涉及的经济关系和法律关系比较复杂，受自然条件和客观条件因数的影响大。所以，几乎所有工程项目在实施过程中，实际情况与招标投标时的情况都会有所变化。正是由于工程建设过程中，工程情况的变化，引起了工程变更。

1. 发包人的变更指令。发包人对工程的内容、标准、进度等提出新要求，修改项目计划，增减预算等。

2. 勘察设计问题。建设工程设计中存在问题难以避免，就是国有大型名牌设计院也不例外。施工中常见的勘察设计问题主要有：地质勘察资料不准确，设计错误和漏项，设计深度不够，专业间图纸中存在矛盾，施工图纸提供不及时等。

3. 监理人的不当指令。

4. 承包人的原因。承包人的施工条件限制、施工质量出现问题、提出便于施工的要求、对设计意图理解的偏差、合理化的建议等。

5. 工程施工条件发生变化。施工周围环境条件变化、异常气候条件的影响、不可抗力事件、不利的物质条件等。

6. 新技术、新方法和新工艺改变原有设计、实施方案和实施计划。

7. 法律、法规、规章和政策发生变化提出新的要求等。

以上这些情况常常会导致工程变更，使得合同条件改变、工程量增减、工程项目变化、施工计划调整等，从而最终引起合同价款调整。

一、工程变更

合同工程实施过程中由发包人提出或由承包人提出经发包人批准的合同工程任何一项工作的增、减、取消或施工工艺、顺序、时间的改变；设计图纸的修改；施工条件的改变；招标工程量清单的错、漏从而引起合同条件的改变或工程量的增减变化。

发包人和监理人均可以提出变更。变更指示均通过监理人发出，监理人发出变更指示前应征得发包人同意。承包人收到经发包人签认的变更指示后，方可实施变更。未经许可，承包人不得擅自对工程的任何部分进行变更。

涉及设计变更的，应由设计人提供变更后的图纸和说明。如变更超过原设计标准或批准的建设规模时，发包人应及时办理规划、设计变更等审批手续。

承包人按照监理人发出的变更指示及有关要求，进行下列需要的变更：

（1）增加或减少合同中任何工作，或追加额外的工作；

（2）取消合同中任何工作，但转由他人实施的工作除外；

（3）改变合同中任何工作的质量标准或其他特性；

（4）改变工程的基线、标高、位置和尺寸；

（5）改变工程的时间安排或实施顺序。

发包人提出变更的，应通过监理人向承包人发出变更指示，变更指示应说明计划变更的工程范围和变更的内容。

监理人提出变更建议的，需要向发包人以书面形式提出变更计划，说明计划变更工程范围和变更的内容、理由，以及实施该变更对合同价格和工期的影响。发包人同意变更的，由监理人向承包人发出变更指示。发包人不同意变更的，监理人无权擅自发出变更指示。

承包人提出合理化建议的，应向监理人提交合理化建议说明，说明建议的内容和理由，以及实施该建议对合同价格和工期的影响。监理人应在收到承包人提交的合理化建议后7天内审查完毕并报送发包人，发现其中存在技术上的缺陷，应通知承包人修改。发包人应在收到监理人报送的合理化建议后7天内审批完毕。合理化建议经发包人批准的，监理人应及时发出变更指示。合理化建议降低了合同价格或者提高了工程经济效益的，发包人可对承包人给予奖励。

二、工程变更估价

（一）变更估价程序

承包人应在收到变更指示后14天内，向监理人提交变更估价申请。监理人应在收到承包人提交的变更估价申请后7天内审查完毕并报送发包人，监理人对变更估价申请有异议，通知承包人修改后重新提交。发包人应在承包人提交变更估价申请后14天内审批完毕。发包人逾期未完成审批或未提出异议的，视为认可承包人提交的变更估价申请。

因变更引起的价格调整应计入最近一期的进度款中支付。

（二）变更估价原则

承包人收到监理人下达的变更指示后，认为不能执行，应立即提出不能执行该变更指示的理由。承包人认为可以执行变更的，应当书面说明实施该变更指示对合同价格和工期的影响。

工程变更引起已标价工程量清单（预算书）项目或其工程数量发生变化，除合同另有约定外，变更工程项目的单价按照下列规定确定，亦称变更估价三原则。

（1）已标价工程量清单或预算书有相同项目的，按照相同项目单价认定。

（2）已标价工程量清单或预算书中无相同项目，但有类似项目的，参照类似项目的单价认定。

（3）变更导致实际完成的变更工程量与已标价工程量清单或预算书中列明的该项目工程量的变化幅度超过15%的；或已标价工程量清单或预算书中无相同项目及类似项目单价的，按照合理的成本与利润构成的原则，由合同当事人协商确定。

（三）变更估价的确定

1. 变更估价中的相同项目是指项目采用的材料、施工工艺和方法相同，也不因此改变关键线路上工作的作业时间。

类似项目是指项目采用的材料、施工工艺和方法基本相同，也不改变关键线路上工作的作业时间。可仅就其变更后的差异部分参考类似项目的单价，由发承包双方确认新的项目单价。

比如某工程，原设计的现浇混凝土柱的强度等级为C35。施工过程中，业主要求设计将建筑层数增加一层。在通过报批手续后，设计将框架柱的混凝土强度等级变更为C40。此时，造价人员仅可用C40混凝土价格替换C35混凝土价格，其余不变，组成新的项目单价。

2. 已标价工程量清单或预算书中无相同项目及类似项目单价的，承包人可根据变更工程资料、计量规则和计价办法、工程造价管理机构发布的信息价格和承包人报价浮动率提出变更工程项目的单价，并报发包人确认后调整。

承包人报价浮动率可按下列公式计算：

招标工程　　　　承包人报价浮动率 L=(1－中标价/招标控制价)×100%

非招标工程　　　承包人报价浮动率 L=(1－报价/施工图预算)×100%

3. 工程变更和工程量偏差导致实际完成的变更工程量与已标价工程量清单或预算书中列明的该项目工程量增加超过15%以上时，增加部分工程量的单价应予调低；当工程量减少15%以上时，减少后剩余部分工程量的单价应予调高。计算公式如下：

（1）当 $Q_1 > 1.15Q_0$ 时　　　$S = 1.15Q_0 \times P_0 + (Q_1 - 1.15Q_0) \times P_1$

（2）当 $Q_1 < 0.85Q_0$ 时　　　$S = Q_1 \times P_1$

式中：S——调整后的某一分部分项工程费结算价；

Q_1——最终完成的工程量；

Q_0——招标工程量清单中列出的工程量；

P_1——按照最终完成工程量重新调整后的单价；

P_0——承包人在工程量清单中填报的单价。

4. 已标价工程量清单或预算书中无相同项目及类似项目单价的，且工程造价管理机构发布的信息价格缺价的，由承包人根据变更工程资料、计量规则、计价办法和通过市场调查等取得有合法依据的市场价格提出变更工程项目的单价，并报发包人确认后调整。

5. 措施项目费调整

工程变更引起施工方案改变并使措施项目发生变化时，承包人提出调整措施项目费的，应事先将拟实施的方案提交发包人确认，并应详细说明与原方案措施项目相比的变化情况，拟实施的方案经发承包双方确认后执行，并应按照下列规定调整措施项目费：

（1）安全文明施工费应按照实际发生变化的措施项目按国家或省级、行业建设主管部门的规定计算。

（2）采用单价计算的措施项目费，应按照实际发生变化的措施项目按上述变更估价原则确定单价。

（3）按总价（或系数）计算的措施项目费，应按照实际发生变化的措施项目调整，但应考虑承包人报价浮动因数，即调整金额按照实际调整金额乘以承包人报价浮动率 L 计算。

如果承包人未事先将拟实施的方案提交发包人确认，则应视为工程变更不引起措施项目费调整或承包人放弃调整措施项目费的权利。

工程量偏差导致实际完成的工程量与已标价工程量清单或预算书中列明的该项目工程量增减超过 15%，且引起相关措施项目发生变化时，按总价（或系数）计算的措施项目费，工程量增加的措施项目费调增，工程量减少的措施项目费调减。

6. 费用和利润补偿

当发包人提出的工程变更因非承包人原因删减了合同中的某项原定工作或工程，致使承包人发生的费用或（和）得到的收益不能被包括在其他已支付或应支付的项目中，也未被包含在任何替代的工作或工程中时，承包人有权提出并应得到合理的费用及利润补偿。

（四）争议的解决

工程变更价款的计算和确定，是工程施工期中结算和工程竣工结算合同价款调整中，发承包双方经常出现争议的地方。如发承包双方对工程变更价款不能达成一致，应按照合同约定的争议解决方式处理。

三、暂估价

暂估价是指发包人在工程量清单或预算书中提供的用于支付必然发生但暂时不能确定价格的材料、工程设备的单价、专业工程以及服务工作的金额。对于暂估价的最终确定，在工程施工过程中一般按下列原则办理：

1. 对于依法必须招标的暂估价项目，可以采取以下两种方式确定。

第 1 种方式：由承包人组织进行招标。

（1）承包人应当根据施工进度计划，在招标工作启动前 14 天将招标方案通过监理人报送发包人审查，发包人应当在收到承包人报送的招标方案后 7 天内批准或提出修改意见。承包人应当按照经过发包人批准的招标方案开展招标工作；

（2）承包人应当根据施工进度计划，提前 14 天将招标文件通过监理人报送发包人审批，发包人应当在收到承包人报送的相关文件后 7 天内完成审批或提出修改意见；发包人有权确定最高投标限价并按照法律规定参加评标；

（3）承包人与供应商、分包人在签订暂估价合同前，应当提前 7 天将确定的中标候选供应商或中标候选分包人的资料报送发包人，发包人应在收到资料后 3 天内与承包人共同确定中标人；承包人应当在签订合同后 7 天内，将暂估价合同副本报送发包人留存。

第 2 种方式：由发承包人共同招标。

由发包人和承包人共同招标确定暂估价供应商或分包人的，承包人应按照施工进度计划，在招标工作启动前 14 天通知发包人，并提交暂估价招标方案和工作分工。发包人应在收到后 7 天内确认。确定中标人后，由发包人、承包人与中标人共同签订暂估价合同。

对于依法必须招标的暂估价项目，以中标价取代暂估价调整合同价款。中标价与工程量清单或预算书中所列的暂估价的金额差以及相应的税金等计入结算价。

2. 对于不属于依法必须招标的暂估价项目，可以采取以下 3 种方式确定：

（1）第 1 种方式：由承包人按照合同约定采购。

1）承包人应根据施工进度计划，在签订暂估价项目的采购合同、分包合同前 28 天向监理人提出书面申请。监理人应当在收到申请后 3 天内报送发包人，发包人应当在收到申请后 14 天内给予批准或提出修改意见，发包人逾期未予批准或提出修改意见的，视为该书面申请已获得同意；

2）发包人认为承包人确定的供应商、分包人无法满足工程质量或合同要求的，发包人可以要求承包人重新确定暂估价项目的供应商、分包人；

3）承包人应当在签订暂估价合同后 7 天内，将暂估价合同副本报送发包人留存。

（2）第 2 种方式：由承包人组织进行招标。

承包人按照上述“依法必须招标的暂估价项目”约定的第 1 种方式确定暂估价项目。即由承包人组织招标，发包人审批招标方案、中标候选人等方式。

（3）第 3 种方式：直接委托承包人实施。

承包人具备实施暂估价项目的资格和条件的，经发包人和承包人协商一致后，可由承包人自行实施暂估价项目。合同当事人应在合同中约定实施的价格及要求等具体事项。

对于不属于依法必须招标的暂估价项目，由承包人提供，经发包人（监理人）确认的供应商、分包人的价格取代暂估价，调整合同价款。发承包双方确认的价格与工程量清单（预算书）中所列的暂估价的金额差以及相应的税金等计入结算价。

在工程实践中，暂估价项目的确定也是发承包双方经常出现争议的地方。发承包双方应在施工合同中约定暂估价项目确定的方式和程序，以及双方在暂估价项目确定中的工作分工、权利和义务等具体事项，避免实施中产生纠纷，影响工程施工的顺利进行。

四、暂列金额与计日工

1. 暂列金额是指发包人在工程量清单或预算书中暂定并包括在合同价格中的一笔款项，用于工程合同签订时尚未确定或者不可预见的所需材料、工程设备、服务的采购，施工中可能发生的工程变更、合同约定调整因素出现时的合同价格调整以及发生的索赔、现场签证等的费用。

暂列金额虽然列入合同价格，但并不属于承包人所有，相当于业主的备用金。暂列金额应按照发包人的要求使用，发包人的要求应通过监理人发出。只有按照合同约定发生后，对合同价格进行相应调整，实际发生额才归承包人所有。

2. 计日工是指合同履行过程中，承包人完成发包人提出的零星工作或需要采用计日工计价的变更工作时，按合同中约定的单价计价的一种方式。

需要采用计日工方式的，经发包人同意后，由监理人通知承包人以计日工计价方式实施相应的工作，其价款按列入已标价工程量清单或预算书中的计日工计价项目及其单价进行计算；已标价工程量清单或预算书中无相应的计日工单价的，按照合理的成本与利润构成的原则，由合同当事人协商确定计日工的单价。

采用计日工计价的任何一项工作，承包人应在该项工作实施过程中，每天提交以下报表和有关凭证报送监理人审查：

（1）工作名称、内容和数量；

（2）投入该工作的所有人员的姓名、专业、工种、级别和耗用工时；

（3）投入该工作的材料类别和数量；

(4) 投入该工作的施工设备型号、台数和耗用台时；

(5) 其他有关资料和凭证。

计日工由承包人汇总后，列入最近一期进度付款申请，由监理人审查并经发包人批准后列入进度付款。

五、工程变更的管理

一般的工程项目，大多数施工企业都能干，施工招标时，业主考虑更多的是要“物美价廉”。业主通过招标控制价，经济标评分办法、合同条款约定、风险转移等手段来降低工程造价。施工单位面对“僧多粥少”，竞争激烈的建设工程市场，要想中标，除了具备基本的实力、能力、资信，以及良好的沟通和服务外，更重要的一点就是投标报价不能报高，否则就中不了标。那么，施工单位承揽到项目后，要想赚到钱，除自身的成本控制外，就要依靠施工过程中的工程变更、现场签证。

所以，工程变更管理对施工单位能否在项目上取得好的经济效益相当重要。施工过程中，施工单位要做好工程变更与合同价款的调整工作。首先，当施工中发生变更情况时，应按照合同约定或相关规定，及时办理工程变更手续，之后尽快落实变更。其次，要做好工程变更价款的计价与确定工作，尤其新增项目的单价、甲方选用材料价格的确认，以及暂估价价格的认价工作。市场价格和造价信息价格一般都有一定“弹性”。材质、规格、型号、厂家、地点以及数量等不同，价格就不同。承发包双方尽可能要确认一个合适的价格，并及时办理有相关方（甲方、监理、施工等）签字、甚至盖章的签认手续，必要时，新增项目还应签订补充协议书。有些时候现场生产技术人员要配合造价人员使其了解变更工程的实施情况，以便全面完整地计价。同时要在合同约定或相关规定的时限内提出工程变更价款的申请报告。最后，施工单位还应做好工程变更及其价款调整确认文件资料的日常管理工作，及时收集整理设计变更文件资料包括图纸会审记录、设计变更通知单和工程洽商记录等，及时收集整理工程变更价款计价资料包括材料设备和专业工程的招投标文件、合同书、认价单，补充协议书、现场签证、变更工程价款结算书以及相关计价文件等。

六、FIDIC施工合同条件下工程变更价款的确定方法

（一）工程变更价款确定的一般原则

1. 变更工作在合同中有同类工作内容，应以该费率或单价计算变更工程的费用；

2. 合同中有类似工作内容，则应在该费率或单价的基础上进行合理调整，推算出新的费率和单价；

3. 变更工作在合同中没有类似工作内容，应根据实际工程成本加合理利润，确定新的费率或单价。

（二）工程变更的估价

FIDIC施工合同条件中对工程变更的估价，采用新的费率或单价，有两种情况：

1. 第一种情况

(1) 该项工作实际测量的数量比工程量表中规定的数量的变化超过10%；

(2) 工程量的变化与该项工作的费率的乘积超过了中标合同金额的0.01%；

(3) 工程量变化直接造成该项工作的单位成本变动超过1%，而且合同中没有规定该项工作的费率固定。

2. 第二种情况

（1）该工作是按照变更和调整的指示进行的；

（2）合同中没有规定该项工作的费率或单价；

（3）该项工作在合同中没有类似的工作内容，没有一个适宜的费率或单价适用。

【例 5-4】某办公楼装修改造工程，业主采用工程量清单方式招标与某承包商签订了工程施工合同。该合同中部分工程价款条款约定如下：

1. 本工程招标控制价为 1000 万元，签约合同价为 950 万元。

2. 当实际施工应予计量的工程量增减幅度超过招标工程量清单 15%时，调整综合单价，调整系数为 0.9(1.1)。已标价工程量清单中分项工程 B、C、D 的工程量及综合单价见表 5-12。

工程量及综合单价　　表 5-12

分项工程	B	C	D
综合单价（元/m^2）	60	70	80
清单工程量（m^2）	2000	3000	4000

3. 工程变更项目若已标价工程量清单中无相同和类似项目的，其综合单价参考工程所在地计价定额的资源消耗量、费用标准，以及施工期发布的信息价格等进行计算调整。

4. 合同未尽事宜，按照《建设工程工程量清单计价规范》GB 50500—2013 的有关规定执行。

工程施工过程中，发生了以下事件：

（1）业主领导来工地视察工程后，提出局部房间布局调整的要求。由于此变更，导致分项工程 B、C、D 工程量发生变化。后经监理工程师计量确认承包商实际完成工程量见表 5-13。

实际完成工程量　　表 5-13

分项工程	B	C	D
实际工程量（m^2）	2400	3100	3300

（2）应业主要求，设计单位发出了一份设计变更通知单。其中新增加了一项分项工程 E，已标价工程量清单中无相同和类似项目。经造价工程师查工程所在地预算定额，完成分项工程 E 需要人工费 10 元/m，材料费 87 元/m，机械费 3 元/m，企业管理费费率为 8%，利润率为 7%。

（3）业主为了确保内墙涂料墙面将来不开裂，要求承包商选用质量更好的基层壁基布，并对工程使用的壁基布材料双方确认价格为 16 元/m^2。由于承包商在原合同的内墙涂料项目报价中遗漏了基层壁基布的材料费，结算时承包商就按壁基布材料的确认价格 16 元/m^2计取了材料价差。

问题：

1. 计算分项工程 B、C、D 的分项工程费结算价。

2. 工程变更项目中若出现已标价工程量清单中无相同和类似项目的，其综合单价如何确定?

3. 计算清单新增分项工程 E 的综合单价。

4. 在事件（3）中，承包商按壁基布的全价 16 元/m² 计取材料价差是否合理?

【解】

1. 分项工程 B、C、D 的分项工程费结算价计算：

（1）分项工程 B：(实际工程量－清单工程量)/清单工程量

＝(2400－2000)/2000＝20%，即实际工程量增加幅度超过招标工程量清单的 15%，故应按合同约定调整综合单价

$$结算价\ S = 1.15Q_0 \times P_0 + (Q_1 - 1.15Q_0) \times P_1$$

$$= 1.15 \times 2000 \times 60 + (2400 - 1.15 \times 2000) \times 60 \times 0.9$$

$$= 143400\ 元$$

（2）分项工程 C：实际工程量增加 100m²，没有超过招标工程量清单的 15%，故综合单价不予调整。

$$结算价\ S=3100\times70=217000\ 元$$

（3）分项工程 D：(3300－4000)/4000＝－17.5%，即实际工程量减少幅度超过招标工程量清单的 15%，故应按合同约定调整综合单价

$$结算价\ S = Q_1 \times P_1 = 3300\times80\times1.1=290400\ 元$$

2. 已标价工程量清单中无相同项目及类似项目单价的，承包人可根据变更工程资料、计量规则和计价办法、工程造价管理机构发布的信息价格和承包人报价浮动率提出变更工程项目的单价，并报发包人确认后调整。

已标价工程量清单中无相同项目及类似项目单价的，且工程造价管理机构发布的信息价格缺价的，由承包人根据变更工程资料、计量规则、计价办法和通过市场调查等取得有合法依据的市场价格提出变更工程项目的单价，并报发包人确认后调整。

3. 工程所在地工程造价管理机构发布有此项目的价格信息。

承包商报价浮动率 L ＝(1－中标价／招标控制价)×100%

＝(1－950/1000)×100%

＝5%

分项工程 E 的综合单价＝(人工费＋材料费＋机械费)×(1＋管理费率)×(1＋利润率)×(1－报价浮动率)

＝(10＋87＋3)×(1＋8%)×(1＋7%)×(1－5%)

＝109.78 元/m

4. 不合理。实行工程量清单计价，投标人对招标人提供的工程量清单与计价表中所列的项目均应填写单价和合价，否则，将被视为此项费用已包含在其他项目的单价和合价中。

所以，承包商在内墙涂料原合同报价中遗漏了基层壁基布的材料费，应认为该项费用已包含在了其内墙涂料或其他项目的单价和合价中。故结算时基层壁基布材料，承包商不应按确认价格 16 元/m² 的来计算价差。这种情况，一般按施工期确认价格与投标报价期对应的造价信息价格，以及考虑合同约定的风险幅度，计算其超过部分的价差。

七、索赔的原因

工程索赔是指在工程合同履行过程中，合同当事人一方因非己方的原因而遭受损失，

按合同约定或法律法规规定应由对方承担责任，从而向对方提出补偿的要求。在国际工程承包中，工程索赔是经常大量发生且普遍存在的管理业务。许多国际工程项目通过成功的索赔使工程利润达到了10%～20%，有的工程索赔额甚至超过了工程合同额。“中标靠低价，盈利靠索赔”，便是许多国际承包商的经验总结。

在实际工作中索赔是双向的，既包括承包人向发包人的索赔，也包括发包人向承包人的索赔。但在工程实践中，发包人索赔数量较少，而且处理方便，可以通过冲账、扣工程款、扣保证金等方式实现对承包人的索赔。通常情况下，索赔是指承包人在合同实施中，对非自己过错的责任事件造成的工程延期、费用增加，而依据合同约定要求发包人给予补偿的一种行为。按照索赔的目的将索赔分为工期索赔和费用索赔。

工程施工中，引起承包人向发包人索赔的原因一般会有：

1. 施工条件变化引起的；
2. 工程变更引起的；
3. 因发包人原因致使工期延期引起的；
4. 发包人（监理人）要求加速施工，更换材料设备引起的；
5. 发包人（监理人）要求工程暂停或终止合同引起的；
6. 物价上涨引起的；
7. 法律、法规和国家有关政策变化，以及货币及汇率变化引起的；
8. 工程造价管理部门公布的价格调整引起的；
9. 发包人拖延支付承包人工程款引起的；
10. 不利物质条件和不可抗力引起的；
11. 由发包人分包的工程干扰（延误、配合不好等）引起的；
12. 其他第三方原因（邮路延误、港口压港等）引起的；
13. 发承包双方约定的其他因素引起的等。

八、索赔成立的条件

承包人的索赔要求成立，必须同时具备以下三个条件：

1. 与合同相对照，事件已造成了承包人施工成本的额外支出或总工期延误；
2. 造成费用增加或工期延误的原因，不属于承包人应承担的责任；
3. 承包人按合同约定的程序和时限内提交了索赔意向通知和索赔报告。

九、工程索赔的证据

当合同一方向另一方提出索赔时，要有正当的索赔理由，且有索赔事件发生时的有效证据。工程施工过程中，常见的索赔证据有：

1. 工程招标文件、合同文件；
2. 施工组织设计；
3. 工程图纸、设计交底记录、图纸会审记录、设计变更通知单和工程洽商记录，以及技术规范和标准；
4. 来往函件、指令或通知；
5. 现场签证、施工现场记录以及检查、试验、技术鉴定和验收记录；
6. 会议纪要，备忘录；
7. 工程预付款、进度款支付的数额及日期；

8. 发包人应该提供的设计文件及资料、甲供材料设备的进场时间记录；

9. 工程现场气候情况记录；

10. 工程材料设备和专业分包工程的招标投标文件、合同书，以及材料采购、订货、进场方面的凭据；

11. 工程照片及录像；

12. 法律、法规和国家有关政策变化文件，工程造价管理机构发布的价格调整文件；

13. 货币及汇率变化表、财务凭证等。

实践证明，承包人索赔成功与否的关键是有力的索赔证据。没有证据或证据不足，索赔要求就不能成立。索赔的证据一定要具备真实性、全面性、关联性、及时性以及法律有效性。关联性是证据应能互相说明、相互关联，不能互相矛盾。

所以，承包人在施工过程中要注意及时收集整理有关的工程索赔证据，这是索赔工作的关键。

十、工程索赔的处理程序

索赔事件发生后，承包人应持证明索赔事件发生的有效证据，依据正当的索赔理由，按合同约定的时间内向发包人提出索赔。发包人应在合同约定的时间内对承包人提出的索赔进行答复和确认。

1. 根据合同约定，承包人认为有权得到追加付款和（或）延长工期的，应按以下程序向发包人提出索赔：

（1）承包人应在知道或应当知道索赔事件发生后 28 天内，向监理人递交索赔意向通知书，并说明发生索赔事件的事由；承包人未在前述 28 天内发出索赔意向通知书的，丧失要求追加付款和（或）延长工期的权利；

（2）承包人应在发出索赔意向通知书后 28 天内，向监理人正式递交索赔报告；索赔报告应详细说明索赔理由以及要求追加的付款金额和（或）延长的工期，并附必要的记录和证明材料；

（3）索赔事件具有持续影响的，承包人应按合理时间间隔继续递交延续索赔通知，说明持续影响的实际情况和记录，列出累计的追加付款金额和（或）工期延长天数；

（4）在索赔事件影响结束后 28 天内，承包人应向监理人递交最终索赔报告，说明最终要求索赔的追加付款金额和（或）延长的工期，并附必要的记录和证明材料。

2. 对承包人索赔的处理

（1）监理人应在收到索赔报告后 14 天内完成审查并报送发包人，监理人对索赔报告存在异议的，有权要求承包人提交全部原始记录副本；

（2）发包人应在监理人收到索赔报告或有关索赔的进一步证明材料后的 28 天内，由监理人向承包人出具经发包人签认的索赔处理结果，发包人逾期答复的，则视为认可承包人的索赔要求；

（3）承包人接受索赔处理结果的，索赔款项在当期进度款中进行支付。

根据合同约定，发包人认为由于承包人的原因造成发包人的损失，也可按承包人索赔的程序进行索赔。

十一、工程索赔费用的计算

1. 索赔费用的组成

索赔费用的主要组成部分，同工程价款的计价内容相似。

(1) 人工费。包括变更和增加工作内容的人工费、业主或监理工程师原因的停工或工效降低增加的人工费、人工费上涨等。其中，变更工作内容的人工费应按前面讲的工程变更人工费计算；增加工作内容的人工费应按照计日工费计算；停工损失费和工作效率降低的损失费按照窝工费计算。窝工费的标准在合同中约定，若合同中未约定，由造价人员测算，合同双方协商确定。人工费上涨一般按合同约定或工程造价管理机构的有关规定计算。

(2) 材料费。包括变更和增加工作内容的材料费、清单工程量增减超过合同约定幅度、由于非承包人原因工程延期时材料价格上涨、由于客观原因材料价格大幅度上涨等。变更和增加工作内容的材料费应按前面讲的工程变更材料费计算；工程量增减的材料费按照合同约定调整；材料价格上涨一般按合同约定或工程造价管理机构的有关规定计算。

(3) 施工机械使用费。包括变更和增加工作内容的机械使用费、业主或监理工程师原因的机械停工窝工费和工作效率降低的损失费、施工机械价格上涨等。其中，变更和增加工作内容的机械费应按照机械台班费计算；窝工引起的机械闲置费补偿要视机械来源确定：如果是承包人自有机械，按台班折旧费标准补偿，如果是承包人从外部租赁的机械，按台班租赁费标准补偿，但不应包括运转操作费用。施工机械价格上涨一般按合同约定或工程造价管理机构的有关规定计算。

(4) 管理费。包括承包人完成额外工作、索赔事项工作以及合同工期延长期间发生的管理费。根据索赔事件的不同，区别对待。额外工作的管理费按合同约定费用标准计算；对窝工损失索赔时，因其他工作仍然进行，可能不予计算。合同工期延长期间所增加的管理费，目前没有统一的计算方法。

在国际工程施工索赔中，对总部管理费的计算有以下几种：

① 按投标书中的比例计算；

② 按公司总部统一规定的管理费比率计算；

③ 按工期延期的天数乘以该工程每日管理费计算。

(5) 利润。索赔费用中是否包含利润损失，是经常会引起争议的一个比较复杂的问题。根据《标准施工招标文件》中通用合同条款的内容，在不同的索赔事件中，可以索赔的利润是不同的。一般因发包人自身的原因：工程范围变更、提供的文件有缺陷或技术性错误、未按时提供现场、提供的材料和工程设备不符合合同要求、未完工工程的合同解除、合同变更等引起的索赔，承包人可以计算利润。其他情况下，承包人一般很难索赔利润。

索赔费用利润率的计取通常是与原报价中的利润水平保持一致。

(6) 措施项目费。因非承包人原因的工程变更、招标工程量清单缺项、招标清单工程量偏差等引起措施项目发生变化。非承包人原因的工程变更和新增分部分项工程项目清单引起措施项目发生变化的按照工程变更调整措施项目费。招标工程量偏差超过合同约定调整幅度且引起相关措施项目相应发生变化时，按系数或单一总价方式计价的，工程量增加的措施项目费调增，工程量减少的措施项目费调减。

施工过程中，若国家或省级、行业建设主管部门对措施项目清单中的安全文明施工费进行调整的，应按规定调整。

（7）规费和税金。按国家或省级、行业建设主管部门的规定计算。工作内容的变更或增加，承包人可以计取相应增加的规费和税金外，其他情况一般不能索赔。暂估价价差，主要人工、材料和机械的价差只计取税金。

（8）保函手续费。工程延期时，保函手续费会增加，反之，保函手续费会折减。计入合同价中的保函手续费也相应调整。

（9）利息。发包人未按合同约定付款的，应向承包人支付延迟付款的利息。

根据我国《最高人民法院关于审理建设工程施工合同纠纷案件适用法律问题的解释》（法释［2004］14号）第十七条的规定：当事人对欠付工程价款利息计付标准有约定的，按照约定处理；没有约定的，按照中国人民银行发布的同期同类贷款利率计息。

2017版施工合同规定：除专用合同条款另有约定外，发包人应在签发竣工付款证书后的14天内，完成对承包人的竣工付款。发包人逾期支付的，按照中国人民银行发布的同期同类贷款基准利率支付违约金；逾期支付超过56天的，按照中国人民银行发布的同期同类贷款基准利率的两倍支付违约金。

2. 索赔费用的计算方法

每一项索赔费用的具体计算根据索赔事件的不同，会有很大区别。其基本的计算方法有：

（1）实际费用法

该法是工程费用索赔计算时最常用的一种方法。这种方法的计算原则是，按承包人索赔费用的项目不同，分别列项计算其索赔额，然后汇总，计算出承包人向发包人要求的费用补偿额。每一项工程索赔的费用，仅限于在该项工程施工中所发生的额外人材机费用，在额外人材机费用的基础上再加上相应的管理费、利润、规费和税金，即是承包人应得的索赔金额。

实际费用法所依据的是实际发生的成本记录或单据，所以，在施工中承包人系统而准确地积累记录资料是非常重要的。

（2）总费用法

即总成本法。就是当发生多次索赔事件以后，重新计算该工程的实际总费用，减去投标报价时的估算总费用，即为索赔金额。其公式为：

$$索赔金额=实际总费用-投标报价估算总费用 \tag{5-27}$$

该法只有在难以精确地计算索赔事件导致的各项费用增加额时才采用。因为实际发生的总费用中可能包括了承包人的原因，如施工组织不善而增加的费用，同时投标报价估算的总费用往往因为承包人想中标而过低。

（3）修正总费用法

该法是对总费用法的改进，即在总费用计算的原则上，去掉一些不合理的因素，进行修正和调整，使其更合理。修正的内容有：

① 计算索赔额的时段仅限于受影响的时间，而不是整个施工期；

② 只计算受影响的某项工作的损失，而不是计算该时段内的所有工作的损失；

③ 与该工作无关的费用不列入总费用中；

④ 对投标报价费用按受影响时段内该项工作的实际单价进行核算，乘以实际完成该项工作的工程量，得出调整后的报价费用。其计算公式为：

索赔金额＝某项工作调整后的实际总费用—该项工作调整后的报价费用　(5-28)

修正总费用法与总费用法相比，有了实质性的改进，它的准确程度已接近于实际费用法。

【例 5-5】某办公楼工程，业主和承包商按照《建设工程施工合同（示范文本）》签订了工程施工合同。合同中约定的部分价款条款如下：人工费单价为 90 元/工日；增值税为 9%；人工市场价格的变化幅度大于 10%时，按照当地造价管理机构发布的造价信息价格进行调整，其价差只计取税金；如因业主原因造成工程停工，承包商的人员窝工补偿费为 60 元/工日，机械闲置台班补偿费为 600 元/台班，其他费用不予补偿；其他未尽事宜，按照国家有关工程计价文件规定执行。

在施工过程中，发生了如下事件：

事件 1. 工程主体施工时，由于业主确定设计变更图纸延期 1 天，导致工程部分暂停，造成人员窝工 20 个工日，机械闲置 1 个台班；由于该地区供电线路检修，全场供电中断 1 天，造成人员窝工 100 个工日，机械闲置 1 个台班；由于商品混凝土供应问题，一个施工段的顶板浇筑延误半天，造成人员窝工 15 个工日，机械闲置 0.5 个台班。

事件 2. 工程施工期间，当地造价管理部门规定，由于近期市场人工工资涨幅较大，其上涨幅度超出正常风险预测范围。本着实事求是的原则，从当月起，在施工程的人工费单价按照造价信息价格进行调整。当地工程造价信息上发布的人工费单价为 100～120 元/工日。经造价工程师审核，影响调整的人工为 10000 工日。

事件 3. 工程装修施工时，当地造价管理部门发布，为了落实绿色施工要求，对原有的安全文明施工措施费的费率标准做出调整。对未完的工程量相应的安全文明施工措施费费率乘以 1.05 系数，承包商据此计算出本工程的安全文明施工措施费应增加 2 万元。但业主认为按照合同约定，工程没有发生变更，此项增加的措施费应由承包商自己承担。

问题：

1. 事件 1 中，承包商按照索赔程序，向业主（监理）提出了索赔报告。试分析这三项索赔是否成立？承包商可以获得的索赔费用是多少？

2. 计算事件 2 中承包商可以增加的工程费用是多少？

3. 事件 3 中，业主的说法是否正确？为什么？

【解】

1. 图纸延期和现场供电中断索赔成立，混凝土供应问题索赔不成立。因为设计变更图纸延期属于业主应承担的责任。对施工来说，现场供电中断是业主应承担的风险。商品混凝土供应问题是因为承包商自身组织协调不当。所以，承包商可以获得的索赔费用：

图纸延期索赔额＝20 工日×60 元/工日＋1 台班×600 元/台班＝1800 元

供电中断索赔额＝100 工日×60 元/工日＋1 台班×600 元/台班＝6600 元

总索赔费用＝1800＋6600＝8400 元

2. 按照当地造价管理部门发布的造价信息价格中，人工价格一般按照工程类别不同，分别会给出一个调整幅度的上限和下限。这时的人工费单价调整方法，当合同中没有约定时，一般取造价信息价格中人工费单价的下限，其差值全部计算价差。故本工程人工费单价可调整为 100 元/工日。

人工费价差调整额＝10000 工日×(100—90)元/工日＝100000 元

增加的工程费用＝100000×(1＋9％)＝109000元

3. 业主的说法不正确。根据“13规范”的规定，措施项目中的安全文明施工费必须按照国家或省级、行业建设主管部门的规定计算，不得作为竞争性费用。在施工过程中，国家或省级、行业建设主管部门对安全文明施工措施费进行调整的，措施项目费中的安全文明施工费应作相应调整。

所以，业主应支付施工单位按规定调整安全文明施工措施费所增加的费用。

十二、工程索赔报告的编制

一般地讲，索赔意向通知书仅需载明索赔事件的大致情况，有可能造成的后果及承包人索赔的意思表示，无需准确的数据和详实的证明资料。而索赔报告除了详细说明索赔事件的发生过程和实际所造成的影响外，还应详细列明承包人索赔的具体项目及依据，给承包人造成的损失总额、构成明细、计算过程以及相应的证明资料。

索赔报告的具体内容，因索赔事件性质和特点的不同会有所差别，但基本内容应包括以下几个方面：

1. 索赔申请。根据施工合同条款约定，由于什么原因，承包人要求的费用索赔金额和（或）工期延长时间。工程索赔通常采取一事一索赔的单项索赔方式，即在每一件索赔事件发生后，递交索赔意向，编制索赔报告，要求单项解决支付，不与其他索赔事件综合在一起。这样可避免多项索赔的相互影响制约，所以解决起来比较容易。

2. 索赔事件。简明扼要介绍索赔事件发生的日期、过程和对工程的影响程度。目前工程进展情况，承包人为此采取的措施，承包人为此消耗的资源等。

3. 索赔依据。依据的合同具体条款以及相关文件规定。说明自己具有的索赔权利，索赔的时限性、合理性和合法性。

4. 计算部分。该部分是具体的计算方法和过程，是索赔报告的核心内容。承包人应根据索赔事件的依据，采用详实的资料数据和合适的计算方法，计算自己应得的经济补偿数额和（或）工期延长的时间。计算索赔费用时，注意要采用合理的计价方法，详细的计算过程，切忌笼统地估计。

5. 证据部分。包括该索赔事件所涉及的一切可能的证明材料及其说明。证据是索赔成立与否的关键。一般要求证据必须是书面文件，有关记录、协议、纪要等必须是双方签署的。

十三、费用索赔的审核

工程费用索赔是工程结算审核的一个重点内容。首先注意索赔费用项目的合理性，然后选用的计算方法和费率分摊方法是否合理、计算结果是否准确、费率是否正确、有无重复取费等。

（一）索赔取费的合理性

不同原因引起的索赔，承包人可索赔的具体费用内容是不完全一样的。要按照各项费用的特点、条件进行分析论证，挑出不合理的取费项目或费率。

索赔费用的主要组成，国内同国际上通行的规定不完全一致。我国按《建筑安装工程费用项目组成》（建标［2013］44号）的规定，建筑安装工程费用项目按费用构成要素组成划分为人工费、材料费、施工机具使用费、企业管理费、利润、规费和税金。而国际工程建筑安装工程费用基本组成一般包括工程总成本、暂列金额和盈余。

（二）索赔计算的正确性

1. 在索赔报告中，承包人常以自己的全部实际损失作为索赔额。审核时，必须扣除两个因素的影响：一是合同规定承包人应承担的风险；二是由于承包人报价失误或管理失误等造成的损失。索赔额的计算基础是合同报价，或在此基础上按合同规定进行调整。在实际中，承包人常以自己实际的工程量、生产效率、工资水平等作为索赔额的计算基础，从而过高地计算索赔额。

2. 停工损失中，不应以计日工的日工资计算，通常采用人员窝工费计算；闲置的机械费补偿，不能按台班费计算，应按机械折旧费或租赁费计算，不应包括机械运转操作费用。正确区分停工损失与因工程师临时改变工作内容或作业方法造成的工效降低损失的区别。凡可以改做其他工作的，不应按停工损失计算，但可以适当补偿降效损失。

3. 索赔额中包含利润损失，是经常会引起争议的问题。一般因发包人自身的原因引起的索赔，承包人才可以计算利润。

4. 按照国际工程惯例，索赔准备费用、索赔额在索赔处理期间的利息和仲裁费等费用不计入索赔额中。

5. 关于共同延误的处理原则

在实际施工中，工期拖延很少是只由一方，往往是两三种原因同时发生（或相互影响）而造成的，称为“共同延误”。在这种情况下，要具体分析哪一种情况延误是有效的，应依据以下原则：

（1）首先判断造成拖期的哪一种原因是先发生的，即确定“初始延误”者，他应对工程拖期负责。在初始延误发生作用期间，其他并发的延误者不承担责任。

（2）如果初始延误者是发包人原因，则在发包人原因造成的延误期内，承包人即可得到工期延长，又可得到费用补偿。

（3）如果初始延误者是客观原因，则在客观因素发生影响的延误期内，承包人可以得到工期延长，但很难得到费用补偿。

（4）如果初始延误者是承包人原因，则在承包人原因造成的延误期内，承包人即不能得到工期延长，又不能得到费用补偿。

索赔方都是从维护自身利益的角度和观点出发，提出索赔要求。索赔报告中往往夸大损失，或推卸责任，或转移风险，或仅引用对自己有利的合同条款等。

因此，审核时，对索赔方提出的索赔报告必须全面系统地研究、分析、评价，找出问题。一般审核中发现的问题有：承包人的索赔要求超过合同规定的时限；索赔事项不属于发包人（监理人）的责任，而是与承包人有关的其他第三方的责任；双方责任大小划分不清，必须重新计算；事实依据不足；合同依据不足；承包人没有采取适当措施避免或减少损失；合同中的开脱责任条款已经免除了发包人的补偿责任；索赔证据不足或不成立，承包人必须提供进一步的证据；损失计算夸大等。

【例 5-6】某城市改造工程项目，在施工过程中，发生了以下几项事件：

事件 1. 在土方开挖中，发现了较有价值的出土文物，导致施工中断，施工单位部分施工人员窝工、机械闲置，同时施工单位为保护文物付出了一定的措施费用。在土方继续开挖中，又遇到了工程地质勘察报告中没有的旧建筑物基础，施工单位进行了破除处理。

事件 2. 在地基处理中，施工单位为了使地基夯填质量得到保证，将施工图纸的夯击处理范围适当扩大。其处理方法也得到了现场监理工程师的认可。

事件 3. 在基础施工过程中，遇到了季节性大雨后又转为罕见的特大暴风雨，造成施工现场临时道路和现场办公用房等设施以及已施工的部分基础被冲毁，施工设备损坏，工程材料被冲走。暴风雨过后，施工单位花费了很多工时进行工程清理和修复作业。

事件 4. 工程主体施工中，业主要求施工单位对某一构件做破坏性试验，以验证设计参数的正确性。该试验需修建两间临时试验用房，施工单位提出业主应支付该项试验费用和试验用房修建费用。业主认为，该试验费属建筑安装工程检验试验费，试验用房修建费属建筑安装工程措施费中的临时设施费，该两项费用已包含在施工合同价中。

事件 5. 业主提供的建筑材料经施工单位清点入库后，在专业监理工程师的见证下进行了检验，检验结果合格。其后，施工单位提出，业主应支付其所供材料的保管费和检验费。由于建筑材料需要进行二次搬运，业主还应支付该批材料的二次搬运费。

问题：

1. 事件 1 中施工单位索赔能否成立？应如何计算其费用索赔？

2. 事件 2 中施工单位将扩大范围的工程量向造价工程师提出了计量付款申请，是否合理？

3. 事件 3 中施工单位按照索赔程序，向业主（监理）提交了索赔报告。试问应如何处理？

4. 事件 4 中试验检验费用和试验用房修建费应分别由谁承担？

5. 事件 5 中施工单位的要求是否合理？

【解】

1. 施工单位索赔成立

（1）在土方开挖中，发现了较有价值的出土文物，导致施工中断，是业主应承担的风险。

1）造成施工人员窝工，其费用补偿按降效处理，即可以考虑施工单位应该合理安排窝工人员去做其他工作，只补偿工效差。一般用工日单价乘以一个测算的降效系数（有的取 60%）计算这一部分损失，而且只计算成本费用，不包括利润。

2）造成的施工机械闲置，其费用补偿要视机械来源确定：如果是施工单位自有机械，一般按台班折旧费标准补偿；如果是施工单位租赁的机械，一般按台班租赁费标准补偿，不包括运转所需费用。

3）施工单位为保护文物而支出的措施费用，业主应按实际发生额支付。

（2）土方开挖中遇到了工程地质勘察报告中没有的旧建筑物基础，这种情况在地基与基础工程施工中经常会碰到。是由于地质勘察报告的资料数据不详的原因，很难避免。从施工角度来说，是业主应该承担的风险，所以应给予施工单位相应的费用补偿。

在工程施工中，类似这种隐蔽工程：地下障碍物的清除处理、新增项目回填土、局部拆除改造、楼地面修整等的工程费用。结算时，发包人（监理人）与承包人之间经常会对工程量计算中的厚度、体积、尺寸大小，以及施工条件难易程度等有争议。对于这些主要依靠施工现场准确记录计量的、不可追溯的工程项目，施工时发包人（监理人）与承包人要及时计量，并办理签证手续。不要在结算时，依靠施工人员“回忆”当时情况来结算。

2. 不合理。该部分的工程量超出了施工图纸的范围，一般地讲，也就超出了工程合同约定的工程范围。监理工程师认可的只是施工单位为保证施工质量而采取的技术措施。在没有设计变更情况下，技术措施费已包含在施工合同价中。故该项费用应由施工单位自己承担。

3.（1）对于前期的季节性大雨，这是一个有经验的承包商能够合理预见的因数，是施工单位应承担的风险。故由此造成的损失不能给予补偿。

（2）对于后期罕见的特大暴风雨，是一个有经验的承包商不能够合理预见的，应按不可抗力事件处理。根据不可抗力事件的处理原则（详见本章第七节），被冲毁现场临时道路、业主的现场办公室等设施，以及已施工的部分基础，被冲走的工程材料，工程清理和修复作业等经济损失应由业主承担。施工设备损坏、人员窝工、机械设备闲置，以及被冲毁的施工现场办公用房等经济损失由施工单位承担。

4. 两项费用均应由业主承担。依据《建筑安装工程费用项目组成》的有关规定，建筑安装工程费中的检验试验费是施工单位进行一般鉴定、检查所发生的费用。不包括新构件、新材料的试验费，对构件做破坏性试验及其他特殊要求检验试验的费用和建设单位委托检测机构进行检测的费用，由建设单位在工程建设其他费用中列支。

同样建筑安装工程费中的临时设施费也不包括该试验用房的修建费用。

5. 施工单位要求业主支付材料保管费和检验费合理。依据 2017 版施工合同的有关规定，发包人供应的材料和工程设备，承包人清点后由承包人妥善保管，保管费由发包人承担。发包人供应的材料和工程设备使用前，由承包人负责检验，检验费用由发包人承担。

但已标价工程量清单或预算书，在总包服务费中已经列支甲供材料保管费，在企业管理费中已经包含该项检验费的除外。

要求业主支付二次搬运费不合理。其二次搬运费已包含在施工单位的措施项目费报价中。

第七节　合 同 价 款 调 整

由于影响建设工程产品价格的因素繁多，而且随着时间的变化，这些价格因素也会发生变化，最终将会导致工程产品价格的变化。工程建设过程中，发承包双方在签订建设工程施工合同时，都会从维护自身经济利益的角度，在合同中对合同价款调整作出约定。

在合同履行过程中，当合同约定的调整因素发生时，发承包双方应当按照合同约定对合同价款进行调整。

一、调整因素

《建筑工程施工发包与承包计价管理办法》（住房和城乡建设部令第 16 号）规定，发承包双方应当在合同中约定，发生下列情形时合同价款的调整方法：

1. 法律、法规、规章或者国家有关政策变化影响合同价款的；
2. 工程造价管理机构发布价格调整信息的；
3. 经批准变更设计的；
4. 发包人更改经审定批准的施工组织设计造成费用增加的；
5. 双方约定的其他因素。

二、调整程序

合同价款调整报告应由受益方在合同约定时间内向合同的另一方提出，经对方确认后调整合同价款。受益方未在合同约定时间内提出工程价款调整报告的，视为不涉及合同价款的调整。当合同没有约定或约定不明时，可按下列程序办理：

1. 调整因素情况发生后 14 天内，由受益方向对方递交包括调整原因、调整金额的调整合同价款报告及相关资料。受益方在 14 天内未递交调整合同价款报告的，视为不调整合同价款。

2. 收到合同价款调整报告及相关资料的一方应在收到之日起 14 天内予以确认或提出修改意见，如在 14 天内未作确认也未提出修改意见，视为已经认可该项调整。

3. 收到修改意见的一方也应在收到之日起 14 天内予以核实或确认。如在 14 天内未作确认也未提出不同意见的，视为已经认可该修改意见。

发承包双方如不能就合同价款调整达成一致，应按照合同约定的争议解决方式处理。

经发承包双方确认调整的合同价款，作为追加（减）合同价款与工程进度款同期支付。

三、合同价款调整

在合同履行过程中，涉及合同价款调整的具体事项往往很多，总结起来主要有以下几方面：

（一）国家有关法律、法规、规章和政策变化引起的价款调整

招标工程以投标截止日前28天，非招标工程以合同签订前28天为基准日，其后因国家的法律、法规、规章和政策发生变化引起工程造价增减变化的，发承包双方应按照省级或行业建设主管部门或其授权的工程造价管理机构据此发布的规定调整合同价款。

工程建设过程中，发承包双方都是国家法律、法规、规章和政策的执行者。因此，在发承包双方履行合同的过程中，当国家的法律、法规、规章和政策发生变化，国家或省级、行业建设主管部门或其授权的工程造价管理机构据此发布工程造价调整文件，工程价款应当进行调整。

比如，措施项目中的安全文明施工费，以及计价中的规费和税金必须按照国家或省级、行业建设主管部门的规定计算，不得作为竞争性费用。在合同履行过程中，国家或省级、行业建设主管部门发布对其进行调整的，应作相应调整。计算基础和费率按照工程所在地省级人民政府或行业建设主管部门或其授权的工程造价管理部门的规定执行。

对政府定价或政府指导价管理的原材料如：水、电、燃油等价格应按照相关文件规定进行合同价款调整，不应在合同中违规约定。

需要注意的：由于承包人原因导致工期延误的，按不利于承包人的原则调整合同价款，即在合同原定竣工时间之后，合同价款调增的不予调整，合同价款调减的予以调减。

（二）市场价格波动引起的价款调整

合同履行期间，因人工、材料和工程设备、机械台班价格波动影响合同价款，超过合同当事人约定的范围时，应根据合同约定的价格调整方法对合同价款进行调整。具体调整方法详见本节第四部分“物价变化合同价款调整方法”。

需要说明的是，发生合同工期延误的，应按照下列规定调整合同履行期的价格：

1. 因非承包人原因导致工期延期的，计划进度日期后续工程的价格，应采用计划进

度日期与实际进度日期两者的较高者。

2. 因承包人原因导致工期延误的，计划进度日期后续工程的价格，应采用计划进度日期与实际进度日期两者的较低者。

（三）工程变更引起的价款调整

合同履行期间，工程变更引起已标价工程量清单或预算书中工程项目或其工程数量发生变化的，按合同约定确定变更工程项目的单价。出现设计图纸（含设计变更）与招标工程量清单项目特征描述不符的，且该变化引起工程造价变化的，按实际施工的项目特征确定相应工程量清单项目的单价，以此调整合同价款。

由于招标工程量清单缺项，新增分部分项工程清单项目；实际应予计量的工程量与招标工程量清单偏差超过合同约定幅度；发包人通知实施的零星工作，已标价工程量清单没有该类计日工单价等事项发生，涉及合同价款调整的，参照“本章第六节　工程变更和索赔的管理”进行处理。

招标工程量清单中给定的材料、工程设备和专业工程暂估价，经发承包双方招标或确认的供应商、分包人的价格取代暂估价，调整合同价款。

施工过程中发生现场签证事项时，在现场签证工作完成后 7 天内，承包人应按照签证内容计算价款，报送发包人和监理人审核批准，调整合同价款。

（四）工程索赔引起的价款调整

合同履行过程中，当索赔事件发生时，合同当事人应按照双方确定的索赔费用额调整合同价款。这里重点介绍不可抗力事件的合同价款调整。

不可抗力是指合同当事人在签订合同时不可预见，在合同履行过程中不可避免且不能克服的自然灾害和社会性突发事件，如地震、海啸、瘟疫、骚乱、戒严、暴动、战争和合同中约定的其他情形。不可抗力发生后，发包人和承包人应收集证明不可抗力发生及不可抗力造成损失的证据，并及时认真统计所造成的损失。

1. 不可抗力的通知

合同一方当事人遇到不可抗力事件，使其履行合同义务受到阻碍时，应立即通知合同另一方当事人和监理人，书面说明不可抗力和受阻碍的详细情况，并提供必要的证明。

不可抗力持续发生的，合同一方当事人应及时向合同另一方当事人和监理人提交中间报告，说明不可抗力和履行合同受阻的情况，并于不可抗力事件结束后 28 天内提交最终报告及有关资料。

2. 不可抗力后果的承担原则

因不可抗力事件导致的人员伤亡、财产损失及其费用增加，合同当事人应按下列原则分别承担并调整合同价款：

（1）永久工程、因工程损坏造成的第三方人员伤亡和财产损失，以及已运至施工现场的材料和工程设备的损坏，由发包人承担；

（2）发包人和承包人承担各自人员伤亡和财产的损失；

（3）承包人的施工设备损坏由承包人承担；

（4）因不可抗力影响承包人履行合同约定的义务，已经引起或将引起工期延误的，应当顺延工期。由此导致承包人停工的费用损失由发包人和承包人合理分担，停工期间必须支付的工人工资由发包人承担；

（5）因不可抗力引起或将引起工期延误；发包人要求赶工的，由此增加的赶工费用由发包人承担；

（6）承包人在停工期间按照发包人要求照管、清理和修复工程的费用由发包人承担。

不可抗力发生后，合同当事人均应采取措施尽量避免和减少损失的扩大，任何一方当事人没有采取有效措施导致损失扩大的，应对扩大的损失承担责任。

因合同一方迟延履行合同义务，在迟延履行期间遭遇不可抗力的，不免除其违约责任。

3. 因不可抗力解除合同

因不可抗力导致合同无法履行连续超过84天或累计超过140天的，发包人和承包人均有权解除合同。合同解除后，由双方当事人协商确定发包人应支付的款项，该款项包括：

（1）合同解除前承包人已完成工作的价款；

（2）承包人为工程订购的并已交付给承包人，或承包人有责任接受交付的材料、工程设备和其他物品的价款；

（3）发包人要求承包人退货或解除订货合同而产生的费用，或因不能退货或解除合同而产生的损失；

（4）承包人撤离施工现场以及遣散承包人人员的费用；

（5）按照合同约定在合同解除前应支付给承包人的其他款项；

（6）扣减承包人按照合同约定应向发包人支付的款项；

（7）双方商定或确定的其他款项。

除合同另有约定外，合同解除后，发包人应在双方确定上述款项后28天内完成上述款项的支付。发承包双方不能就解除合同后的结算达成一致的，按照合同约定的争议解决方式处理。

四、物价变化合同价款调整方法

（一）采用价格指数进行价格调整

在物价波动的情况下，用价格指数调整合同价款的方法，在国际上和国内一些专业工程中广泛应用。

（1）价格调整公式。因人工、材料和工程设备、施工机械台班等价格波动影响合同价格时，根据合同中约定的数据，应按下式计算价格差额并调整合同价款：

$$\Delta P = P_0\left[A + \left(B_1 \times \frac{F_{t1}}{F_{01}} + B_2 \times \frac{F_{t2}}{F_{02}} + B_3 \times \frac{F_{t3}}{F_{03}} + \cdots + B_n \times \frac{F_{tn}}{F_{0n}}\right) - 1\right]$$

式中 ΔP——需调整的价格差额；

P_0——约定的付款证书中承包人应得到的已完成工程量的金额，此项金额应不包括价格调整、不计质量保证金的扣留和支付、预付款的支付和扣回，约定的变更及其他金额已按现行价格计价的，也不计在内；

A——定值权重（即不调部分的权重）；

$B_1, B_2, B_3 \cdots B_n$——各可调因子的变值权重（即可调部分的权重），为各可调因子在签约合同价中所占的比例；

$F_{t1},F_{t2},F_{t3}\cdots F_{tn}$ ——各可调因子的现行价格指数，指约定的付款证书相关周期最后一天的前42天的各可调因子的价格指数；

$F_{01},F_{02},F_{03}\cdots F_{0n}$ ——各可调因子的基本价格指数，指基准日期的各可调因子的价格指数。

以上价格调整公式中的各可调因子、定值权重和变值权重，以及基本价格指数及其来源在投标函附录价格指数和权重表中约定，非招标订立的合同，由合同当事人在合同中约定。价格指数应首先采用工程造价管理机构发布的价格指数，无前述价格指数时，可采用工程造价管理机构发布的价格代替。

一般工程所在地的工程造价管理部门会定期发布价格指数，以便于发承包双方办理工程结算。

（2）暂时确定调整差额

在计算调整差额时无现行价格指数的，合同当事人同意暂用前次价格指数计算。实际价格指数有调整的，合同当事人进行相应调整。

（3）权重的调整

因变更导致合同约定的权重不合理时，由发承包双方协商后进行调整。

（4）因承包人原因工期延误后的价格调整

因承包人原因未按期竣工的，对合同约定的竣工日期后继续施工的工程，在使用价格调整公式时，应采用计划竣工日期与实际竣工日期的两个价格指数中较低的一个作为现行价格指数。

（二）采用造价信息进行价格调整。

在物价波动的情况下，用造价信息调整合同价款的方法，是目前国内建筑安装工程使用较多的。

合同履行期间，因人工、材料、工程设备和机械台班价格波动影响合同价格时，人工、机械使用费按照国家或省、自治区、直辖市建设行政管理部门、行业建设管理部门或其授权的工程造价管理机构发布的人工成本信息、机械台班单价或机械使用费系数进行调整；需要进行价格调整的材料，其单价和采购数量应由发包人复核，发包人确认需调整的材料单价及数量，作为调整合同价款差额的依据。

（1）人工单价发生变化且符合省级或行业建设主管部门发布的人工费调整规定，合同当事人应按省级或行业建设主管部门或其授权的工程造价管理机构发布的人工成本文件调整合同价格，但承包人对人工费或人工单价的报价高于发布价格的除外。

（2）材料、工程设备价格变化的价款调整按照发包人提供的基准价格，按以下风险范围规定调整合同价款：

1）承包人在已标价工程量清单或预算书中载明材料单价低于基准价格的：除合同另有约定外，合同履行期间材料单价涨幅以基准价格为基础超过5%时，或材料单价跌幅以在已标价工程量清单或预算书中载明材料单价为基础超过5%时，其超过部分据实调整。

2）承包人在已标价工程量清单或预算书中载明材料单价高于基准价格的：除合同另有约定外，合同履行期间材料单价跌幅以基准价格为基础超过5%时，材料单价涨幅以在已标价工程量清单或预算书中载明材料单价为基础超过5%时，其超过部分据实调整。

3）承包人在已标价工程量清单或预算书中载明材料单价等于基准价格的：除合同另有

有约定外，合同履行期间材料单价涨跌幅以基准价格为基础超过±5%时，其超过部分据实调整。

4）承包人应在采购材料前将采购数量和新的材料单价报发包人核对，确认用于工程时，发包人应确认采购材料的数量和单价。发包人在收到承包人报送的确认资料后5天内不予答复的视为认可，作为调整合同价格的依据。未经发包人事先核对，承包人自行采购材料的，发包人有权不予调整合同价格。发包人同意的，可以调整合同价格。

前述基准价格是指由发包人在招标文件或合同中给定的材料、工程设备的价格，该价格原则上应当按照省级或行业建设主管部门或其授权的工程造价管理机构发布的信息价格编制。

（3）施工机械台班单价或施工机械使用费发生变化超过省级或行业建设主管部门或其授权的工程造价管理机构规定的范围时，按其规定调整合同价格。

（三）其他价格调整方式。除了按照价格指数和造价信息价格两种方式调整合同价款外，合同当事人也可以在合同中约定其他价格调整方式。

有些工程施工合同中约定工程使用的部分主要材料的价格，在结算时按照市场价格进行调整，即按承包人实际购买的材料价格结算。这种合同条件下，承包人使用的主要工程材料价格是按实结算，因而承包人对降低价格不感兴趣。另外，这些材料的现场确认价格有时比实际价格高很多。为了避免这些问题，合同中应约定发包人和监理人有权参与材料询价，并要求承包人选择满足工程要求的价廉的材料，或由发包人（监理人）和承包人共同以招标的方式选择供应商。一般工程所在地的工程造价管理部门发布的造价信息价格，是结算的最高限价。

发包人在招标文件中列出需要调整价差的主要材料及其暂估价。工程结算时，若是招标采购的，应按中标价调整；若为非招标采购，按施工期发承包双方确认的价格调整。其价格与招标文件中材料暂估价价格的差额及其相应税金等计入结算价。若发承包双方未能就共同确认价格达成一致，可以参考当时当地工程造价管理部门发布的造价信息价格，造价信息价格中有上、下限的，以下限为准。

五、依据的规范、标准和文件

目前，国内工程变更、工程索赔、法律变化、价格波动等引起的合同价款调整，以及后面讲的建设工程价款结算，所依据的主要规范、标准和文件有：《建筑工程施工发包与承包计价管理办法》（住房和城乡建设部令第16号）、《建筑安装工程费用项目组成》（建标［2013］44号）、《标准施工招标文件》（2007年版）、《建设工程施工合同（示范文本）》GF-2017-0201、《建设工程工程量清单计价规范》GB 50500—2013、《房屋建筑与装饰工程工程量计算规范》GB 50854—2013、《最高人民法院关于审理建设工程施工合同纠纷案件适用法律问题的解释》（法释［2004］14号），《建设工程造价鉴定规范》GB/T 51262—2017以及相关定额和工程造价管理机构发布的工程造价文件等。

【例5-7】某土石方工程，合同总价为1000万元，合同价款采用价格调整公式进行动态结算。人工费、材料费和机械费占工程价款的80%，人工、材料和机械费中各项费用比例分别为人工费20%，柴油40%，机械费40%。投标报价基准日期为2021年3月，2021年10月完成的工程价款占合同总价的25%。工程所在地有关部门发布的2021年相关月份的价格指数见表5-14。

2021 年价格指数　　表 5-14

名称、规格	时间（月份）			备注
	3	…	9	
人工	122.8		135.3	
燃油	109.8		115.5	
机械台班	100		100	
……				

问题：试按价格调整公式，计算 2021 年 10 月应调整的合同价款差额。

【解】

不调部分的费用占工程价款的比例为 20%，则可调部分的各项费用占工程价款的比例：

人工费 80%×20%=16%

柴油 80%×40%=32%

机械费 80%×40%=32%

$$\Delta P = P_0[A + (B_1 \times F_{t1}/F_{01} + B_2 \times F_{t2}/F_{02} + B_3 \times F_{t3}/F_{03} + \cdots + B_n \times F_{tn}/F_{0n}) - 1]$$
$$= 1000 \times 25\% \times [0.20 + (0.16 \times 135.3/122.8 + 0.32 \times 115.5/109.8 + 0.32 \times 100/100) - 1]$$
$$= 8.225 \text{ 万元}$$

本月应增加的合同价款为 8.225 万元。

【例 5-8】某教学楼装修改造工程。合同中有关价款调整部分条款的约定如下：采用造价信息进行价格调整；主要材料的价格风险幅度为 5%；材料价差仅计取税金，增值税为 9%；材料数量按施工图和 2021 年预算消耗量标准计算；材料基准单价为投标报价期当地工程造价管理部门发布的造价信息价格，以及主要材料投标价格见表 5-15。

承包人提供主要材料和工程设备一览表　　表 5-15

工程名称：某教学楼装修改造工程　　标段：　　第 1 页　共 1 页

序号	名称、规格、型号	单位	数量	风险系数（%）	基准单价（元）	投标单价（元）	发承包人确认单价（元）	备注
1	地砖 600×600	m^2	2000	≤5	78	65	73.1	
2	乳胶漆	kg	1700	≤5	7.1	7.1	7.1	
3	铝合金窗（平开）	m^2	500	≤5	450	440	567.5	
4	木门	m^2	180	≤5	200	250	387.5	

施工过程中，经甲方确认的材料施工单价为：地砖 90 元/m^2，乳胶漆 7.3 元/kg，铝合金窗 600 元/m^2，木门 400 元/m^2。

问题：试计算应调整的合同价款差额。

【解】

1. 地砖：投标单价低于基准价，按基准价计算，(90−78)/78=15.38%>5%，应予调整。

$$65+(90-78\times1.05)=73.1\ \text{元}/\text{m}^2$$

2. 乳胶漆：投标单价等于基准价，按基准价计算，(7.3－7.1)/7.1＝2.82％＜5％，未超过约定的风险系数，不予调整。

3. 铝合金窗：投标单价低于基准价，按基准价计算，(600－450)/450＝33.33％＞5％，应予调整。

$$440+(600-450\times1.05)=567.5\ \text{元}/\text{m}^2$$

4. 木门：投标单价高于基准价，按投标价计算，(400－250)/250＝60％＞5％，应予调整。

$$250+(400-250\times1.05)=387.5\ \text{元}/\text{m}^2$$

5. 主要材料价差：(73.1－65)×2000＋(567.5－440)×500＋(387.5－250)×180＝104700元

6. 应调整的合同价款差额为：104700×(1＋9％)＝114123元

即应增加的合同价款为114123元。

第八节　竣工结算

建设工程价款结算是指对建设工程的发承包合同价款进行约定和依据合同约定进行工程预付款、工程进度款、工程竣工价款结算（计算、调整和确认）的活动。包括期中结算、终止结算和竣工结算。

工程价款结算应按合同约定办理，合同没有约定或约定不明的，按照国家有关规定执行。

一、预付款

在开工前，发包人按照合同约定，预先支付给承包人用于购买合同工程施工所需的材料、工程设备以及组织施工机械和人员进场等的款项。

（一）预付款的用途

预付款是发包人为解决承包人在施工准备阶段资金周转问题而提供的协助。承包人应将预付款专用于合同工程的材料、工程设备、施工设备的采购及修建临时工程、组织施工队伍进场等方面。

（二）预付款的比例

预付工程款按照合同价款或者年度工程计划额度的一定比例确定，具体比例由双方在合同中约定。

（三）预付款的支付

预付工程款按照合同约定的支付比例在开工通知载明的开工日期7天前支付。

发包人逾期支付预付款超过7天的，承包人有权向发包人发出要求预付的催告通知。发包人收到通知后7天内仍未支付的，承包人有权暂停施工。发包人应承担由此增加的费用和延误的工期，并应向承包人支付合理利润。

（四）预付款的抵扣

预付工程款在工程进度款中予以扣回，直到扣回的金额达到合同约定的预付款金额为止。在颁发工程接收证书前提前解除合同的，尚未扣完的预付款应与合同价款一并结算。

（五）预付款担保

发包人要求承包人提供预付款担保的，承包人应在发包人支付预付款 7 天前提供预付款担保。预付款担保可采用银行保函、担保公司担保等形式，具体由合同当事人在合同中约定。

在预付款完全扣回之前，承包人应保证预付款担保持续有效。发包人在工程款中逐期扣回预付款后，预付款担保额度应相应减少，但剩余的预付款担保金额不得低于未被扣回的预付款金额。

二、工程计量

工程计量即工程量计算。承包人应当按照合同约定向发包人提交已完成工程量报告，发包人收到工程量报告后，应当按照合同约定及时核对并确认。

1. 计量原则

工程量计量按照合同约定的工程量计算规则、工程设计图纸及变更指示等进行计量。工程量计算规则应以相关的国家标准、行业标准等为依据，由合同当事人在合同中约定。因承包人原因造成的超出合同工程范围施工或返工的工程量，发包人不予计量。

2. 计量周期

工程计量可选择按月或按工程形象进度分段进行，具体计量周期应在合同中约定。

3. 单价合同的计量

工程量以承包人实际完成合同工程应予计量的工程量计算。按月计量支付的单价合同，按照下列程序进行计量：

（1）承包人应于每月 25 日向监理人报送上月 20 日至当月 19 日已完成的工程量报告，并附具进度付款申请单、已完成工程量报表和有关资料。

（2）监理人应在收到承包人提交的工程量报告后 7 天内完成对承包人提交的工程量报表的审核并报送发包人，以确定当月实际完成的工程量。监理人对工程量有异议的，有权要求承包人进行共同复核或抽样复测。承包人应协助监理人进行复核或抽样复测，并按监理人要求提供补充计量资料。承包人未按监理人要求参加复核或抽样复测的，监理人复核或修正的工程量视为承包人实际完成的工程量。

（3）监理人未在收到承包人提交的工程量报表后的 7 天内完成审核的，承包人报送的工程量报告中的工程量视为承包人实际完成的工程量。

4. 总价合同的计量

（1）采用工程量清单方式招标形成的总价合同，按照上述单价合同的计量规定计算。

（2）采用经审定批准的施工图纸及其预算方式发包形成的总价合同，除按照工程变更规定的工程量增减外，总价合同中各项目的工程量应为承包人用于结算的最终工程量。工程计量以合同工程经审定批准的施工图纸为依据，按照发承包双方在合同中约定工程计量的形象目标或时间节点进行计量。按月计量支付的，按照上述计量程序和时间进行计量。

5. 成本加酬金合同的计量

成本加酬金合同的计量方式和程序，可按照上述单价合同的计量规定计量。

三、进度款

在合同工程施工过程中，发包人按照合同约定对付款周期内承包人完成的合同价款给予支付的款项，即合同价款期中结算支付。

发承包双方应当按照合同约定，定期或者按照工程进度分段进行工程款结算和支付。

（一）进度款结算方式

进度款结算方式有以下两种：

1. 按月结算与支付。即实行按月支付进度款，竣工后结算的办法。合同工期在两个年度以上的工程，在年终进行工程盘点，办理年度结算。

2. 分段结算与支付。即当年开工、当年不能竣工的工程按照工程形象进度，划分不同阶段支付工程进度款。具体工程分段划分应在合同中明确。

（二）进度款支付

发承包双方应按照合同约定的时间、程序和办法，根据工程计量结果，办理期中价款结算，支付工程进度款。

1. 付款周期

付款周期应与计量周期保持一致，可选择按月或按工程形象进度分段支付。

2. 进度付款申请单的编制

进度付款申请单一般应包括下列内容：

（1）截至本次付款周期已完成工作对应的金额；

（2）根据工程变更应增加和扣减的变更金额；

（3）根据预付款约定应支付的预付款和扣减的返还预付款；

（4）根据质量保证金约定应扣减的质量保证金；

（5）根据工程索赔应增加和扣减的索赔金额；

（6）对已签发的进度款支付证书中出现错误的修正，应在本次进度付款中支付或扣除的金额；

（7）根据合同约定应增加和扣减的其他金额，甲供材料金额按照发包人签约提供的单价和数量从进度款中扣除；

（8）本次付款周期实际应支付的金额。

3. 进度付款申请单的提交

（1）单价合同进度付款申请单的提交

单价合同的进度付款申请单，按照单价合同的计量约定的时间向监理人提交，并附上已完成工程量报表和有关资料。单价合同中的总价项目按付款周期进行支付分解，并汇总列入当期进度付款申请单。

（2）总价合同进度付款申请单的提交

总价合同按月计量支付的，承包人按照总价合同计量约定的时间按月向监理人提交进度付款申请单，并附上已完成工程量报表和有关资料。

总价合同按支付分解表支付的，承包人应按照支付分解表及进度付款申请单编制的约定向监理人提交进度付款申请单。

（3）成本加酬金合同的进度付款申请单的提交

成本加酬金合同的进度付款申请单，按照成本加酬金合同的计量约定时间向监理人提交。

4. 进度款审核和支付

除合同另有约定外，发承包双方应按照下列程序和时间，审核和支付工程进度款：

（1）监理人应在收到承包人进度付款申请单以及相关资料后7天内完成审查并报送发包人，发包人应在收到后7天内完成审批并签发进度款支付证书。发包人逾期未完成审批且未提出异议的，视为已签发进度款支付证书。

发包人和监理人对承包人的进度付款申请单有异议的，有权要求承包人修正和提供补充资料。监理人应在收到承包人修正后的进度付款申请单及相关资料后7天内完成审查并报送发包人。发包人应在收到监理人报送的进度付款申请单后7天内，向承包人签发无异议部分的临时进度款支付证书。存在争议的部分，按合同约定的争议解决方式处理。

（2）发包人应在进度款支付证书或临时进度款支付证书签发后14天内完成支付，发包人逾期支付进度款的，应按照中国人民银行发布的同期同类贷款基准利率支付违约金。进度款的支付比例按照合同约定，按期中结算价款总额计，不低于50%，不高于90%。

发包人应在工程开工后28天内预付不低于当年施工进度计划的安全文明施工费总额的50%，其余部分应按照提前安排的原则进行分解，并应与进度款同期支付。承包人应在财务账目中单独列出安全文明施工费，并专款专用。

5. 进度付款的修正

在对已签发的进度款支付证书进行阶段汇总和复核中发现错误、遗漏或重复的，发包人和承包人均有权提出修正申请。经发包人和承包人同意的修正，应在下期进度付款中支付或扣除。

6. 支付分解表

总价项目或总价合同应由承包人根据施工进度计划和总价构成、费用性质、计划发生时间和相应工程量等因素，按计量周期进行分解，形成进度款支付分解表。

（1）其支付分解方法有下列几种：

1）按计量周期平均支付；

2）以计量周期内完成金额的百分比分摊支付；

3）按总价构成及其发生随进度支付；

4）其他方式分解支付。

（2）支付分解表的编制要求：

1）支付分解表中所列的每期付款金额，应为进度付款申请单编制中的估算金额；

2）实际进度与施工进度计划不一致的，合同当事人可协商修改支付分解表；

3）不采用支付分解表的，承包人应向发包人和监理人提交按季度编制的支付估算分解表，用于支付参考。

（3）总价合同支付分解表的编制与审批

1）除专用合同另有约定外，承包人应根据约定的施工进度计划、签约合同价和工程量等因素对总价合同按月进行分解，编制支付分解表。承包人应当在收到监理人和发包人批准的施工进度计划后7天内，将支付分解表及编制支付分解表的支持性资料报送监理人。

2）监理人应在收到支付分解表后 7 天内完成审核并报送发包人。发包人应在收到经监理人审核的支付分解表后 7 天内完成审批，经发包人批准的支付分解表为有约束力的支付分解表。

3）发包人逾期未完成支付分解表审批的，也未及时要求承包人进行修正和提供补充资料的，则承包人提交的支付分解表视为已经获得发包人批准。

（4）单价合同中的总价项目支付分解表的编制与审批

除合同另有约定外，单价合同中的总价项目，由承包人根据施工进度计划和总价项目的构成、费用性质、计划发生时间和相应工程量等因素按月进行分解，形成支付分解表。其编制与审批参照总价合同支付分解表的编制与审批。

四、竣工结算

工程竣工结算是指发承包双方根据国家有关法律、法规和标准规定，按照合同约定，对合同工程完工后进行的合同总价款计算、调整和确认活动。双方确认的竣工结算价是承包人按照合同约定完成全部承包工作后，发包人应付给承包人的合同总金额。

（一）竣工结算方式

工程竣工结算方式分为单位工程竣工结算、单项工程竣工结算和建设项目竣工总结算。

（二）竣工结算编制

工程完工后，发承包双方必须在合同约定时间内办理工程竣工结算。工程竣工结算应由承包人或受其委托具有相应资质的工程造价咨询人编制，并应由发包人或受其委托具有相应资质的工程造价咨询人核对。

单位工程竣工结算由承包人编制，发包人审核；实行总承包的工程，由具体承包人编制，在总承包人审核的基础上，发包人审核。单项工程竣工结算或建设项目竣工总结算由总承包人编制，发包人可直接进行审核，也可以委托具有相应资质的工程造价咨询人进行审核。政府投资项目，由同级财政部门审核。

1. 竣工结算编制和审核的依据

（1）国家有关法律、法规、规章和相关的司法解释；

（2）工程造价计价方面的规范、规程、标准，以及工程造价管理机构发布的文件；

（3）工程合同，包括施工承包合同，专业分包合同及补充合同，有关材料、工程设备采购合同；

（4）发承包双方已确认的工程量及其结算的合同价款；

（5）发承包双方已确认调整后追加（减）的合同价款；

（6）工程设计文件及相关资料，包括工程竣工图纸或施工图、施工图会审记录、工程变更和相关会议纪要；

（7）招标投标文件，包括招标答疑文件、投标承诺、投标报价书；

（8）经批准的开、竣工报告或停、复工报告；

（9）其他依据。

2. 竣工结算的编制内容

采用工程量清单计价的工程，工程竣工结算的编制内容应包括工程量清单计价表所包含的各项费用内容：

（1）分部分项工程和措施项目中的单价项目应依据发承包双方确认的工程量与已标价工程量清单的综合单价计算；发生调整的，以发承包双方确认调整的综合单价计算。

（2）措施项目中的总价项目应依据已标价工程量清单的项目和金额计算；发生调整的，以发承包双方确认调整的金额计算。其中安全文明施工费按照国家或省级、行业建设主管部门的规定计算。施工过程中，国家或省级、行业建设主管部门对安全文明施工费进行调整的，措施项目费中的安全文明施工费应作相应调整。

（3）其他项目应按下列规定计算：

1）计日工的费用应按发包人实际签证确认的数量和合同约定的相应单价计算。

2）暂估价中的材料是招标采购的，其单价按中标价在综合单价中调整；暂估价中的材料是非招标采购的，其单价按发承包双方最终确认的价格在综合单价中调整。

暂估价中的专业工程是招标采购的，其金额按中标价调整；暂估价中的专业工程是非招标采购的，其金额按发承包双方与分包人最终确认的价格调整。

3）总承包服务费应依据已标价工程量清单金额计算；发生调整的，以发承包双方确认调整的金额计算。竣工结算时，总承包服务费应按分包专业工程结算造价（不含设备费）及原投标费率进行调整。

4）索赔费用应依据发承包双方确认的索赔事项和金额计算。

5）现场签证费用应依据发承包双方签证资料确认的金额计算。

6）暂列金额结算时按照合同约定实际发生后，按实结算。暂列金额减去合同价款调整（包括索赔、现场签证）金额后，如有余额归发包人。

（4）规费和税金应按国家或省级、行业建设主管部门对规费和税金的计取标准计算。施工过程中，国家或省级、行业建设主管部门对规费和税金进行调整的，应作相应调整。

将以上各项结算费用汇总填入表5-16中。

单位工程竣工结算汇总表　　表5-16

工程名称：　　标段：　　第　页　共　页

序号	汇总内容	金额（元）
1	分部分项工程	
1.1		
1.2		
1.3		
1.4		
1.5		
2	措施项目	
2.1	其中：安全文明施工费	
3	其他项目	
3.1	其中：专业工程结算价	
3.2	其中：计日工	
3.3	其中：总承包服务费	

续表

序号	汇总内容	金额（元）
3.4	其中：索赔与现场签证	
4	规费	
5	税金	
竣工结算总价合计＝1＋2＋3＋4＋5		

3. 发承包双方在合同工程实施过程中已经确认的工程计量结果和合同价款，在竣工结算办理中应直接进入结算。

（三）竣工结算文件的提交

工程完工后，承包人应在经发承包双方确认的工程期中价款结算的基础上汇总编制完成竣工结算文件，并应在合同约定期限内提交。

合同当事人可以根据工程性质、规模等情况在合同专用条款中约定承包人提交竣工结算文件，以及发包人审核竣工结算的期限要求。如合同中没有约定，承包人应在工程竣工验收合格后 28 天内向发包人提交竣工结算文件。

施工过程中，承包人应做好工程结算资料的日常整理归档工作，以便于为编制竣工结算文件提供基础资料，避免因资料缺失，产生争议，影响工程价款的结算。

（四）竣工结算审核期限及要求

1. 发包人在收到承包人提交的竣工结算文件后，应在合同约定期限内核对。

合同中对审核期限没有约定的，发包人应在收到承包人提交的竣工结算文件后的 28 天内完成核对。发包人经核实，认为承包人应进一步补充资料和修改结算文件，应在 28 天内提出。

2. 承包人在收到核实意见后的 28 天内应按照发包人提出的合理要求补充资料，修改竣工结算文件，并应再次提交发包人复核批准。

3. 发包人应在收到承包人再次提交的竣工结算文件后的 28 天内予以复核，将复核结果通知承包人。

（1）发承包人对复核结果无异议的，双方应在 7 天内在竣工结算文件上签字确认，竣工结算办理完毕。

（2）发承包人对复核结果有异议的，无异议部分应签发临时竣工付款证书；有异议部分应在收到发包人签认的竣工付款证书后 7 天内提出异议，并由合同当事人按照专用合同条款约定的方式和程序进行复核，或按照“争议解决”条款约定处理。

4. 发包人在收到承包人提交的竣工结算文件后的 28 天内，不核对竣工结算或未提出核对意见的，应视为发包人认可承包人提交的竣工结算文件。

承包人在收到发包人提出的审核意见后的 28 天内，不确认也未提出异议的，应视为承包人认可发包人的审批结果。

5. 同一工程竣工结算核对完成，发承包双方签字确认后，发包人不得要求承包人与另一个或多个工程造价咨询人重复核对竣工结算。

6. 发包人对工程质量有异议，拒绝办理工程竣工结算的。已竣工验收或已竣工未验收但实际投入使用的工程，其质量争议应按工程保修合同执行，竣工结算应按合同约定办理；已竣工未验收且未实际投入使用的工程以及停工、停建工程的质量争议，双方应按合同中质量争议解决方式处理后办理竣工结算，无争议部分的竣工结算应按合同约定办理。

竣工结算办理完毕，发包人应将竣工结算文件报工程所在地工程造价管理机构备案。

(五) 结算审核方法

1. 审核的原则

工程竣工结算审核时应坚持"实事求是，有理有据"的原则。

2. 审核的方法

(1) 逐项审核法

逐项审核法又称全面审核法，即对各项费用组成、工程项目、价格逐项全面审核的一种方法。其优点是全面、细致、审查质量高、效果好。缺点是工作量大。这种方法适合于审核时间充裕，或工程量小，或工艺简单，或工程结算编制的问题较多的工程。

(2) 标准预算审核法

标准预算审核法是指对利用标准图纸或通用图纸施工的工程，以收集整理编制的标准预算为准来审核工程结算，对局部修改部分单独审核的一种方法。其优点是时间短、效果好、易定案。缺点是适用范围小，仅适用于采用标准图纸的工程（或其中的部分）。

(3) 分组计算审核法

分组计算审核法是把结算中有关项目按类别划分若干组，利用同组中的一组相互关联数据或计算基础审核分项工程量的一种方法。如一般建筑工程中将底层建筑面积编为一组，先计算建筑面积或楼地面面积，从而得出楼面找平层、天棚抹灰等的工程量。其优点是审核速度快、工作量小，因而造价人员常常采用。

(4) 对比审核法

对比审核法是用已建成工程的预算或虽未建成但已审核修正的工程预算对比审核拟建类似工程预算的一种方法。使用这种方法时，要注意工程之间应具有可比性。

(5) 筛选审核法

筛选审核法是统筹法的一种，也是一种对比方法。建筑工程虽然有面积和高度的不同，但是它们各个分部分项工程的单位建筑面积指标变化不大，归纳为工程量、造价、用工三个单方基本指标，并注明其适用条件。用基本指标来筛选各分部分项工程，筛下去的就不审核了，没有筛下去的就意味着此分部分项工程的单位建筑面积数值不在基本指标范围之内，应对该分部分项工程进行详细审核。其优点是简单易懂，便于掌握，审核速度快，便于发现问题。但要解决差错，分析其原因还需继续核对。因此，此方法适用于审查住宅工程，或不具备全面审核条件的工程。

(6) 重点审核法

重点审核法就是抓住结算中的重点进行审核。审核重点一般是工程量大或造价高的分部分项工程，新增项目，工程变更，工程索赔，暂估价项目，主要材料、工程设备和机械价格的调整等。其优点是重点突出，审核时间短、效果好。

一般可将以上几种方法结合起来使用，这样既能提高审核质量，又能提高工作效率。比如某大型住宅小区项目，我们可以先采用筛选审核法，将结算书中有问题项目筛出来，再采用重点审核法，对其中工程量大或造价高的问题项目（外墙装饰、门窗工程、防水工程等）进行重点审核，其他有些问题项目可以采用逐项审核法。

3. 审核中的问题

工程结算审核中，一般常出现的问题有：招标文件中项目标段和招标范围的划分不合理，不利于造价控制；招标控制价没有合理考虑承包人应承担的风险；招标文件与施工合同内容衔接得不好；合同签订滞后；合同中变更价款调整、新增项目计价的条款表述太笼统，可操作性差；分包工程合同划界不清；合同工程内容与结算工程内容不一致；总包服务费所包含的服务内容不具体；工程量计算规则不熟悉漏算；应扣除的工程量不扣除多算；应合并计算的工程量分开重复计算；汇总计算错误；套错定额，高套定额，重复套定额；随意提高材料消耗量；多算钢筋调整量；定额换算不合规定；没有扣除甲供材料款，或没有全部扣除；结算材差系数、计算基数与造价管理部门发布的文件不一致；材料设备价格确认单不全，结算资料收集整理不齐全、不准确，后补结算资料；工程洽商和现场签证内容含糊不清楚，重复签证，签证内容与实际情况不符；设计变更文件没有签字或签字不全；隐蔽工程没有现场记录；竣工图没有全面反映施工实际情况；费用的计算基础或取费标准不符合合同约定，或费用定额，或造价管理部门的文件规定 ；在县城的工程却套用市区的税率；承包人不能按合同约定或有关规定期限内提交结算文件；发包人没有在合同约定或有关规定期限内审核结算等。

这些问题可以分为两部分：一是错误部分，属于纯数学计算问题，包括承包人故意留的审核余量，只要审核双方按照合同约定和有关规定，花费一定时间去详细计算核对即可，一般能够达成一致。二是争议部分，审核双方由于站的角度不同，对合同或有关文件中的部分条款或规定理解上往往会存在异议，容易产生扯皮，这类问题解决起来比较费劲。因此，第二类问题是工程结算审核中协调解决的重点。

工程结算审核中，工程变更费用、暂估价价格调整、材料设备价差、费用索赔、新增隐蔽项目计量、现场签证价款等最易产生异议。要避免结算中出现这些问题，首先发承包双方要加强合同管理。在工程招投标阶段，通过合同条款对有些结算中易扯皮的事项：工程变更项目的估价、暂估价价格的确认与调整、材料价格差额的计取、新增项目的计价依据和组价方法、总承包服务费所包含的服务项目和内容、费用索赔的价格及计算、甲方分包工程的划界以及工程价格风险承担的方式等进行预控。在合同中提前约定好，能够细化的就尽量不要笼统表述。

其次，在施工过程中，发承包双方要及时办理工程价款方面的确认手续，如：工程变更估价的确定、新增隐蔽项目的计量、暂估价认价单、甲方指定材料认价单、费用索赔与现场签证价款的确认等。必要时双方应签订补充协议，做到“先签字，后干活”。

对承包人来说，应安排有一定工程施工经验的专职经营人员管理合同，尤其大型工程项目和情况复杂的工程项目，使施工技术与经营管理配合密切。施工中还要及时准确收集整理有关计价方面的资料和文件，做到资料及时、准确、齐全，结算有理有据，避免工程结算审核时资料缺失、依据不足，影响工程结算。

（六）竣工结算款的支付

1. 支付申请

承包人应根据办理的竣工结算文件向发包人提交竣工结算款支付申请。一般竣工结算款支付申请包括以下内容：

（1）竣工结算合同价款总额；

（2）发包人已实际支付承包人的合同价款；

（3）应扣留的质量保证金，已缴纳履约保证金的或提供其他工程质量担保方式的除外；

（4）应支付的竣工结算款金额。

2. 竣工结算款的支付

发包人应当按照竣工结算文件及时支付竣工结算款。

（1）发包人应在收到承包人提交竣工结算款支付申请后 28 天内予以核实，向承包人签发竣工结算支付证书。发包人签发竣工结算支付证书后的 14 天内，应按照竣工结算支付证书列明的金额向承包人支付结算款。

（2）发包人在收到承包人提交竣工结算款支付申请后 28 天内不予核实，不向承包人签发竣工结算支付证书的，视为发包人认可承包人提交的竣工结算款支付申请；发包人应在收到承包人提交的竣工结算支付申请 28 天后的 14 天内，按照承包人提交的竣工结算款支付申请列明的金额向承包人支付结算款。

（3）发包人逾期未支付的竣工结算款的（拖欠工程款），承包人可催告发包人支付，并有权获得延迟支付的利息（按照中国人民银行发布的同期同类贷款基准利率计算）。发包人在竣工结算支付证书签发后或者在收到承包人提交的竣工结算款支付申请 28 天后的 56 天内仍未支付的，按照中国人民银行发布的同期同类贷款基准利率的两倍支付违约金。

五、质量保证金

发承包双方在工程合同中约定，从应付合同价款中预留，用于保证承包人在缺陷责任期内履行缺陷修复义务的金额。发包人应按合同约定的质量保证金比例从结算款中预留质量保证金，一般为工程结算合同价的 3%。

1. 缺陷责任期

《建设工程质量保证金管理暂行办法》（建质［2005］第 7 号）规定：“缺陷责任期一般为六个月、十二个月或二十四个月，具体可由发、承包双方在合同中约定。”缺陷责任期的期限应自实际竣工日期起计算，最长不超过 24 个月。

2. 承包人提供质量保证金有以下三种方式：

（1）质量保证金保函；

（2）相应比例的工程款；

（3）双方约定的其他方式。

3. 质量保证金的扣留有以下三种方式：

（1）在支付工程进度款时逐次扣留，在此情形下，质量保证金的计算基数不包括预付款的支付、扣回以及价格调整的金额；

（2）工程竣工结算时一次性扣留质量保证金；

（3）双方约定的其他扣留方式。

发包人累计扣留的质量保证金不得超过结算合同价格的 3%，如承包人在发包人签发竣工付款证书后 28 天内提交质量保证金保函，发包人应同时退还扣留的作为质量保证金的工程价款。

4. 质量保证金的退还

承包人未按合同约定履行属于自身责任的工程缺陷修复义务的，发包人有权从质量保证金中扣除用于缺陷修复的各项支出。

在合同约定的缺陷责任期终止后，发包人应按最终结清的约定退还（剩余）质量保证金。

六、最终结清

1. 最终结清申请单

（1）缺陷责任期终止证书颁发后7天内，承包人可按照合同约定向发包人提交最终结清申请单，并提供相关证明材料。申请单中应列明质量保证金、应扣除的质量保证金、缺陷责任期内发生的增减费用等。

（2）发包人对最终结清申请单内容有异议的，有权要求承包人进行修正和提供补充资料，承包人应向发包人提交修正后的最终结清申请单。

2. 最终结清证书

发包人应在收到承包人提交的最终结清申请单后14天内完成审批，并向承包人颁发最终结清证书。发包人逾期未完成审批，又未提出修改意见的，视为发包人同意承包人提交的最终结清申请单，且自发包人收到承包人提交的最终结清申请单后15天起视为已颁发最终结清证书。

3. 最终结清支付

发包人应在颁发最终结清证书后7天内支付最终结清款。发包人逾期支付的，按照中国人民银行发布的同期同类贷款基准利率。支付违约金；逾期支付超过56天的、按照中国人民银行发布的同期同类贷款基准利率的两倍支付违约金。

承包人对发包人支付的最终结清款有异议的，按合同约定的争议解决方式处理。

七、FIDIC施工合同条件下工程费用的结算

（一）预付款

当承包商按照合同约定提交保函后，业主应支付一笔预付款，作为用于动员的无息贷款。预付款的总额、分期预付的次数和时间安排，以及使用的币种和比例，应按投标书附录中的规定。

预付款通过付款证书中按百分比扣减的方式付还。

（二）工程费用的支付

1. 工程费用支付的条件

（1）质量合格是工程支付的必要条件；

（2）符合合同条件；

（3）变更工程必须有工程师的变更通知；

（4）支付金额必须大于中期支付证书规定的最小限额；

（5）承包商的工作使工程师满意。

2. 工程期中付款的支付

承包商提出期中付款申请。承包商应在每个月末后，按工程师指定的格式向工程师递交月报表，详细说明自己认为有权得到的款额，以及按照进度报告编制的相关进度报告在内的证明文件。

工程师对承包商提出的付款申请进行审核，确认期中付款金额。若期中付款金额小于合同规定的期中付款证书最低限额时，则工程师不需签发付款证书。工程师应在收到承包

商月报表和证明文件 28 天内向业主递交期中付款证书，并附详细的说明资料。

在工程师收到承包商报表和证明文件后 56 天内，业主应向承包商支付工程师期中付款证书确认的金额。

3. 竣工报表

承包商在收到工程的接收证书后 84 天内，应向工程师提交竣工报表，并附有按工程师指定格式编写的证明文件。

工程师应在收到承包商竣工报表和证明文件 28 天内，对承包商其他支付要求进行审核，确认应支付尚未支付的金额，并上报业主支付。

4. 最终报表和结清证明

承包商完成了施工和竣工缺陷修补工作后，工程师颁发履约证书。同时业主应将履约保证退还给承包商。

承包商应在收到履约证书后 56 天内，向工程师提交按照工程师指定格式编制的最终报表草案并附证明文件，详细列出：

（1）根据合同应完成的所有工作的价值；

（2）承包商认为根据合同或其他规定应支付的任何其他款额。

在与工程师达成一致意见后，承包商可向工程师提交正式的最终报表。同时向业主提交一份结清证明，说明按照合同约定业主应支付承包商的结算总金额。

如承包商与工程师未能就最终报表草案达成一致，则争议部分由裁决委员会裁决。

5. 工程最终付款的支付

工程师在收到正式最终报表和结清证明后 28 天内，应向业主提交最终付款证书，说明：

（1）工程师认为按照合同最终应支付给承包商的款额；

（2）业主以前已付款额、尚需支付承包商或承包商尚需付给业主的款额。

业主应在收到最终付款证书 56 天内，向承包商支付最终付款证书确认的金额。否则应按投标书附录中的规定，支付延误付款的利息。

（三）保留金

保留金一般为合同总价的 5%。当已颁发工程接收证书时，工程师应确认将保留金的前一半支付给承包商。在各缺陷通知期限的最后一个期满日期后，工程师应立即确认承包商未付保留金的余额给予支付。

【例 5-9】混凝土工程，发承包双方签订的施工合同中，工程价款部分条款约定如下：

（1）混凝土工程计划工程量 5000m^3，以实际完成工程量结算。实际完成工程量以监理工程师计量的结果为准。

（2）采用全费用综合单价计价。结算价以实际完成工程量乘以全费用综合单价计算，其他费用不计。混凝土工程的全费用综合单价为 570 元/m^3。

（3）若混凝土工程实际工程量增减幅度超过计划工程量的 15%时，则工程完工当月结算时，混凝土工程全费用综合单价的调整系数为 0.95(1.05)，其他不予调整。

（4）合同工期 5 个月。

（5）工程预付款为合同价的 20%。在开工前 7 天支付，在第 2、3 两个月平均扣回。

（6）工程进度款按月支付。每月按实际完成工程价款的 90%支付工程进度款。

总监理工程师每月签发进度款的最低额度为 30 万元。

（7）质量保证金为结算合同总价款的 5%。工程完工结算时扣留，工程完工一年后结清。

（8）其他未尽事宜，按照国家有关工程计价文件规定执行。

工程施工过程中，由于工程变更，发包人取消了部分混凝土分项工程，使得承包人实际完成工程量比合同计划工程量减少，同时承包人也将工期缩减到 4 个月完成。

该混凝土工程每月实际完成，并经监理工程师计量确认的工程量见表 5-17。

每月实际完成的工程量 **表 5-17**

月份	1	2	3	4	累计
工程量（m^3）	500	1300	1200	1200	4200

问题：

1. 该工程合同价为多少？发包人应支付的预付款为多少？

2. 计算该混凝土工程调整后全费用综合单价。

3. 每月应支付承包人的工程进度款，以及总监理工程师每月应签发的实际付款金额是多少？

4. 工程完工当月，该混凝土工程结算合同总价款，发包人应扣留的质量保证金，以及应支付承包人的工程结算款各为多少？

【解】：

1. 工程合同价＝5000×570＝285 万元

预付款＝285×20%＝57 万元

2. 混凝土工程调整后全费用综合单价计算见表 5-18。

全费用综合单价 **表 5-18**

序号	项目	工程量增加超 15%时	工程量减少超 15%时
①	投标报价综合单价（元/m^3）	570	570
②	调整系数	0.95	1.05
③	计算式①×②	570×0.95＝541.5	570×1.05＝598.5
④	调整后综合单价（元/m^3）	541.5	598.5

3. 每月应支付承包人的工程进度款以及总监理工程师签发的实际付款金额

（1）第 1 个月完成的工程价款 500×570＝285000 元

应支付承包人的工程进度款 285000×90%＝256500 元

256500 元＜300000 元，本月总监理工程师不签发付款，转下月支付。

（2）第 2 个月完成的工程价款 1300×570＝741000 元

应扣回的预付款＝570000÷2＝285000 元

应支付承包人的工程进度款 741000×90%－285000＝381900 元

累计应支付承包人的工程进度款＝256500＋381900＝638400 元

638400 元＞300000 元，本月应签发的实际付款金额为 638400 元。

（3）第 3 个月完成的工程价款 1200×570＝684000 元

应扣回的预付款＝570000÷2＝285000 元

应支付承包人的工程进度款 684000×90％－285000＝330600 元

330600 元＞300000 元，本月应签发的实际付款金额为 330600 元。

4. 第 4 个月完工结算，最终累计实际完成工程量 4200m^3

(4200－5000)/5000×100％＝－16％

即承包人实际完成工程量较计划工程量减少了 16％，减少幅度超过 15％，应按调整后全费用综合单价计算。

(1) 结算合同总价款＝4200×598.5＝2513700 元

(2) 累计已实际支付的合同价款＝638400＋330600＋570000＝1539000 元

(3) 应扣留的质量保证金＝2513700×5％＝125685 元

(4) 应支付的工程结算款＝2513700－1539000－125685＝849015 元

复 习 题

1. 建筑安装工程费用的组成按造价形成划分为哪些内容？
2. 人工费、材料费、施工机具费各包括哪些内容？如何计算？
3. 企业管理费包括哪些内容？企业管理费的计算方法有几种？
4. 综合单价包括哪些内容？分部分项工程费包括哪些内容？
5. 措施费包括哪些内容？如何计算？投标时是否可以竞争？
6. 其他项目费中的暂定金额、计日工和总承包服务费是指什么？
7. 规费包括哪些内容？如何计算？投标时是否可以竞争？
8. 增值税如何计算？哪些项目的进项税额不得从销项税额中抵扣？
9. 施工企业投标报价时，哪些费用不得竞争？哪些费用不得变动？
10. 建筑物的哪些部位应计算一半的建筑面积？
11. 建筑物的哪些部位不计算建筑面积？
12. 建筑物的哪些部位是按自然层计算建筑面积？
13. 施工图预算的编制依据有哪些？编制程序是什么？
14. 2021 年《北京市建设工程计价依据——预算消耗量标准》中的措施项目有哪些？
15. 最高投标限价的编制依据有哪些？
16. 采用工程量清单方式招标时，最高投标限价的编制依据有哪些？
17. 招标工程量清单由招标人提供给投标人，投标人复核清单工程量的目的是什么？
18. 什么是不平衡报价法？其通常有哪些作法？
19. 工程变更估价的原则是什么？
20. 工程变更项目中，若出现已标价工程量清单中无相同和类似项目的，其综合单价如何确定？
21. 对于依法必须招标的暂估价项目，应如何确定？
22. 施工单位在施工过程中应如何做好工程变更管理？
23. 简述 FIDIC 施工合同条件下工程变更价款的确定方法。
24. 工程施工中，引起承包人向发包人索赔的原因一般有哪些？
25. 索赔成立的条件是什么？试述索赔处理的程序。
26. 工程施工过程中，常见的索赔证据有哪些？
27. 工程索赔费用的计算方法有哪些？费用索赔计算中应注意哪些问题？
28. 简述合同价款调整的程序。

29. 物价变化合同价款的调整方法有几种？

30. 工程进度款的结算方式有哪几种？

31. 简述单价合同按月计量支付的计量程序。

32. 工程竣工结算编制和审核的依据有哪些？

33. 简述工程竣工结算的审核方法及各方法的适用范围。

34. FIDIC 施工合同条件下，工程费用支付的条件是什么？

35. 发包人扣留质量保证金的方式有哪些？

36. 单项选择题

(1) 工地材料保管人员的工资属于(　　)。

A. 措施费　　B. 企业管理费　　C. 其他人工费　　D. 材料费

(2) 住房公积金属于(　　)。

A. 其他项目费　　B. 企业管理费　　C. 规费　　D. 利润

(3) 对施工中的建筑材料、试块进行相关实验，以验证其质量，则该项试验费用应在(　　)中支出。

A. 业主方的研究试验费　　B. 施工方的材料费

C. 业主方的建设管理费　　D. 企业管理费

(4) 封闭挑阳台的建筑面积计算规则是(　　)。

A. 按净空面积的一半计算　　B. 按水平投影面积计算

C. 按水平投影面积的一半计算　　D. 不计算

(5) 平屋顶带女儿墙和电梯间的建筑物，计算檐高从室外设计地坪作为计算起点，算至(　　)。

A. 女儿墙顶部标高　　B. 电梯间结构顶板上皮标高

C. 墙体中心线与屋面板交点的高度　　D. 屋顶结构板上皮标高

(6) 需要计算檐高的有(　　)。

A. 突出屋面的电梯间、楼梯间　　B. 突出屋面的亭、阁

C. 层高小于 2.2m 的设备层　　D. 女儿墙

(7) 一栋 4 层坡屋顶住宅楼，勒脚以上结构外围水平面积每层 930m^2，1～3 层各层层高均为 3.0m；建筑物顶层全部加以利用，净高超过 2.1m 的面积为 410m^2，净高在 1.2～2.1m 的面积为 200m^2，其余部分净高小于 1.2m。该住宅的建筑面积是(　　)m^2。

A. 3100　　B. 3300　　C. 3400　　D. 3720

(8) 在建筑面积计算规则中，以下(　　)部位要计算建筑面积。

A. 宽度 2m 的无柱雨罩　　B. 平台、台阶

C. 层高 2m 的设备层　　D. 烟囱、水塔

(9) 两建筑物间有顶盖和围护结构的架空走廊的建筑面积按(　　)。

A. 不计算　　B. 围护结构外围水平面积计算

C. 走廊顶盖水平投影面积的 1/2 计算　　D. 走廊底板净面积计算

(10) 应按建筑物的自然层计算建筑面积的是(　　)。

A. 建筑物内的上料平台　　B. 坡地建筑物的吊脚架空层

C. 挑阳台　　D. 管道井

(11) 以下说法正确的是(　　)。

A. 建筑物通道（骑楼、过街楼的底层）应计算建筑面积

B. 建筑物内的变形缝应按自然层合并在建筑面积内计算

C. 屋顶水箱、花架、凉棚、露台、露天游泳池应计算计算建筑面积

D. 建筑物外墙保温不应计算建筑面积

(12) 某建筑物的飘窗，窗台与室内楼地面高差 0.45m、结构净高为 2.70m ，其建筑面积应按下列(　　)计算。

A. 窗台板水平投影面积的 1/2

B. 其围护结构外围水平面积的 1/2

C. 其围护结构外围水平面积

D. 不计算

(13) 利用坡屋顶内空间时，不计算建筑面积的净高为(　　)。

A. 小于 1.2m　　B. 小于 1.5m　　C. 小于 1.8m　　D. 小于 2.1m

37. 多项选择题

(1) 在建安工程费中，人工费单价中包括(　　)。

A. 计件工资　　B. 奖金

C. 加班加点的工资　　D. 劳动保护费

E. 交通补助

(2) 在建安工程费中，下列各项费用中，属于措施费的有(　　)。

A. 安全文明施工费　　B. 夜间施工费

C. 建设单位的临时办公室　　D. 已完工程及设备保护费

E. 工程排污费

(3) 在建安工程费中，下列各项费用中，属于规费的有(　　)。

A. 安全文明施工费　　B. 住房公积金

C. 二次搬运费　　D. 已完工程及设备保护费

E. 工程排污费

参 考 文 献

[1] 《建设工程工程量清单计价规范》编制组. 2013 建设工程计价计量规范辅导[M]. 北京：中国计划出版社，2013.

[2] 编委会. 建设工程施工合同(示范文本)(GF-2013-0201)使用指南[M]. 北京：中国建筑工业出版社，2017.

[3] 北京市建设工程造价管理处. 北京市《建设工程工程量清单计价规范》应用指南[R]. 北京：2013.

[4] 全国一级建造师执业资格考试用书编写委员会. 建设工程经济[M]. 北京：中国建筑工业出版社，2022.

[5] 全国造价工程师执业资格考试培训教材编审组. 工程造价计价与控制[M]. 北京：中国计划出版社，2022.

[6] 国际咨询工程师联合会，中国工程咨询协会. FIDIC 施工合同条件[M]. 北京：机械工业出版社，2010.

[7] 杨静，王炳霞. 建设工程概预算与工程量清单计价(第三版)[M]. 北京：中国建筑工业出版社，2020.

[8] 杨静，曲秀姝. 建设工程概预算与工程量清单计价习题集[M]. 北京：中国建筑工业出版社，2022.

[9] 北京市建设工程造价管理处. 北京造价信息[R]. 北京：2023. 2.